Tendencias de innovación en la ingeniería de alimentos

Editado por:
María Eugenia Ramírez Ortiz

Tendencias de innovación en la ingeniería de alimentos

Editado por: María Eugenia Ramírez Ortiz

1ra edición © 2015 OmniaScience (Omnia Publisher SL)

www.omniascience.com

DOI: http://dx.doi.org/10.3926/oms.295

ISBN: 978-84-944229-2-8

Diseño de cubierta: OmniaScience

Imagen de cubierta: Maçã desintegrando © AGPhotography – Fotolia.com

Prólogo

Innovar puede identificarse como la mejora en las formas en que las industrias producen y comercializan cosas, por ejemplo, cambios de productos, modificaciones en los procesos, nuevas formas de organización de la empresa o de distribución de sus productos. En la ingeniería en alimentos aparece en todos los campos y permite, genera la necesidad de interacción de diversos especialistas para obtener los resultados deseados, alimentos que duren más, con mejor calidad, con cualidades específicas, acordes a los nuevos mercados, a los consumidores que quieren un producto tradicional pero con la incorporación de las ventajas de la tecnología para mantenerlo dentro de su estilo de vida.

Este libro tiene apenas una muestra de las muchas formas en que se puede innovar en la ingeniería de alimentos, siempre con el objetivo último de satisfacer a los consumidores, aportando desde las diversas vertientes en que un alimento puede ser estudiado, incluso en la formación de los profesionales en esta área.

Se presentan capítulos donde la innovación viene por la incorporación de ingredientes benéficos a la salud como el caso del queso petit-suisse. Las propuestas de incluir ingredientes con bioactividad (péptidos, nanosomas, liposomas, etc.) para mejorar los productos actuales enriquecen la disponibilidad de alimentos y ofrecen al mismo tiempo alternativas de ingredientes para explotar fuentes poco conocidas. También están los auxiliares en su conservación como el caso de la película biopolimérica que sirven como envases y las alternativas a los procesos clásicos de en lácteos por ejemplo, un grupo de alimentos que se ha diversificado casi infinitamente y que requiere procesos que ofrezcan ventajas en tiempos de conservación, sustentabilidad y costo/beneficio en su obtención.

También se ofrece un panorama de la forma en que se hace la comercialización en estos días, qué se considera y qué no para decidir la forma en que se va a vender un producto, servicio, idea que tenga que ver con el desarrollo, distribución y oferta de alimentos

Por otro lado está la formación de los profesionales en el área de ingeniería en alimentos que además de ser rica en los aspectos técnicos debe tener formas de ser asegurada como todo producto que se ofrece al público y en este caso se nos muestra una innovación en la educación experimental en la máxima casa de estudios de México (UNAM) en una de sus facultades periféricas (Facultad de Estudios Superiores Cuautitlán), ejercicio que ha beneficiado a la población de estudiantes que reciben una formación más homogénea y también a los docentes que tienen formas más transparentes de planificar su ejercicio de enseñanza-aprendizaje y emitir una calificación que resulte precisa.

Por último se debe tener en cuenta que todas las actividades de innovación tienen una trascendencia, y hay repercusiones no solo en los aspectos que se desea mejorar sino en cosas que a veces están fuera del foco de los investigadores o de quién las propone, el capítulo "Efecto de la ingesta de nanoestructuras en el organismo" tiene como objetivo cuestionar el uso de la nanotecnología sin el conocimiento pleno de cómo su uso podría impactar a la salud.

Espero que la lectura de este libro resulte de interés para los estudiantes de la especialidad y también sea una herramienta útil para los colegas en su ejercicio docente, cada uno de los participantes buscó compartir su experiencia en cada capítulo y agradezco profundamente su disponibilidad y generosidad por enriquecer las obras disponibles para los jóvenes en formación.

María Eugenia Ramírez Ortiz

Índice

OmniaScience

Capítulo 1

Películas Biopoliméricas:
Aplicaciones para Envases y otros Productos

Fabiola López-García, Cristian Jiménez-Martínez

Escuela Nacional de Ciencias Biológicas. Instituto Politécnico Nacional. Prolongación de Carpio y Plan de Ayala, Col Casco de Sto. Tomás, Del Miguel Hgo. C.P. 11340. México D.F.

fabiolalg410@hotmail.com, crisjm_99@yahoo.com

Doi: http://dx.doi.org/10.3926/oms.287

Referenciar este capítulo

López-García, F., & Jiménez-Martínez, C. (2015). *Películas biopoliméricas: Aplicaciones para envases y otros productos*. En Ramírez-Ortiz, M.E. (Ed.). *Tendencias de innovación en la ingeniería de alimentos*. Barcelona, España: OmniaScience. 9-36.

F. López-García, C. Jiménez-Martínez

Resumen

Los envases han jugado papeles importantes a través de la historia y junto con la sociedad estos han evolucionado, reflejando nuevos requisitos y características. En la década de los años 20, la producción de plásticos sintéticos, derivados del petróleo a nivel mundial era de 130 millones de t/año para el 2014, la producción fue de 300 millones de t/año de plásticos cantidad que va en aumento, ya que los países europeos reportan un estimado de 100 kg de plástico generado por persona cada año. Para su elaboración se emplean gran variedad de materiales, siendo la mayoría a base de petróleo, reforzados con vidrio y fibras de carbón. En los últimos años ha surgido un creciente interés en las películas biopoliméricas, debido principalmente a la preocupación por la eliminación de los materiales plásticos convencionales derivados del petróleo. La degradación de los plásticos requiere un largo tiempo para su descomposición, alcanzando con ello un nivel crítico de daños irreversibles al medio ambiente. Por el contrario, las películas de origen orgánico a partir de recursos renovables se degradan fácilmente.

Los materiales utilizados en la fabricación de películas biopoliméricas provienen de cuatro fuentes: origen animal (colágeno/gelatina), marino (quitina/quitosan), agrícola (lípidos y grasas e hidrocoloides; proteínas y polisacáridos) y microbiano [ácido poliláctico (PLA) y polihidroxialcanoatos (PHA)], reforzados con materiales de fibras naturales como el lino, yute, cáñamo y otras fuentes de celulosa. Las películas para envases pueden formarse a través de dos principales procesos: una "vía húmeda" en el que los polímeros son dispersados o solubilizados en una solución formadora de película (solución casting),

seguido por evaporación del solvente y un "proceso seco", que se basa en el comportamiento termoplástico presentado por algunas proteínas y polisacáridos en bajos niveles de humedad en moldeo por compresión y extrusión.

Existen diversos métodos para evaluar las propiedades de las películas biodegradables mediante diferentes técnicas que incluyen: difracción de rayos X, espectroscopia infrarroja, microscopia electrónica de barrido, permeabilidad a los gases, permeabilidad al vapor de agua, densidad, solubilidad al agua, ángulo de contacto, color, modulo elástico, envejecimiento y biodegradación, entre otros.

La versatilidad de aplicaciones de las películas biopoliméricas es extensa, ya que se pueden encontrar en la agricultura (en el uso de acolchados), en la industria farmacéutica (contenedor de medicamentos), envases rígidos (termoformados), recubrimientos en alimentos (uso de gomas para alargar la vida útil de anaquel) y envases activos, en la industria de los alimentos, etc. Los requisitos esenciales que deben de tener las películas para envases son los siguientes:

a) Permitir una respiración lenta pero controlada, lo que reduce la absorción de O_2 del producto contenido dentro del envase y ser una barrera selectiva a los gases (CO_2) y al vapor de agua;

b) formar una atmosfera modificada con respecto a la composición del gas interno, regulando así, el proceso de maduración y extendiendo la vida útil del producto;

c) Disminuir la migración y uso de lípidos sobre todo en productos de la industria de confitería;

d) Mantener la integridad estructural (retrasar la pérdida de clorofila); y

e) mejorar la manipulación mecánica.

También pueden servir como vehículo para incorporar los aditivos alimentarios (sabor, color, antioxidantes y agentes antimicrobianos), evitar (o reducir) el deterioro microbiano en almacenamiento prolongado; servir como vehículo para incorporar los aditivos alimentarios (sabor, color, antioxidantes y agentes antimicrobianos) y finalmente evitar (o reducir) el deterioro microbiano en almacenamiento prolongado.

La industria alimentaria ha proporcionado avances considerables en la aplicación de nuevos usos para tecnologías de películas comestibles, por ejemplo, se han desarrollado tiras de electrolitos en lugar de bebidas deportivas para evitar la deshidratación. Otra novedad en el área de películas comestibles se refiere a decoraciones, hoy es posible decorar pasteles con diseño en computadora con imágenes más reales. El mismo proceso puede ser utilizado para producir envolturas de dulces con diseño, rollos de papel para pasteles o quiches, o cubiertas protectoras decorativos para condimentos y tortas y en cientos de otras aplicaciones donde se desea un toque personal o cosmética en un postre. El objetivo de este capítulo es dar una visión general de las aplicaciones de las películas biopoliméricas para envases así como las innovaciones que en ellas se están aplicando.

Palabras clave

Bioenvases, biopelículas, biopolímeros.

1. Introducción

Los envases han jugado papeles diferentes e importantes a través de la historia. Con la evolución de la sociedad han cambiado también, reflejando nuevos requisitos y características sobre estos. En la década de los años 20 la producción de plásticos sintéticos, derivados del petróleo a nivel mundial, era de 130 millones de t/año para el 2014, se estimó una producción de 300 millones de t/año de plásticos, cantidad que va en aumento, ya que los países Europeos reportan un estimado de 100 kg de plástico generado por persona/año (Kolybaba, Tabil, Panigrahi, Crerar, Powell & Wang, 2003; Rizzarelli & Carroccio, 2014).

Una gran variedad de materiales (renovables y no-renovables) son empleados en la fabricación de residuos plásticos, pero la gran mayoría son generalmente a base de petróleo, reforzados con vidrio y fibras de carbón.

Así mismo, los residuos de recursos renovables que incluyen polímeros de crecimiento microbiano y los extraídos de almidones, son utilizados en la fabricación de plásticos cada vez en mayor proporción, reforzados con materiales de fibras naturales, como el lino, yute, cáñamo y otras fuentes de celulosa (Bismarck, Aranberri-Askargorta, Springer, Lampke, Wielage, Stamboulis et al., 2002). Ante la problemática ambiental el uso de plásticos biodegradables se ha ido incrementando hasta un 30% en relación a los plásticos sintéticos.

2. Películas Biopoliméricas: Aplicaciones para Envases y Otros Productos

Los envases de alimentos tradicionales sirven como protección, comunicación, conveniencia y de contención. El envase se utiliza para proteger el producto de los efectos deteriorantes y de las condiciones ambientales externas como el calor, la luz, la presencia o ausencia de humedad, presión, microorganismos, emisiones gaseosas, etc. También proporciona al consumidor la facilidad de uso y ahorro de tiempo, además de ofrecer diferentes presentaciones, variando en tamaños, formas y colores (Yam, Takhistov & Miltz, 2005)

Existen diferentes clasificaciones de los envases, algunas de ellas son:

2.1. Por su Función

- **Envase primario:** Es el envase inmediato al producto; es decir, el que tiene contacto directo con éste. Por ejemplo la bolsa que contiene el cereal.

- **Envase secundario:** Es el contenedor unitario de uno o varios envases primarios. Su función es protegerlos, identificar el producto y proporcionar información sobre las cualidades del producto. Frecuentemente este envase es desechado cuando el producto se utiliza.

- **Envase terciario:** Es el envase que sirve para distribuir, unificar y proteger el producto a lo largo de la cadena comercial. Por ejemplo, la caja de cartón corrugado que contendrá varias cajas de cereales, para su distribución a los almacenes (Giovannetti, 2003).

2.2. Por su Aplicación

- **Envase rígido:** envases en forma definida no modificable y cuya rigidez permite colocar el producto estibado sobre el mismo, sin sufrir daños, por ejemplo envases de vidrio o latas.

- **Envase semirígido**: envases cuya resistencia a la compresión es mejor a la de los envases rígidos, sin embargo, cuando no son sometidos a los esfuerzos de compresión su aspecto puede ser similar a la de los envases rígidos, por ejemplo los envases de plástico.

- **Envase flexible:** son envases fabricados de películas plásticas, papel, hojas de aluminio, laminaciones u otros materiales flexibles como co-extrucciones. Este tipo de envases no resiste un producto estiba, sin embargo resulta práctico para productos de fácil manejo.

La diferencia entre envases y empaques, es que estos últimos, son sistemas coordinados para la preparación de mercancías, que posteriormente serán transportadas, distribuidas o almacenadas, hasta llegar a la venta y uso final. Es una función de negocios compleja, dinámica, científica, artística y controversial que en su forma más fundamental contiene, protege, preserva, transporta, informa y vende el producto. El empaque es una función de servicio. Dentro del desarrollo de sus funciones el empaque puede clasificarse como: empaque al consumidor, estos es, un empaque que será obtenido por el consumidor como unidad de venta. Y empaque industrial; es el empaque para entregar bienes de fabricante a fabricante. Por lo general, el empaque industrial contiene bienes o materiales para su procesamiento posterior (Giovannetti, 2003).

2.3. Bioenvases Activos

El envasado activo es aquel en el que ocurre una interacción positiva entre el envase, el alimento y el medioambiente, que permite extender la vida útil del producto que contiene, mejorando la seguridad o las propiedades sensoriales de un alimento mientras mantiene su calidad (Restuccia, Spizzirri, Parisi, Cirillo, Curcio, Iemma et al., 2010).

La condición de uso como empaque o envase para alimentos, involucra varios aspectos que pueden jugar un papel importante en la determinación de la vida útil, entre estos se encuentran: los procesos fisiológicos (ej. respiración de frutas y vegetales), químicos (ej. la oxidación de lípidos) o físicos (ej. la deshidratación) además de los aspectos microbiológicos (ej. el deterioro por microorganismos) o las plagas (ej. los insectos). Estas condiciones pueden ser reguladas por numerosas vías a través de la aplicación de un sistema de envasado activo apropiado, que dependerá de los requerimientos del alimento de esta forma, el deterioro puede ser reducido significativamente (Ahvenainen, 2003).

Pero los principios detrás de los envases activos se basan ya sea, en las propiedades intrínsecas propias del polímero utilizado como material de envase o por la introducción (inclusión o atrapamiento) de determinadas sustancias en el interior del polímero, por ejemplo, la inclusión intencional de un monómero o un grupo de complejos activos dentro de la cadena polimérica, estos pueden ser incorporados en el interior del material de empaque o en su superficie, en las estructuras de múltiples capas o elementos particulares asociados con el envasado, tales como: sobres, etiquetas, botellas, tapas, etc. (Gontard, Guilbert & Cuq, 1992)

La naturaleza de los agentes activos, que se pueden agregar son muy diversos, ya que pueden ser: ácidos orgánicos, enzimas, bactericidas, fungicidas, extractos naturales, iones, etanol, etc. y también es variable la naturaleza de los materiales con los que puede fabricarse el empaque como tal, en los que se incluye: papel, plásticos, metales o la combinación de estos materiales (Silva-Weiss, Ihl, Sobral, Gómez-Guillén & Bifani, 2013).

2.3.1. Clasificación de Bioenvases Activos

Los bioenvases activos se clasifican en:

a) **Los bioenvases activos no migratorios**, que actúan sin promover de manera intencional la migración de compuestos que dañan el alimento.

b) **Los bioenvases activos de liberación controlada,** que permiten la liberación de agentes no volátiles o una emisión de compuestos volátiles en la atmósfera que rodea al alimento.

Los requisitos esenciales que deben de tener las películas biopoliméricas que pueden ser empleadas en bioenvase activos son los siguientes:

1. Permitir una respiración lenta, pero controlada, lo que reduce la absorción de O_2 del producto contenido dentro del envase.

2. Permite una barrera selectiva a los gases (CO_2) y al vapor de agua.

3. Crea una atmosfera modificada con respecto a la composición del gas interno, regulando así, el proceso de maduración y extendiendo la vida útil del producto.

4. Disminuye la migración y uso de lípidos, en productos de la industria de confitería.

5. Mantiene la integridad estructural (retrasa la pérdida de clorofila) y mejora la manipulación mecánica.

6. Puede servir como vehículo para incorporar los aditivos alimentarios (sabor, color, antioxidantes y agentes antimicrobianos).

7. Evitar (o reduce) el deterioro microbiano en almacenamiento prolongado. (Tharanathan, 2003).

La incorporación de las sustancias activas a los materiales de empaque ha dado origen a diferentes tipos de estructuras siendo estas:

2.3.2. Estructura Multicapa

También llamadas compuestas o complejas, este tipo de estructura resulta de la unión de dos o más capas, que se realiza por medio de un recubrimiento donde va contenida la sustancia activa en la matriz polimérica, adherida a otro tipo de material de empaque que puede ser sintético o natural. En la Figura 1a se muestra la estructura de una película, en donde el recubrimiento se encuentra por encima del material de empaque (capa externa). El agente activo migra a través del material de empaque hacia el alimento; el material de empaque debe de tener como característica una alta porosidad (Muriel-Galet, López-Carballo, Gavara, & Hernández-Muñoz, 2012). Otra manera de adherir el recubrimiento activo es antes de empacar el alimento; el agente activo migra por contacto con el alimento y el empaque actúa como una capa control en esta estructura (Figura 1b) (Appendini & Hotchkiss, 2002).

2.3.3. Estructura Monocapa

El agente activo se incorpora mezclándose con el material de empaque (Figura 1c). Los compuestos activos pueden ser incorporados a los polímeros en diluciones miscibles con alimentos. En la Figura 1d se muestra la estructura de una película donde el agente activo se une al empaque por inmovilización de enlaces iónicos o covalentes, esta inmovilización requiere grupos funcionales con el compuesto activo para enlazarse con el empaque y reaccionar con el producto, utilizándose para esto péptidos, aceites esenciales, enzimas, ácidos orgánicos y LAE (95% de etil-N-dodecanoil-L-arginatohidrocloruro) que es un tenso activo catiónico, derivado del ácido láurico, L-arginina y etanol, utilizado en los polímeros de soporte como: polietileno, etilendiamino o polietilendiamino (Ruckman, Rocabayera, Borzelleca & Sandusky, 2004).

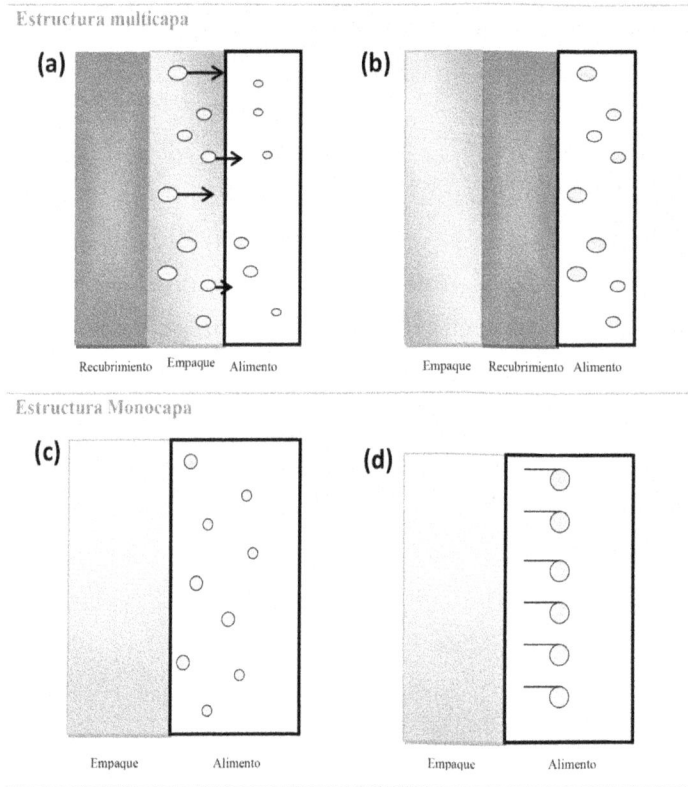

Figura 1. Estructuras de películas bioactivas (Han, 2003a; Brody, Strupinsky & Kline, 2010)

3. Materiales Naturales para Envases y Películas Biodegradables

El remplazo total de los plásticos sintéticos por materiales biodegradables para la elaboración de envases no se ha logrado hasta el presente. Ya que solo el 30 % utiliza este tipo de material, no obstante se han sustituido algunos polímeros sintéticos por otros de origen natural y han permitido el desarrollo de productos con características específicas relacionadas con las propiedades de barrera, mecánicas y térmicas en determinados envases como películas y protectores (Villada, Acosta & Velasco, 2007).

Los biopolímeros naturales utilizados, provienen de cuatro fuentes: origen animal (colágeno/gelatina), marino (quitina/quitosan), agrícola (lípidos, grasas, hidrocoloides, proteínas y polisacáridos) y microbiano [ácido poliláctico (PLA) y polihidroxialcanoatos (PHA)] (Tharanathan, 2003). Varios polisacáridos se han utilizado para preparar películas, incluyendo almidón (Osés, Niza, Ziani & Maté, 2009), mucílago de diversas especies de *Opuntias* (Del-Valle, Hernández-Muñoz, Guarda & Galotto, 2005), goma de semilla de berro, mucílagos de semilla de membrillo (Jouki, Mortazavi, Yazdi & Koocheki, 2014a), goma de semilla de *Psyllium* (Ahmadi, Kalbasi-Ashtari, Oromiehie, Yarmand & Jahandideh, 2012), gomas de semillas de basil (*Ocimum basilicum* L.), tapioca (Vásconez, Flores, Campos, Alvarado & Gerschenson, 2009), almidón de maíz (Psomiadou, Arvanitoyannis & Yamamoto, 1996), celulosa y derivados de celulosa tales como HPMC (hidroxipropil-metilcelulosa), CMC (carboximetilcelulosa) y MC (metilcelulosa) (Pérez, Flores, Marangoni, Gerschenson & Rojas, 2009; Sánchez-González, Vargas, González-Martínez, Chiralt, & Cháfer, 2009). Sin embargo, a través de los últimos años, hay mayor énfasis en la investigación de los diferentes recursos renovables para la producción de películas comestibles y biodegradables (Khazaei, Esmaiili, Djomeh, Ghasemlou & Jouki, 2014).

Los materiales formadores de película se pueden utilizar solos o en combinación. Las características físico-químicas de los biopolímeros influyen en gran medida en las propiedades de las películas y recubrimientos resultantes, pueden ser hidrófilo o hidrófobo o ambos; sin embargo, a fin de mantener la calidad comestible, los disolventes utilizados se limitan solo a agua y etanol (Han, 2014b). Las proteínas se usan en mayor proporción como materiales formadores de película, estas macromoléculas presentan secuencias de aminoácidos específicas y estructuras moleculares bien definidas. Las características más distintivas de las proteínas, en comparación con otros materiales formadores de película son su desnaturalización conformacional, cargas electrostáticas y la naturaleza anfifílica. Las estructuras secundarias, terciarias y cuaternarias de las proteínas se pueden modificar fácilmente para conseguir propiedades deseables en la película mediante el uso de calor por desnaturalización, presión, irradiación, tratamiento mecánico, ácidos, álcalis, iones metálicos, sales, hidrólisis química, tratamiento enzimático y la reticulación química. Estos tratamientos pueden finalmente controlar las propiedades físicas y mecánicas de las películas preparadas y recubrimientos (Gennadios, 2004). Los materiales formadores de película de origen de carbohidratos incluyen los polisacáridos de almidón, algunos compuestos no amiláceos, gomas y fibras. Estos tienen monómeros simples en comparación con las proteínas, que tiene 20 aminoácidos comunes. Sin embargo, debido a la conformación de los polisacáridos, sus estructuras son más complicadas e impredecibles, y su peso molecular es más grande que el de las proteínas. La mayoría de los hidratos de carbono son neutrales, mientras que algunas gomas tienen cargas negativas, pero pocas excepciones presentan carga positiva. Debido a la gran cantidad de grupos hidroxilo, enlaces de hidrógeno, hidratos de carbono neutros u otros restos hidrófilos que se presentan en la estructura estos juegan un papel importante en la formación de la película obteniendo características deseables. Algunas gomas con cargas negativas, tales como el alginato, pectina, celulosa y carboximetil celulosa, muestran diferentes propiedades reológicas en ácido, en comparación con un pH neutro o condiciones alcalinas, así mismo con la presencia de cationes multivalentes. Los lípidos y resinas, también se utilizan como materiales formadores de película, pero no son polímeros y evidentemente "biopolímeros", es un nombre poco apropiado para ellos. Sin embargo, son comestibles, además de que son biomateriales biodegradables y pueden cohesionar con otros materiales. La mayoría de los lípidos y resinas comestibles son sólidos blandos a temperatura ambiente y poseen temperaturas de transición de fase característica. Pueden fabricarse en cualquier forma por los sistemas de fundición y moldeo después del tratamiento térmico, causando transiciones de fase reversible entre los estados líquido, sólido blando y sólidos cristalinos (Han, 2014b). Debido a su naturaleza hidrofóbica, las películas o recubrimientos a base de lípidos forman películas con una alta resistencia al agua y baja energía superficial. Los lípidos se pueden combinar con otros materiales formadores de película, tales como proteínas o polisacáridos, como emulsión de partículas o revestimientos de múltiples capas con el fin de aumentar la resistencia a la penetración del agua (Mehyar, Al-Ismail, Han & Chee, 2012). Los biopolímeros compuestos pueden modificar propiedades de la película y crear estructuras deseables para aplicaciones específicas, pueden ser creadas mediante la mezcla de dos o más biopolímeros produciendo una capa de película homogénea. Varios biopolímeros se pueden mezclar juntos para formar una película con propiedades únicas que combinan los atributos más deseables de cada componente (Han, 2014b).

4. Aditivos en Películas Biopoliméricas

La incorporación de aditivos naturales a sistemas activos de envasado o películas comestibles a base de biopolímeros, puede modificar la estructura de la película y como resultado, modificar su funcionalidad y la aplicación final. La funcionalidad definitiva de películas comestibles está relacionada con las propiedades bioactivas (como antioxidante, antimicrobianos y antioscurecimiento), propiedades funcionales (como barrera al oxígeno, CO_2 y la luz UV-vis), la permeabilidad al vapor de agua, la tensión de tracción, el alargamiento a la rotura y las propiedades físicas (tales como opacidad y color). Existen diversas categorías de antioxidantes naturales que se encuentran en vegetales, especias y hierbas (ácidos orgánicos, extractos naturales o aceites esenciales de plantas) estos se han incorporado en películas y recubrimientos comestibles, lo que resulta en una mejora de las propiedades bioactivas de las películas (Silva-Weiss et al., 2013). Sin embargo, las fuentes naturales de una amplia gama de plantas con propiedades bioactivas aún no se ha caracterizado con respecto a su capacidad para ser aplicada directamente en los alimentos, usando el biopolímero para desarrollar envases activos o películas comestibles para la conservación y aumentar la vida útil de los alimentos. Además, los estudios *in vivo* de la utilización de películas bioactivas para preservar la calidad y el valor nutricional de los alimentos siguen siendo limitados (Khazaei et al., 2014).

5. Procesos de Formación de Películas

Es esencial entender las propiedades químicas y la estructura de los compuestos formadores de película como los biopolímeros y sus modificaciones mediante el uso de aditivos. Para aplicaciones específicas, la solubilidad en agua y etanol son importante para la solución filmogénica húmeda o mezcla de agentes activos. La termo-plasticidad de polímeros, incluyendo transición de fase, transición vítrea y las características de gelatinización, debe evaluarse para las mezcla secas o termoformados (Kennedy & He, 2004). Muchas de las propiedades hidrófilas de los materiales formadores de película son también características importantes que se toman en cuenta para formular una película. Las propiedades relacionadas con el agua, su condición hidrófila, equilibrio lipófilo, higroscopicidad, solubilidad en agua, energía de superficie sólida de las películas, radio hidrodinámico de biopolímeros, plastificantes, tensión superficial y la viscosidad de soluciones de formación de película, deben de ser evaluadas e identificadas con claridad para verificar la compatibilidad química con los biopolímeros empleados y determinar los cambios en la estructura de la película causado por la adición de plastificantes y aditivos. Estos estudios previos son importantes para obtener información crítica relacionada con la formación de película los mecanismos y modificación de propiedades de la película, así como para el proceso de diseño ampliación de la producción comercial (Han, 2014b).

Las películas para envases pueden formarse a través de dos principales procesos: una "vía húmeda" en el que los polímeros son dispersados o solubilizados en una solución formadora de película (solución casting), seguido por evaporación del solvente y un "proceso seco", que se basa en la comportamiento termoplástico exhibida por algunas proteínas y polisacáridos en bajos niveles de humedad en moldeo por compresión y extrusión (Pommet, Redl, Morel, Domenek & Guilbert, 2003).

El mecanismo para la formación de películas de polisacáridos, ocurre con el rompimiento del polímero en segmentos y regeneración de la cadena del polímero al interior de la matriz de la película o gel, que se produce durante la evaporación del solvente diluido, dando origen a la formación de enlaces hidrofílicos e hidrofóbicos con el hidrogeno y enlaces iónicos (Nussinovitch, 2013)

Las películas biopoliméricas por lo general no pueden ser preparadas en la misma forma que las películas de polímeros sintéticos por los métodos de extrusión y soplado ya que no tienen un punto de fusión definido y pueden sufrir descomposiciones por la acción del calor. Su formación involucra entrecruzamientos o asociaciones inter o intra moleculares de las cadenas de los polímeros, formando una red de estructura semirrígidas que atrapa e inmoviliza el solvente. El grado de cohesión depende de la estructura del polímero, el solvente usado, la temperatura y la presencia de otras moléculas como los plastificantes (Tharanathan, 2003). En la Figura 2 se indica la adición de ingredientes química o físicamente activos que pueden mejorar o interferir con los mecanismos de formación de película, incluye cualquier reticulación química o sustitución química de cadenas laterales para crear interacciones hidrófobas o interacciones electrostáticas y otros mecanismos adicionales causados por modificaciones químicas.

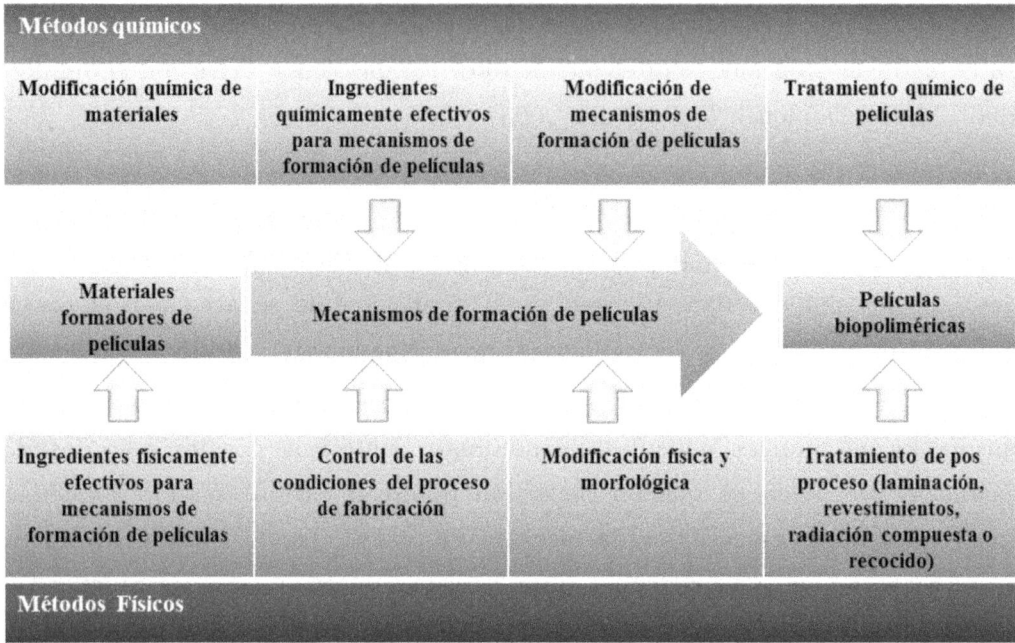

Figura 2. Mecanismos de formación de películas (Tharanathan, 2003)

6. Métodos para Evaluar Propiedades Funcionales de las Películas (Envejecimiento y Degradación)

La Sociedad Americana de Prueba de Materiales (ASTM) y la Organización Internacional de Estándares (ISO) definen a los plásticos degradables como aquellos que presentan un cambio significativo en su estructura química, bajo condiciones específicas de ambiente. Estos cambios resultan de la pérdida de propiedades físicas y mecánicas que son medidos mediante diferentes técnicas que incluyen: difracción de Rayos X, espectroscopia infrarroja, microscopia electrónica de barrido, entre otros.

El fundamento teórico de los métodos de Difracción de Rayos X y las técnicas microscópicas (microscopia electrónica de barrido, microscopia de fuerza atómica, microscopia óptica entre otros.), están basadas en los fenómenos ópticos de refracción, reflexión, dispersión, interferencia y polarización de la luz, expresadas en la ley de Bragg (Dushkina & Lakhtakia, 2013). El concepto del fenómeno Bragg surgió en 1912 a partir de estudios de difracción de rayos X de sólidos cristalinos; también se aplica al electromagnetismo. Si incide luz blanca oblicuamente en una estructura fotónica que puede ser representada como un conjunto discreto de idénticos planos paralelos, cada uno separado de su más cercano vecino por una distancia d (Figura 3), el vector de propagación de las ondas de la luz incidente está inclinado en un ángulo θ con respecto a los planos, entonces la luz de espacio libre de la longitud de onda se refleja especularmente debido a la interferencia constructiva entre planos vecinos.

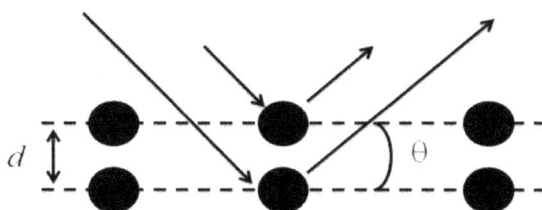

Figura 3. Explicación de la Ley de Bragg (Dushkina & Lakhtakia, 2013)

Este ángulo de selectividad del fenómeno de Bragg (a menudo llamado de difracción) es una causa importante del color estructural, según lo presentado por múltiples capas de estructuras periódicas (Dushkina & Lakhtakia, 2013). Por ello, los colores estructurales se originan en la dispersión de la luz pudiéndose observar microestructuras ordenadas en películas delgadas, e incluso matrices irregulares de partículas eléctricamente pequeñas, pero que no son producidos por pigmentos (Adachi & Matsubara, 2000).

Los *Rayos X* son la radiación electromagnética, invisible, capaz de atravesar cuerpos opacos. Su longitud de onda se encuentra entre los 10 a 10.1 nanómetros (nm), correspondiendo a frecuencias del rango de 30 PHz. Los Rayos X surgen de fenómenos extra nucleares, a nivel de la órbita electrónica, principalmente producidos por desaceleraciones de electrones. La energía de los Rayos X es del orden de 12.3KeV (kilo electronvoltio). Por este tipo de características (tamaño de λ y energía) es que los Rayos X pueden ser utilizados para explorar la estructura de los cristales por medio de experimentos de difracción de Rayos X, pues la distancia entre los átomos de una red cristalina es similar a λ de los Rayos X.

En el métodos de difracción de Rayos X, el haz incide sobre un cristal, provocando que los átomos que conforman a este se dispersen a la onda incidente, cada uno de ellos produce un fenómeno de interferencia para determinadas direcciones de incidencia. La información que proporciona el patrón de difracción de Rayos X, se puede ver desde dos aspectos diferentes pero complementarios: por un lado, la geometría de las direcciones de difracción (condicionadas por el tamaño y forma de la celdilla elemental del cristal) nos ofrecen información sobre el sistema cristalino. Y por otro lado, la intensidad de los rayos difractados, están íntimamente relacionados con la naturaleza de los átomos y las posiciones que ocupan en la red, tal medida constituye la información tridimensional necesaria para conocer la estructura interna del cristal en dirección de los rayos difractados (www.elergonomista.com).

La espectroscopía infrarroja es una de las herramientas para el estudio de polímeros más utilizado. El método es rápido y sensible, con una gran variedad de técnicas de muestreo, además de ser una técnica que puede considerarse de bajo costo. El espectro de absorción infrarrojo de un compuesto es probablemente su característica física única, se llama a menudo "huella digital" de una molécula. El método fue utilizado en primer lugar, como una herramienta de identificación para compuestos relativamente puros. Sin embargo, las nuevas técnicas permiten el análisis estructural más detallado de las macromoléculas puras y sus oligómeros modelo, el análisis de polímeros y mezclas de muestras en crudo e incluso la investigación de interacciones de macromoléculas particulares (Kačuráková & Wilson, 2001). El Infrarrojo por transformada de Fourier y espectroscopía Raman son técnicas espectroscópicas vibracionales complementarias que permiten el estudio de la composición química y estructura molecular de los biopolíméros (Holse, Larsen, Hansen & Engelsen, 2011). Estos métodos requieren cantidades muy pequeñas de la muestra (IEMG), una de las ventajas que presenta esta técnica es que son pruebas no destructivas y se puede aplicar para estudiar tanto muestras secas como húmedas (Mauricio-Iglesias, Guillard, Gontard & Peyron, 2009). Esta técnica se basa en los cambios eléctricos, momentos dipolares y polarizabilidad de los enlaces químicos, respectivamente y por lo tanto dan diferente información espectroscópica vibracional. La espectroscopia de IRTF y Raman se puede utilizar para analizar la estructuras secundarias y conformaciones de proteína/polisacáridos sobre la base de las bandas de absorción características específicas de grupos funcionales contenidos en estos biopolímeros (Sivam, Sun-Waterhouse, Perera & Waterhouse, 2013). La región del infrarrojo medio de 4000-400 cm^{-1} es la más ampliamente utilizada para diversas aplicaciones, como en la bioquímica, biología y aplicaciones industriales de alimentos, envases y otros (Zhbankov, Andrianov & Marchewka, 1997). Los métodos quimiométricos se utilizan ampliamente en análisis cuantitativos. En el campo de la física de polímeros sintéticos, nuevas técnicas no convencionales se han desarrollado recientemente. Aunque se ha tenido algunas limitaciones de muestreo para el análisis en dos dimensiones de espectroscopia infrarroja (2D FT-IR) también ha sido introducido con éxito en el campo de la investigación en los hidratos de carbono (Kačuráková & Wilson, 2001).

Los plásticos biodegradables pasan por acciones de degradación natural ocurrida por microorganismos (bacterias, hongos y algas). Este tipo de plástico puede ser denominado fotodegradable, oxidativamente degradables, ó hidrolíticamente degradables por composteo (Kolybaba et al., 2003).

La determinación de las características físicas, mecánicas y reológicas de las estructuras de las película, se relaciona con los parámetros físico-químicos, que incluyen resistencia mecánica, elasticidad, viscosidad, humedad, permeación de gas, la cohesión de los polímeros, adhesión de la película en las superficies de los alimentos, la energía superficial, rugosidad de la superficie/suavidad, transmisión de la luz, color (opaco/brillante) y las características termoplásticas y el proceso idóneo de recubrimiento (Mehyar, Han, Holley, Blank & Hydamaka, 2007). La cohesión de los materiales de formación de película es un parámetro importante que influye en la resistencia mecánica de las películas, especialmente aquellas de estructura homogénea continua de película. La cohesión es la fuerza de atracción entre moléculas de la misma sustancia (Guilbert, Gontard & Gorris, 1996). Si los materiales formadores de película contienen componentes que no son compatibles con los principales biopolímeros, la cohesión de los materiales de formación de película disminuye y la resistencia de la película se debilita. Cuando se investiga el uso de nuevos biopolímeros o aditivos, la compatibilidad de todos los ingredientes que forman películas debe mantenerse, para obtener una fuerte cohesión. Los plastificantes son los agentes reductores de la cohesión de polímeros formadores de película. La adhesión de los materiales de formación de película es un parámetro importante para el proceso de fundición y los procesos de recubrimiento. La adhesión es la fuerza de atracción entre las moléculas de la superficie de diferentes sustancias, tales como los materiales de revestimiento y superficies de los alimentos (Guilbert et al., 1996). Una fuerza de baja adherencia ocasiona recubrimientos fragmentados sobre la superficie y son fáciles de despegar fuera de las capas de revestimiento de la superficie. La energía superficial de los materiales de formación de película (tensión superficial de la solución formadora de película), la energía de superficie sólida de producto sin revestir y la energía superficial de la película seca debe ser determinadas para lograr una fuerte adhesión. Una diferencia grande de la energía superficial de un material de recubrimiento ocasionan fragmentación en la superficie del producto, disminuyendo el trabajo de adhesión dando como resultado un bajo rendimiento del revestimiento (Good, 1992; Han, 2014b). Los agentes tensoactivos, tales como emulsionantes y otros productos químicos anfifílicos en la solución formadora de película, reducen la tensión superficial de la solución de recubrimiento, disminuyendo así la diferencia entre la superficie sólida la energía y la tensión superficial de la solución de revestimiento y finalmente aumentar el trabajo de adhesión (Han, 2014b).

7. Aplicaciones de las Películas Biopoliméricas (Alimentos y Miscelaneos)

7.1. Nuevos Productos

La industria alimentaria ha proporcionado avances considerables en la aplicación de nuevos usos para tecnologías de películas comestibles. Los productores de carne están utilizando películas para curar embutidos como el jamón. Los atletas consumen tiras de electrolitos en lugar de bebidas deportivas para la deshidratación. Las películas se utilizan para separar la salsa de tomate de la corteza en una pizza congelada e incluso para lograr que la corteza quede crujiente. Origami Foods, en cooperación con el Servicio Investigación Agrícola del USDA, ha desarrollado nuevos productos, en que casi cualquier fruta, verdura o su combinación, pueden ser utilizadas para crear películas comestibles. Tales productos son bajos en grasa, en calorías además de ser sabrosas y saludable; también fueron desarrollados algunas, para personas que presentan alergias a algas (http://www.origami-foods.com; http://www.ceepackaging.com). Otra novedad en el área de películas comestibles se refiere a decoraciones. Hoy es posible decorar pasteles con diseño en imágenes por computadora. Estas imágenes (a veces clip-art) se imprimen con nuevas tintas de grado alimenticio de alta calidad en papel comestible (películas poliméricas), utilizando una impresora de inyección de tinta estándar. El atractivo de las impresiones es que se pueden colocar en cualquier pastel u horneado. El mismo proceso puede ser utilizado para producir envolturas de dulces con diseño, rollos de papel para pasteles o quiches o cubiertas protectoras decorativos para condimentos y tortas y en muchas otras aplicaciones donde se desea un toque personal o cosmética en un producto de postre (Nussinovitch, 2013).

8. Siguiente Generación de Películas Biopoliméricas

La inclusión de nanopartículas en películas comestibles y la addición de nanocompuestos en películas para mejorar las propiedades mecánica y, estabilidad a la oxidación, propiedades de barrera y biodegradabilidad de las matrices poliméricas convencionales (Sorrentino, Gorrasi & Vittoria, 2007). Existen cuatro diferentes tipos de nanocompuestos basados en quitosano para preparar películas biopoliméricas utilizando el método por evaporación de solventes incorporando diversos tipos de nanopartículas (principalmente montmorillonita), el grado de interacción producida en las películas con los nanocompuestos, se obtienen películas modificadas orgánicamente (Nussinovitch, 2013). Recientes estudios de investigación se han centrado principalmente en la aplicación de antimicrobianos naturales en el sistema de envasado de alimentos. Compuestos de derivados biológicos como bacteriocinas, fitoquímicos y enzimas antimicrobianas pueden ser utilizadas para el envasado de alimentos (Irkin & Esmer, 2015). Así mismo, los invertebrados marinos han sido reconocidos como rica fuentes de más de 400 compuestos bioactivos, incluyendo agentes hipotensores, sustancias activas para padecimientos cardiovasculares, relajantes musculares, antibióticos, antiviral y agentes antitumoral. Los pepinos de mar o las holoturias son animales que se encuentra en zonas de aguas poco profundas del mar hasta lo profundo del océano. La pared celular del pepino de mar contiene grandes cantidades de glicanos sulfatados. El polisacárido de la pared celular es comparable con la estructura del sulfato de condroitina de mamíferos, pero algunos de los residuos de ácido glucurónico presentan ramas de fucosa sulfatadas, estas confieren una alta actividad anticoagulante y también una actividad antitrombina (Nussinovitch, 2013).

Con la rápida evolución de la biotecnología existe un gran variedad para hacer uso de los desechos como fuentes de valiosos componentes como los nutracéuticos y otros ingredientes, que comprenden proteínas, incluyendo colágeno y gelatina, hidrolizado de proteína, péptidos bioactivos, lípidos ricos en ácidos grasos poliinsaturados, escualeno, carotenoides, polisacáridos tales como quitina, quitosano, glicosaminoglicanos y nutracéuticos basados en minerales, entre otros. Estos productos, dependiendo sus características tienen potencial para varias aplicaciones tales como aditivos de alimentos naturales, bioactivo compuestos nutracéuticos, fármacos, envases biodegradables y como encapsulación de materiales para diversos usos (Menon & Lele, 2015).

Aunado a lo anterior una innovación reciente en los envases son los denominados inteligentes el cual consisten en relacionar la migración interna de conservadores para el alimento con la función de comunicación del envase para facilitar la toma de decisiones (Biji, Ravishankar, Mohan & Srinivasa-Gopal, 2015). Los sistemas de envase inteligentes ofrecen al usuario información sobre las condiciones de los alimentos o de su entorno (temperatura, pH). Es una extensión de la comunicación de la función de los envases tradicionales con los consumidores en función de su capacidad para detectar y registrar los cambios en el medio ambiente de los productos envasados (Realini & Marcos, 2014).

9. Conclusiones

Las películas biopoliméricas se pueden obtener de recursos naturales renovables, ventaja comparativa con respecto a los polímeros sintéticos usados en los envases dada su biodegradabilidad. La mezcla es un aspecto importante para las propiedades y diseño del biopoliméro en ello implica la diversidad de aplicaciones que se puede dar al envasado. El logro de una constante mezcla de calidad con las propiedades deseadas requiere la atención adecuada a tanto el proceso como el diseño de productos. El futuro de las investigaciones en materia de películas biopoliméricas tendrá que ser relacionadas con el uso de nanotecnología para mejorar las propiedades de tracción, barrera, permeabilidad, etc. a través del desarrollo de nanopartículas que promuevan actividades antimicrobianas, mejorando las características de los alimentos como el dulzor, sabor y otros agentes activos que contengan esos empaques. Se espera que las futuras películas biopoliméricas y comestibles puedan incluir no solo herramientas nanotecnológicas sino todas aquellas que puedan lograr una evolución de los envases y la producción de nuevas tecnologías de películas.

Referencias

Adachi, E., & Matsubara, K. (2000). Reproducibility and applicability of gallium replication as evaluated by biological specimen use. *Journal of electron microscopy,* 49(2), 371-378.

http://dx.doi.org/10.1016/j.jfoodeng.2011.11.010

Ahmadi, R., Kalbasi-Ashtari, A., Oromiehie, A., Yarmand, M.-S., & Jahandideh, F. (2012). Development and characterization of a novel biodegradable edible film obtained from psyllium seed *(Plantago ovata Forsk). Journal of Food Engineering,* 109(4), 745-751.

http://dx.doi.org/10.1016/j.jfoodeng.2011.11.010

Ahvenainen, R. (2003). *Novel food packaging techniques.* Elsevier.

Appendini, P., & Hotchkiss, J.H. (2002). Review of antimicrobial food packaging. *Innovative Food Science & Emerging Technologies,* 3(2), 113-126.

http://dx.doi.org/10.1016/S1466-8564(02)00012-7

Biji, K.B., Ravishankar, C.N., Mohan, C.O., & Srinivasa-Gopal, T.K. (2015). Smart packaging systems for food applications: a review. *Journal of Food Science and Technology,* 1-11.

http://dx.doi.org/10.1007/s13197-015-1766-7

Bismarck, A., Aranberri-Askargorta, I., Springer, J., Lampke, T., Wielage, B., Stamboulis, A. et al. (2002). Surface characterization of flax, hemp and cellulose fibers; Surface properties and the water uptake behavior. *Polymer Composites,* 23(5), 872-894.

http://dx.doi.org/10.1002/pc.10485

Brody, A.L., Strupinsky, E., & Kline, L.R. (2010). *Active packaging for food applications.* CRC press.

Del-Valle, V., Hernández-Muñoz, P., Guarda, A., & Galotto, M. J. (2005). Development of a cactus-mucilage edible coating *(Opuntia ficus indica)* and its application to extend strawberry *(Fragaria ananassa)* shelf-life. *Food Chemistry,* 91(4), 751-756.

http://dx.doi.org/10.1016/j.foodchem.2004.07.002

Dushkina, N., & Lakhtakia, A. (2013). Structural Colors. En Lakhtakia, A., & Martín-Palma, R.J. (Eds.). *Engineered Biomimicry.* Boston: Elsevier. 267-303.

Gennadios, A. (2004). Edible films and coatings from proteins. En Yada, R.Y. (Ed.). *Proteins in Food Processing.* Woodhead Publishing. 442-467.

Giovannetti, M.D.V. (2003). El mundo del envase: Manual para el disño y producción de envases y embalajes. Barcelona: Editorial Gustavo Gili.

Gontard, N., Guilbert, S., & Cuq, J.-L. (1992). Edible Wheat Gluten Films: Influence of the Main Process Variables on Film Properties using Response Surface Methodology. *Journal of Food Science*, 57(1), 190-195.
http://dx.doi.org/10.1111/j.1365-2621.1992.tb05453.x

Good, R.J. (1992). Contact angle, wetting, and adhesion: a critical review. *Journal of Adhesion Science and Technology*, 6(12), 1269-1302.
http://dx.doi.org/10.1163/156856192x00629

Guilbert, S., Gontard, N., & Gorris, L.G.M. (1996). Prolongation of the Shelf-life of Perishable Food Products using Biodegradable Films and Coatings. *LWT - Food Science and Technology*, 29(1-2), 10-17.
http://dx.doi.org/10.1006/fstl.1996.0002

Han, J.H. (2003a). Antimicrobial food packaging. *Novel food packaging techniques*, 50-70.

Han, J.H. (2014b). Edible Films and Coatings: A Review. En Han, J.H. (Ed.). *Innovations in Food Packaging (Second Edition)*. San Diego: Academic Press. 213-255.

Holse, M., Larsen, F.H., Hansen, Å., & Engelsen, S.B. (2011). Characterization of marama bean *(Tylosema esculentum)* by comparative spectroscopy: NMR, FT-Raman, FT-IR and NIR. *Food Research International*, 44(1), 373-384.

Irkin, R., & Esmer, O. (2015). Novel food packaging systems with natural antimicrobial agents. *Journal of Food Science and Technology*, 1-17.
http://dx.doi.org/10.1007/s13197-015-1780-9

Jouki, M., Mortazavi, S.A., Yazdi, F.T., & Koocheki, A. (2014a). Characterization of antioxidant–antibacterial quince seed mucilage films containing thyme essential oil. *Carbohydrate Polymers*, 99(0), 537-546.
http://dx.doi.org/10.1016/j.carbpol.2013.08.077

Kačuráková, M., & Wilson, R.H. (2001). Developments in mid-infrared FT-IR spectroscopy of selected carbohydrates. *Carbohydrate Polymers*, 44(4), 291-303.
http://dx.doi.org/10.1016/S0144-8617(00)00245-9

Kennedy, J.F., & He, M.M. (2004). Water-Soluble Polymer Application in Foods: A. Nussinovitch. Blackwell Publishers, Oxford. *Carbohydrate Polymers*, 57(3), 350.
http://dx.doi.org/10.1016/j.carbpol.2004.06.007

Khazaei, N., Esmaiili, M., Djomeh, Z.E., Ghasemlou, M., & Jouki, M. (2014). Characterization of new biodegradable edible film made from basil seed *(Ocimum basilicum* L.*)* gum. *Carbohydrate Polymers*, 102(0), 199-206.
http://dx.doi.org/10.1016/j.carbpol.2013.10.062

Kolybaba, M., Tabil, L., Panigrahi, S., Crerar, W., Powell, T., & Wang, B. (2003). *Biodegradable polymers: past, present, and future.* Paper presented at the An ASAE Meeting Presentation.

Mauricio-Iglesias, M., Guillard, V., Gontard, N., & Peyron, S. (2009). Application of FTIR and Raman microspectroscopy to the study of food/packaging interactions. *Food Additives and Contaminants,* 26(11), 1515-1523.

Mehyar, G.F., Al-Ismail, K., Han, J.H., & Chee, G.W. (2012). Characterization of Edible Coatings Consisting of Pea Starch, Whey Protein Isolate, and Carnauba Wax and their Effects on Oil Rancidity and Sensory Properties of Walnuts and Pine Nuts. *Journal of Food Science,* 77(2), E52-E59.

http://dx.doi.org/10.1111/j.1750-3841.2011.02559.x

Mehyar, G.F., Han, J.H., Holley, R.A., Blank, G., & Hydamaka, A. (2007). Suitability of pea starch and calcium alginate as antimicrobial coatings on chicken skin. *Poultry Science,* 86(2), 386-393.

Menon, V.V., & Lele, S. (2015). Nutraceuticals and Bioactive Compounds from Seafood Processing Waste. en Kim, S.-K. (Ed.). *Springer Handbook of Marine Biotechnology.* Springer Berlin Heidelberg. 1405-1425.

Muriel-Galet, V., López-Carballo, G., Gavara, R., & Hernández-Muñoz, P. (2012). Antimicrobial food packaging film based on the release of LAE from EVOH. *International Journal of Food Microbiology,* 157(2), 239-244.

http://dx.doi.org/10.1016/j.ijfoodmicro.2012.05.009

Nussinovitch, A. (2013). Biopolymer Films and Composite Coatings. En Ebnesajjad, S. (Ed.). *Handbook of Biopolymers and Biodegradable Plastics.* Boston: William Andrew Publishing. 295-327.

Osés, J., Niza, S., Ziani, K., & Maté, J.I. (2009). Potato starch edible films to control oxidative rancidity of polyunsaturated lipids: effects of film composition, thickness and water activity. *International Journal of Food Science & Technology,* 44(7), 1360-1366.

http://dx.doi.org/10.1111/j.1365-2621.2009.01965.x

Pérez, C.D., Flores, S.K., Marangoni, A.G., Gerschenson, L.N., & Rojas, A.M. (2009). Development of a High Methoxyl Pectin Edible Film for Retention of l-(+)-Ascorbic Acid. *Journal of Agricultural and Food Chemistry,* 57(15), 6844-6855.

http://dx.doi.org/10.1021/jf804019x

Pommet, M., Redl, A., Morel, M.H., Domenek, S., & Guilbert, S. (2003). *Thermoplastic processing of protein-based bioplastics: chemical engineering aspects of mixing, extrusion and hot molding.* Paper presented at the Macromolecular symposia.

Psomiadou, E., Arvanitoyannis, I., & Yamamoto, N. (1996). Edible films made from natural resources; microcrystalline cellulose (MCC), methylcellulose (MC) and corn starch and polyols – Part 2. *Carbohydrate Polymers,* 31(4), 193-204.

http://dx.doi.org/10.1016/S0144-8617(96)00077-X

Realini, C.E., & Marcos, B. (2014). Active and intelligent packaging systems for a modern society. *Meat Science*, 98(3), 404-419.

http://dx.doi.org/10.1016/j.meatsci.2014.06.031

Restuccia, D., Spizzirri, U.G., Parisi, O.I., Cirillo, G., Curcio, M., Iemma, F. et al. (2010). New EU regulation aspects and global market of active and intelligent packaging for food industry applications. *Food Control*, 21(11), 1425-1435.

http://dx.doi.org/10.1016/j.foodcont.2010.04.028

Rizzarelli, P., & Carroccio, S. (2014). Modern mass spectrometry in the characterization and degradation of biodegradable polymers. *Analytica Chimica Acta*, 808(0), 18-43.

http://dx.doi.org/10.1016/j.aca.2013.11.001

Ruckman, S.A., Rocabayera, X., Borzelleca, J.F., & Sandusky, C.B. (2004). Toxicological and metabolic investigations of the safety of N-α-Lauroyl-l-arginine ethyl ester monohydrochloride (LAE). *Food and Chemical Toxicology*, 42(2), 245-259.

http://dx.doi.org/10.1016/j.fct.2003.08.022

Sánchez-González, L., Vargas, M., González-Martínez, C., Chiralt, A., & Cháfer, M. (2009). Characterization of edible films based on hydroxypropylmethylcellulose and tea tree essential oil. *Food Hydrocolloids*, 23(8), 2102-2109.

http://dx.doi.org/10.1016/j.foodhyd.2009.05.006

Silva-Weiss, A., Ihl, M., Sobral, P.J.A., Gómez-Guillén, M.C., & Bifani, V. (2013). Natural Additives in Bioactive Edible Films and Coatings: Functionality and Applications in Foods. *Food Engineering Reviews*, 5(4), 200-216.

http://dx.doi.org/10.1007/s12393-013-9072-5

Sivam, A.S., Sun-Waterhouse, D., Perera, C.O., & Waterhouse, G.I.N. (2013). Application of FT-IR and Raman spectroscopy for the study of biopolymers in breads fortified with fibre and polyphenols. *Food Research International*, 50(2), 574-585.

http://dx.doi.org/10.1016/j.foodres.2011.03.039

Sorrentino, A., Gorrasi, G., & Vittoria, V. (2007). Potential perspectives of bio-nanocomposites for food packaging applications. *Trends in Food Science & Technology*, 18(2), 84-95.

http://dx.doi.org/10.1016/j.tifs.2006.09.004

Tharanathan, R.N. (2003). Biodegradable films and composite coatings: past, present and future. *Trends in Food Science & Technology*, 14(3), 71-78.

http://dx.doi.org/10.1016/S0924-2244(02)00280-7

Vásconez, M.B., Flores, S.K., Campos, C.A., Alvarado, J., & Gerschenson, L.N. (2009). Antimicrobial activity and physical properties of chitosan–tapioca starch based edible films and coatings. *Food Research International*, 42(7), 762-769.

http://dx.doi.org/10.1016/j.foodres.2009.02.026

Villada, H.S., Acosta, H.A., & Velasco, R.J. (2007). Biopolímeros naturales usados en empaques biodegradables. *Temas agrarios*, 12(2).

Yam, K.L., Takhistov, P.T., & Miltz, J. (2005). Intelligent Packaging: Concepts and Applications. *Journal of Food Science*, 70(1), R1-R10.

http://dx.doi.org/10.1111/j.1365-2621.2005.tb09052.x

Zhbankov, R.G., Andrianov, V.M., & Marchewka, M.K. (1997). Fourier transform IR and Raman spectroscopy and structure of carbohydrates. *Journal of Molecular Structure*, 436-437(0), 637-654.

http://dx.doi.org/10.1016/S0022-2860(97)00141-5

Capítulo 2

Péptidos Bioactivos de Fuentes Vegetales: Un Nuevo Ingrediente para Alimentos Funcionales

Erika Berenice León Espinosa, Cristian Jiménez-Martínez, Gloria Dávila-Ortiz

Escuela Nacional de Ciencias Biológicas. Instituto Politécnico Nacional. Prolongación de Carpio y Plan de Ayala. Col. Casco de Sto. Tomás. Del. Miguel Hidalgo. C.P.11340. México, Distrito Federal.

gatca21@hotmail.com, crisjm_99@yahoo.com, gdavilao@yahoo.com

Doi: http://dx.doi.org/10.3926/oms.288

Referenciar este capítulo

León-Espinosa, E.B., Jiménez-Martínez, C., & Dávila-Ortiz, G. (2015). *Péptidos bioactivos de fuentes vegetales: Un nuevo ingrediente para alimentos funcionales.* En Ramírez-Ortiz, M.E. (Ed.). *Tendencias de innovación en la ingeniería de alimentos.* Barcelona, España: OmniaScience. 37-71.

E.B. León-Espinosa, C. Jiménez-Martínez, G. Dávila-Ortiz

Resumen

En la actualidad el uso de ingredientes en alimentos y alimentación especializada, está tomando un nuevo enfoque, ya que los consumidores tienen un creciente interés por su salud y bienestar, derivado de la preocupación por incluir en su alimentación diaria, alternativas que contribuyan a elevar su nivel de satisfacción en ambos aspectos; por lo que la industria de alimentos se está enfocando en buscar soluciones que les permitan satisfacer estas necesidades, lo cual brinda la oportunidad para el desarrollo de ingredientes funcionales que además de enriquecer o fortalecer las propiedades sensoriales y físicas de los alimentos, poseen uno o más componentes nutricionales que benefician diversas funciones del organismo, al mismo tiempo que ayuda a prevenir y contrarrestar el riesgo de algunas enfermedades.

Algunos componentes como antioxidantes, vitaminas, proteínas y otros nutrientes esenciales pueden ser encontrados naturalmente en alimentos y bebidas; un ejemplo de estos nutrientes son los péptidos bioactivos que son mezclas de fracciones de proteínas y cadenas peptídicas, que se obtienen a partir de proteínas de origen animal y vegetal, por medio de diferentes procesos como fermentación, hidrólisis química o enzimática; los cuales tienen una amplia gama de aplicaciones como ingredientes de alimentos, hasta su empleo como fuente de nitrógeno en la preparación de dietas viables para administración parenteral, fórmulas hipoalergénicas infantiles, alimentos bajos en calorías y bebidas para deportistas. Además presentan diferentes actividades biológicas tales como: antioxidante, antihipertensivos, antimicrobianos, anticancerígenos, etc.

Una vez obtenidos los péptidos bioactivos, es necesaria su purificación a través de métodos como la ultrafiltración, separación cromatográfica o la nanofiltración; así como por métodos cromatográficos para determinar la secuencia de aminoácidos que lo componen. Es por todo lo anterior que en este capítulo se abordará la obtención de los péptidos bioactivos así como su purificación y caracterización.

Palabras clave

Ingredientes funcionales, proteínas, péptidos bioactivos, purificación.

1. Alimentos Funcionales

Durante los últimos 20 años los hábitos dietéticos han variado. Actualmente, no sólo se trata de cubrir necesidades y evitar alimentos perjudiciales, sino de buscar aquellos que influyan de manera positiva en nuestra salud y ayuden a prevenir enfermedades. Son muchos los factores que han contribuido en esta revolución dietética. Por un lado se demostró que una mala alimentación, rica en grasa animal saturada y productos refinados, se relacionaba con una alta morbilidad y mortalidad ocasionadas por enfermedades cardiovasculares, cáncer o diabetes; en contraste a este panorama, también se ha observado que personas que siguen dietas con un alto contenido en alimentos de origen vegetal (leguminosas, frutas y verduras) tenían un riesgo más bajo de presentar enfermedades cardiovasculares y cáncer que personas que seguían dietas pobres en estos alimentos (Gimeno-Creus, 2003)

Trabajos científicos han avalado a constituyentes de los alimentos como ingredientes de interés para la salud: componentes derivados de las proteínas, lípidos, oligosacáridos, vitaminas, antioxidantes, entre otros. En las sociedades industrializadas, se demandan cada vez más alimentos que proporcionen beneficios para la salud o que permitan reducir el riesgo de sufrir enfermedades, mismos que han sido denominados como alimentos funcionales o biofuncionales (Araya & Lutz, 2003)

Un alimento puede considerarse funcional si además de sus cualidades nutricionales, "afecta" beneficiosamente a una o varias funciones relevantes del organismo, de manera que proporciona un mejor estado de salud y bienestar y/o reduce el riesgo de padecer una enfermedad (Palou & Serra, 2000)

Los alimentos funcionales implican diversas posibilidades como:

- Nutrientes añadidos
- Aumento en la proporción de los mismos y
- Nuevos procesos de obtención

El diseño de un alimento funcional debe estar mediatizado por el impacto que determinados nutrientes ejercen sobre funciones del organismo humano. Sin embargo, es necesario conocer los mecanismos de acción, las dosis adecuadas y además comprobar la objetividad de su eficacia para validar definitivamente la utilidad de su recomendación.

La estrategia para crear un alimento funcional se apoya esquemáticamente, en las siguientes premisas:

- Inclusión de un componente nuevo, de eficacia conocida (ácidos grasos ω3)

- Aumentar elementos ya presentes (calcio en lácteos)

- Competir en la absorción y biodisponibilidad (adición de elementos estructurales no peptídicos para mejorar actividades biológicas)

- Sustitución de principios inmediatos (grasas por hidratos de carbono)

Se ha demostrado que existe una gran variedad de microcomponentes de la dieta que pueden influir en la capacidad de un individuo para alcanzar todo su potencial genético y minimizar el riesgo de enfermar. La respuesta del organismo ante el consumo de un alimento funcional depende de factores genéticos, el estado fisiológico y la composición de la dieta. En la Tabla 1 se muestran los tipos de alimentos funcionales y sus efectos.

El desarrollo de los alimentos funcionales está en continuo crecimiento debido a la demanda de estos productos por parte del consumidor y también porque se asocian con la prevención y tratamiento de enfermedades como el cáncer, la hipertensión, sobrepeso, osteoporosis, enfermedades del corazón, diabetes, entre otras (Cortés, Chiralt & Puente, 2005).

Otros factores que contribuyen al crecimiento de los alimentos funcionales son el envejecimiento de la población, aumento de costos en la salud, la autonomía en el cuidado de la salud y los cambios en la regulación de los alimentos. Es por lo anterior, que es necesario estudiar más componentes que puedan fungir como ingredientes funcionales por lo que en las siguientes secciones nos enfocaremos a los péptidos bioactivos y su aplicación.

Tabla 1. Tipos de alimentos funcionales y efectos sobre el organismo o algunas funciones biológicas

Ingrediente funcional	Efectos	Ejemplos
Prebióticos	Mejoran la función intestinal	Lactobacilos (Yogures bio)
Prebióticos	Favorecen el crecimiento de las bacterias intestinales beneficiosas.	Fructo-oligosacáridos (cereales integrales)
Vitaminas	Reducen el riesgo de enfermedades cardiovasculares y osteoporosis	Vitamina B_6, B_{12}, ácido fólico, vitamina D y K
Minerales	Reducen el riesgo de osteoporosis y fortalecen el sistema inmune	Calcio, magnesio, zinc
Antioxidantes	Reducen el riesgo de enfermedades cardiovasculares y el desarrollo de tumores	Vitamina C y E, carotenos, flavonoides, y polifenoles, hidrolizados y péptidos antioxidantes
Ácidos grasos	Reducen el riesgo de enfermedades cardiovasculares y el desarrollo de tumores. Reducen los síntomas de la menopausia	Ácidos grasos omega 3 (Lácteos, huevo)
Fitoquímicos	Reducen los niveles de colesterol y los síntomas de la menopausia	Fitoesteroles, isoflavonas y lignina

Fuente: Serra & Aranceta (2005).

2. Hidrolizados Proteínicos y Péptidos Bioactivos

Los hidrolizados proteínicos son mezclas de fracciones de proteínas y cadenas peptídicas que pueden obtenerse por hidrólisis enzimática, química, fermentación microbiana y/o fraccionamiento o enriquecimiento de péptidos; los cuales tienen una amplia gama de aplicaciones como ingredientes en alimentos, hasta su empleo como fuente de nitrógeno en la preparación de dietas viables para administración parenteral, fórmulas hipoalergénicas infantiles, alimentos bajos en calorías y bebidas para deportistas (Korhonen & Pihlanto, 2006).

Las características de los hidrolizados que se obtengan, estarán determinadas evidentemente por el uso al que estén destinados, así como por el grado de hidrólisis (GH), es decir el número de enlaces peptídicos rotos en relación a la proteína original, que va a determinar en gran medida las características restantes del hidrolizado. El GH final está determinado por las condiciones utilizadas es decir, concentración de sustrato, relación enzima/sustrato, tiempo de incubación y condiciones fisicoquímicas como el pH y la temperatura. Otro factor que también va a determinar el GH es la naturaleza de la actividad de la enzima, es decir su actividad específica y tipo de actividad, de las cuales se hablara más adelante (Vioque & Millán, 2005).

Los hidrolizados que actualmente se producen destinados a la alimentación se pueden clasificar en tres grupos:

a) **Hidrolizados con bajo grado de hidrólisis (GH**<10%): En este sentido se ha demostrado que una hidrólisis limitada mejora propiedades funcionales de la proteína original, además de la solubilidad, viscosidad, poder emulsificante, características sensoriales y espumantes (Jayaprakasha & Yoon, 2005; Vioque, Sánchez-Vioque, Clemente, Pedroche & Millán, 2000). Estos ingredientes funcionales con capacidad espumante son usados en la producción de pasteles, pan, helados y postres.

b) **Hidrolizados con grado de hidrólisis variable:** su principal uso es como saborizantes. En este sentido, los hidrolizados según el sustrato usado y las condiciones de hidrólisis, pueden aportar sabor y olor a los alimentos que se añadan. Tradicionalmente los hidrolizados usados como saborizantes se han obtenido mediante hidrólisis ácida (con HCl) por 4-24h/100-125°C, de proteínas vegetales. El sabor del producto va a depender de la cantidad y tipo de péptidos o aminoácidos liberados. Por ejemplo, el ácido glutámico funciona como un potenciador de sabor, la glicina o alanina tienen un sabor dulce. El factor principal es la interacción de estos aminoácidos o pequeños péptidos con otros componentes como azúcares o lípidos (Vioque, Clemente, Pedroche, Yust & Millán, 2001).

c) **Hidrolizados extensivos** (GH>10%), para su uso en alimentación especializada. Estos hidrolizados están destinados a una alimentación especializada, bien como suplemento proteico o en dietas médicas (Clemente, Vioque, Sánchez-Vioque, Pedroche, Bautista & Millán, 1999) (Tabla 2).

Tabla 2. Aplicaciones de los hidrolizados proteicos extensivos

Suplemento proteico	Alimentación 3ra edad Nutrición deportiva Dietas de adelgazamiento	
Dietas médicas	Hidrolizados hipoalergénicos	
	Tratamientos de errores metabólicos congénitos	Fenilcetonuria Tirosinamia
	Regeneración de la piel	Quemados Postcirugía
	Otras enfermedades	Enfermedad de Crohn
		Fibrosis quística
		Pancreatitis

Fuente: Vioque y Millán (2005).

Con la hidrólisis extensiva se busca mejorar las características nutricionales de las proteínas de origen. El desarrollo y diseño de hidrolizados extensivos está siendo objeto de un enorme impulso en los últimos años ya que están ayudando a disminuir enfermedades específicas. Los hidrolizados extensivos, pueden a su vez dividirse en dos grupos, por un lado se encuentran aquellos que son usados como suplemento proteico en la dieta y por el otro hidrolizados con una composición definida para el tratamiento de enfermedades o síndromes específicos. En este último grupo, se alcanza el máximo de especialización en lo que respecta al diseño del alimento ya que se obtiene un producto muy específico para un objetivo muy concreto (Vioque & Millán, 2005).

Los hidrolizados proteicos con una composición definida también se han propuesto para el tratamiento de enfermedades o situaciones concretas; por ejemplo, en el caso de errores metabólicos congénitos como la fenilcetonuria o tirosinamia, se proponen hidrolizados sin los aminoácidos aromáticos que estos pacientes no pueden metabolizar; así mismo en estados hipermetabólicos como los procesos de cicatrización por cirugía o quemaduras es importante un sobreaporte de aminoácidos azufrados que podrían ser proporcionados en forma de hidrolizados enriquecidos en estos aminoácidos (Vioque & Millán, 2005).

3. Péptidos Bioactivos

Dentro de los hidrolizados extensivos, existe una aplicación que por su interés, novedad y potencialidad requiere una mención especial, ya que a través de una hidrólisis dirigida y de procesos de purificación, es posible obtener péptidos bioactivos, los cuales son cadenas de aminoácidos inactivos dentro de la proteína intacta pero que al ser liberados por hidrólisis, ya sea por la digestión en el organismo o por un procesado previo, pueden ser absorbidos por los enterocitos y alcanzar el torrente sanguíneo desempeñando una actividad biológica que pueden tener un efecto fisiológico o funcional más allá de proveer de aminoácidos esenciales y aportar al metabolismo energético, con la posibilidad de exhibir múltiples efectos (Hartmann & Meisel, 2007; Hong, Ming, Yi, Zhanxia, Yongquan & Chi, 2008; Kitts & Weiler, 2003; Korhonen & Pihlanto, 2003).

Los mecanismos a través de los cuales se produce la absorción y transporte al torrente circulatorio de péptidos, se describen en la Tabla 3. Estos péptidos contenidos en hidrolizados, presentan una solubilidad en agua cercana al 100% en un intervalo amplio de pH y tienen la característica de ser hipoalergénicos. Además, su absorción intestinal es mejor que en las proteínas intactas.

Tabla 3. Posibles rutas para la absorción y transporte al torrente circulatorio de péptidos

Ruta de transporte	Comentarios	Candidatos
Ruta paracelular	Difusión a través de las junciones entre células por un proceso de difusión pasiva independiente de energía	Péptidos grandes solubles en agua
Difusión pasiva	Difusión a través de un proceso de difusión pasiva transcelular independiente de energía	Péptidos hidrofóbicos
Vía transportador	Salida de algunos péptidos del enterocito hacia la circulación porta a través de un transportador de péptidos localizado en la membrana basolateral intestinal.	Péptidos pequeños resistentes a hidrólisis
Endocitosis	Unión de las moléculas a la célula para su absorción hacia el interior de la célula vía vesiculización	Péptidos polares grandes
Sistema linfático	Absorción de péptidos del espacio intersticial hacia el sistema linfático intestinal	Péptidos altamente lipofílicos demasiado grandes para ser absorbidos por la circulación portal

Fuente: Sarmadi & Ismail (2010).

4. Fuentes de Péptidos Bioactivos y Aplicaciones

Cualquier proteína independientemente de sus funciones y calidad nutricional, puede ser empleada como fuente de péptidos con actividad biológica, llamados también biopéptidos (Karelin, Blishchenko & Ivanov, 1998). De esta forma, se puede establecer la generación de biopéptidos como un nuevo criterio para establecer el valor de una proteína (Meisel, 1998), además de los usualmente empleados como el contenido de aminoácidos esenciales, el valor biológico, las propiedades de alergenicidad y la presencia de factores no nutritivos (Bush & Hefle, 1996; Fukudome & Yoshikawa, 1992).

Entre las proteínas alimentarias precursoras de biopéptidos destacan las proteínas lácteas, tanto de la caseína como del suero, se han aislado péptidos con actividades antihipertensiva, opioide, antimicrobiana e inmunomoduladora (Darewicz, Dziuba & Minkiewicz, 2007; Dziuba, Niklewicz, Iwaniak, Darewicz & Minkiewicz, 2004; Gobbetti, Stepaniak, De Angelis, Corsetti & Di Cagno, 2002). Las proteínas de la carne de pollo y huevo son importantes fuentes de biopéptidos con actividad antihipertensiva (Pihlanto-Leppälä, Rokka & Korhonen, 1998). El colágeno y la elastina son precursores de péptidos con actividad anticoagulante (Maruyama, Miyoshi, Osa & Tanaka, 1992). Las proteínas vegetales son una alternativa para la obtención de péptidos debido a su mayor disponibilidad y menor costo, como es el caso de la soya, el trigo, el arroz y el maíz (Gibbs, Zougman, Masse & Mulligan, 2004; Yoshikawa, Fujita, Matoba, Takenaka, Yamamoto, Yamauchi et al. 2000). En la Tabla 4 se presentan productos comerciales e ingredientes con función en la salud basada en péptidos bioactivos.

Existe ya en el mercado, una diversidad de productos en los cuales se han incorporado péptidos bioactivos (Tabla 4) utilizados para regular enfermedades cardiovasculares o trombosis, la cual consiste en la obstrucción local del flujo de sangre por una masa en algún vaso arterial o venenoso, ocasionando que los tejidos irrigados por este vaso sufran isquemia. Los trombos que se forman en el tejido vascular, resultan de un desequilibrio en la activación de los procesos homeostáticos normales (Montero-Granados & Monge-Jiménez, 2010). Los fármacos empleados en el tratamiento de la trombosis resultan costosos y en ocasiones presentan efectos secundarios, por lo que se busca generar alternativas terapéuticas que no presenten las limitantes anteriores. La actividad biológica de los péptidos con efecto antitrombótico (aislados de la caseína), parece estar relacionada con su similitud estructural con la cadena α del fibrinógeno humano, de forma que entran en competencia con los receptores plaquetarios superficiales, inhibiendo así, la agregación que da lugar a la formación de trombos (Baro, Jiménez,

Martínez & Bouza, 2001). Además de este efecto, los péptidos se han aplicado en problemas de gingivitis, la enfermedad más frecuente en la población adulta, cuando la caries da lugar a pérdidas de uno o varios dientes, estas ausencias, conducirán a problemas masticatorios, digestivos y estéticos (Canseco-Jiménez, 2001). La placa bacteriana formada por la acumulación de bacterias que suelen estar en la boca, prolifera cuando no existe una adecuada higiene bucal, si a esto se suma una dieta rica en azúcares y la existencia de defectos en el esmalte, dará como resultado la desmineralización del esmalte (Ayad, Van Wuyckhuyse, Minaguchi, Raubertas, Bedi, Billings et al., 2000). En relación a esto se demostrado que los caseinofosfopéptidos presentes en hidrolizados de leche, presentan actividad anticariogénica debido a la carga negativa de los aminoácidos que los constituyen, principalmente los que tienen unidos grupos fosfatos, de esta forma presentan un sitio para quelar minerales; es así como el efecto anticariogénico se presenta a través de la recalcificación del esmalte dental (Aimutis, 2004). También se han combinado péptidos con fosfato cálcico amorfo para ser empleados como ingredientes de enjuagues bucales, pasta de dientes (Prospec MI PasteTM, GC Tooth MouseTM) o gomas de mascar (RecaldentTM, TridentTM), debido a su efecto anticariogénico a través de la recalcificación del diente (Reynolds, 1999). Lo anterior pone de manifiesto el potencial que tiene estos péptidos, tanto los que se obtienen directamente por hidrólisis como los que se modifican químicamente, para ser incorporados en diferentes productos.

Tabla 4. Productos comerciales e ingredientes con función en la salud basada en péptidos bioactivos de diversas fuentes

Marca	Tipo de producto	Péptido bioactivo	Función	Empresa Manufac- turera
Calpis	Leche ácida	Val-Pro-Pro, Ile-Pro-Pro, Derivado de β-caseína y κ-caseína	Reducción de la presión sanguínea	Calpis Co., Japón
Evolus	Bebida de leche fermentada enriquecida en calcio	Val-Pro-Pro, Ile-Pro-Pro, Derivado de β-caseína y κ-caseína	Reducción de la presión sanguínea	Valio Oy, Finlandia
BioZate	Hidrolizado del aislado de proteínas del suero	Fragmentos de β-lactoglobulina	Reducción de la presión sanguínea y antitrombótico	Davisco, EUA
BioPURE- GMP	Aislado de proteína del suero	k-casein f (106-169) (Glicomacropéptido)	Prevención de caries dentales, influenciar la coagulación sanguínea, protección contra virus y bacterias	Davisco, EUA
PRODIET F200/ Lactium	Leche saborizada, confitería, capsulas	as1-casein f (91-100) (Tyr-Leu-Gly-Tyr-Leu-Glu-Gln- Leu-Leu-Arg)	Reducción de efectos del estrés	Ingredia, Francia
Festivo	Queso fermentado bajo en grasa	caseina α_{s1} f (1-9), caseina α_{s1} f (1-7), caseina α_{s1} f (1-6)	Ningún beneficio obtenido aun	MTT Agrifood Research Finlandia
Cysteine Peptide	Hidrolizado/ ingrediente	Péptidos derivados de caseína	Productos para incrementar la energía y el sueño	DMV International, Holanda

Marca	Tipo de producto	Péptido bioactivo	Función	Empresa Manufac-turera
C12	Hidrolizado/ ingrediente	Péptidos derivados de caseína	Reducción de la presión sanguínea	DMV International, Holanda
Capolac	Ingrediente	Caseinofosfopéptido	Ayuda a la absorción de minerales	Arla Foods Ingredients, Suecia
PeptoPro	Ingrediente/ Hidrolizado	Péptidos derivados de caseína	Mejora el desempeño atlético y la recuperación del músculo,	DSM Food Specialties, Holanda
Vivinal Alpha	Ingrediente/ Hidrolizado	Péptidos derivados de las proteínas del suero	Productos para la relajación y el sueño	Borculo Domo Ingredients (BDI), Holanda

Fuente: Korhonen y Pihlanto (2006).

5. Péptidos Antioxidantes

Los péptidos antioxidantes son secuencias peptídicas capaces de participar en la inhibición de reacciones de oxidación en las que están involucradas los radicales libres (RL) o los pro-oxidantes. Dicho efecto puede aprovecharse para prevenir el deterioro de algunas matrices alimentarias durante su procesamiento o almacenamiento en el organismo en condiciones fisiológicas para prevenir o reestablecer las condiciones de estrés oxidativo (Elias, Kellerby & Decker, 2008). La hidrólisis con enzimas se ha utilizado ampliamente en la producción de péptidos antioxidantes a partir de proteínas alimentarias. Las enzimas comerciales alcalasa MR, flavourzima MR y protamex MR derivadas de microorganismos, así como la papaína (fuente vegetal) y pepsina-tripsina (fuente animal) se han empleado también en la producción de péptidos antioxidantes (Gallegos, Torres, Martínez, Solorza, Alaiz, Girón et al., 2011; Sarmadi & Ismail, 2010). En productos alimentarios, los péptidos antioxidantes también pueden producirse por la acción de microorganismos o enzimas proteolíticas endógenas (Samaranayaka & Li-Chan, 2011).

Las especies reactivas de oxígeno y otros RL producen daño a macromoléculas como el DNA, proteínas y lípidos. La participación de péptidos antioxidantes, al igual que la de otros antioxidantes exógenos (cuando existe un desbalance entre las especies radicales que se producen en el organismo y los sistemas antioxidantes naturales), ha recibido especial atención ya que las especies reactivas de oxígeno y otros RL son causantes de daños implicados en la etiología de enfermedades degenerativas multifactoriales como cáncer, cardiovasculares y desórdenes neurodegenerativos como Alzheimer, Parkinson, síndrome de Down, entre otras (Niki, 2010).

En general, los 20 aminoácidos encontrados en las proteínas pueden interactuar con los RL, sobre todo si la energía del radical es alta (por ejemplo radicales hidroxilo) (Elias et al., 2008). Los aminoácidos que han mostrado tener una mayor actividad antioxidante son los aminoácidos nucleófilos que contienen azufre Met y Cys y los aminoácidos aromáticos Trp, Tyr y Phe. Sin embargo, los aminoácidos libres generalmente no son eficaces como antioxidantes en sistemas biológicos y alimenticios, de hecho, se ha reportado que disminuyen la actividad antioxidante (Chan, Decker, Lee & Butterfield, 1994; Rival, Boeriu & Wichers, 2001). La mayor actividad antioxidante de los péptidos en comparación con los aminoácidos libres se atribuye a las propiedades químicas y físicas conferidas por su secuencia de aminoácidos, especialmente la estabilidad de los péptidos resultantes que no inician o propagan más reacciones oxidativas (Samaranayaka & Li-Chan, 2011). Sin embargo, un estudio reciente realizado por Tsopmo, Diehl-Jones, Aluko, Kitts, Elisia y Friel (2009) afirma que el Trp liberado de la leche materna durante la digestión gastrointestinal puede tener potencial para actuar como un potente limpiador de radicales.

La mayoría de los péptidos antioxidantes derivados de fuentes de alimentos tienen pesos moleculares que van desde 500 a 1800 Da (Je, Park & Kim, 2005;

Ranathunga, Rajapakse & Kim, 2006), además incluyen aminoácidos hidrófobos tales como Val o Leu en el extremo N-terminal de los péptidos y Pro, His, Tyr, Trp, Met y Cys en sus secuencias (Chen, Muramoto & Yamauchi, 1995, Elias et al., 2008). Por otra parte, residuos de aminoácidos hidrófobos como Val o Leu pueden aumentar la presencia de los péptidos en la interfase agua-lípido y, por tanto, facilitar el acceso a eliminar los RL generados en la fase lipídica (Ranathunga et al., 2006). Diversos mecanismos se han postulado para los péptidos con actividad antioxidante, incluyendo la quelación de metales, eliminación de radicales libres e inhibición de la peroxidación lipídica (Chen, Muramoto, Yamauchi & Nokihara, 1996). Estas propiedades se relacionan con la composición, estructura e hidrofobicidad de los péptidos, así como a la posición que ocupan en la secuencia del péptido, la estructura secundaria, que tiene un papel importante en la capacidad de las secuencias de péptidos para formar un radical estable (Elias et al., 2008). La actividad antioxidante de péptidos e hidrolizados proteicos a partir de fuentes animales y vegetales se presenta en la Tabla 5.

Por otra parte proteínas como la caseína, β-lactoglobulina y lactoferrina han demostrado actuar como antioxidantes en diversos sistemas alimentarios (Díaz & Decker, 2004; Elias, Bridgewater, Vachet, Waraho, McClements & Decker, 2006). En sistemas de emulsión de alimentos, las proteínas y péptidos se pueden localizar en la interfase aceite-agua debido a sus propiedades de superficie activa y pueden formar una barrera física para minimizar el contacto de los lípidos con agentes oxidantes y contribuir a la reducción de la peroxidación lipídica en los sistemas alimentarios (Samaranayaka & Li-Chan, 2011).

Si bien las aplicaciones de los péptidos son distintas, es necesario tomar en cuenta la obtención, purificación y caracterización de estos, para poder determinar la secuencia de aminoácidos que presenten la actividad y de acuerdo a su estructura incorporarlos a sistemas alimenticios o productos para realizar sus actividades funcionales o biológicas.

Tabla 5. Péptidos con actividad antioxidante obtenidos de diferentes fuentes

Fuente de proteína	Características	Preparación	Actividad
Endospermo de arroz	Phe-Arg-Asp-Glu- His-Lys- Lys	Neutrasa	Inhibición de autooxidación , DPPH, Actividad secuestradora de los radicales superóxido e hidroxilo
Cacahuate	Peso molecular 3-5 kDa	Esperasa	Poder reductor, Inhibición de la oxidación de LDL humanas, Actividad secuestradora DPPH y quelante de metales
Subproducto de algas	Val-Glu-Cys-Tyr-Gly-Pro- Asn-Arg- Pro-Gln	Pepsina	Actividad secuestradora de radicales hidroxilo, superóxido, peroxilo, DPPH y ABTS, efectos protectores de ADN y prevención de daño celular
Piel de rana	Leu-Glu-Glu- Leu- Glu-Glu-Glu-Leu, Glu-Gly-Cys	Alcalasa, neutrasa, pepsina, papaína, α-quimotripsina y tripsina	Inhibición de la peroxidación de lípidos, Actividad secuestrante de los radicales DPPH, Hidróxilo, superóxido
Girasol	Hidrolizados de 37% GH, ricos en His y Arg	Pepsina y pancreatina	Actividad quelante de Cu
Hojas de alfalfa	Peso Molecular <1000 Da	Alcalasa	Peroxidación de lípidos, Poder reductor, Actividad secuestradora
Zeínas de maíz	Con 6.5% de aminoácidos libres y péptidos pequeños (<500 Da)	Pepsina, pancreatina y alcalasa	Actividad quelante y secuestradora

Fuente de proteína	Características	Preparación	Actividad
Gluten de maíz	Fracciones peptídicas de 500 a 1500 Da, con un 41.12% de aminoácidos hidrofóbicos y ~12.7% de aminoácidos aromáticos	Alcalasa	Peroxidación lipídica, poder reductor, actividad secuestradora
Cacahuate	No especificada	Alcalasa	Inhibición de la oxidación del ácido linoleico, actividad secuestradora de radicales, poder reductor e inhibición de la oxidación de lípidos del hígado
Proteína de soya	Péptidos de peso molecular <10 kDa	Tripsina, papaína, pepsina. Flavourzima	Inhibición de la oxidación del ácido linoleico, Actividad secuestradora de radicales, poder reductor

Fuente: Korhonen & Pihlanto (2006).

6. Obtención de Péptidos Bioactivos por Hidrólisis Enzimática

Durante las dos últimas décadas, ha habido un creciente interés en el uso de hidrolizados que contengan péptidos bioactivos como agentes para el mantenimiento de la salud y la prevención de enfermedades crónicas. Como resultado, varias tecnologías basadas principalmente en la hidrólisis enzimática, se han desarrollado para la producción de estos hidrolizados bioactivos (Hernández-Ledesma, Recio, Ramos & Amigo, 2002; Korhonen & Pihlanto, 2006). Esta estrategia es la elección principal, sin embargo, presentan algunas desventajas tales como la necesidad de utilizar procesos químicos o térmicos para detener la reacción de proteólisis, lo que podría afectar los atributos finales de las proteínas hidrolizadas (Kosseva, Panesar, Kaur & Kennedy, 2009). Por otra parte, el tratamiento puede inducir cambios en la degradación de proteínas y perfiles de péptidos generados dentro de matrices alimentarias complejas como productos lácteos (Kopf-Bolanz, Schwander, Gijs, Vergeres, Portmann & Egger, 2014).

Las enzimas proteolíticas más empleadas en la obtención de hidrolizados *in vitro* son las serinproteasas, que se dividen en dos grupos: las que presentan una actividad catalítica similar a la quimotripsina y las que presentan actividad del tipo subtilisina. Ambas actúan mediante un ataque nucleofílico que incluye la formación de un complejo acil-enzima y su posterior ruptura, liberando los productos de la reacción y la enzima libre. Las proteasas más comunes con aplicación en la industria alimentaria son preparaciones constituidas por mezclas de diferentes enzimas individuales y otros compuestos añadidos para estabilizar la preparación, en la Tabla 6 se presentan las características de proteasas comerciales de diversos orígenes y actividad catalítica (Prieto, Guadix, González-Tello & Guadix, 2007).

Las proteasas tales como alcalasa, flavouzyma, pepsina, pancreatina, quimotripsina, papaína, tripsina y termolisina se han utilizado para producir péptidos bioactivos a partir de proteínas de diversas fuentes (Pedroche, Yust, Girón-Calle, Alaiz, Millán & Vioque, 2002). Las variaciones en el tratamiento como la relación enzima/sustrato, el tratamiento previo de la proteína y la combinación de las enzimas en la hidrólisis juegan un papel importante en la bioactividad de los péptidos generados (Luna-Vital, Mojica, de Mejía, Mendoza & Loarca-Piña, 2014).

Entre las enzimas especificas más utilizadas se encuentran pepsina, tripsina, quimotripsina y renina, las cuales actúan como endopeptidasas y la carboxipeptidasa A, con actividad de exopeptidasa. La Pepsina es la principal enzima gástrica que degrada las proteínas en el estómago durante la digestión. Tiene actividad endopeptidasa, hidrolizando preferentemente por el extremo C-terminal de los residuos aromáticos Fen, Tir y Trp. Esta enzima es secretada al estómago como pepsinógeno, que es su precursor inactivo, que se convierte en su forma activa a pH 1.5 y se desactiva preferentemente con un pH superior a 6. Por otra parte, la pancreatina incluye proteasas como tripsina, quimotripsina, elastasa, carboxipeptidasas, así como las enzimas amilasa y lipasa pancreática y nucleasas (componentes del fluido pancreático). Tripsina, quimotripsina y elastasa son serinproteasas, con actividad de endopeptidasas ya que hidrolizan enlaces internos de los péptidos; la hidrólisis con pancreatina resulta en una mezcla de pequeños oligopéptidos (60-70%) y aminoácidos libres (30-40%), que son absorbidos a lo largo del intestino delgado (Sewald & Jakubke, 2002).

Tabla 6. Proteasas comerciales de diversos orígenes empleadas en procesos de hidrólisis in vitro *de concentrados y aislados proteínicos de origen vegetal*

Tipo de proteasa	Fuente	Nombre comercial	pH óptimo	Temperatura °C
Serinoproteasas	*Bacillus. licheniformis*	Subtilisina Alcalase	6-10	10-80
	Bacillus lentus	Subtilisima Esperasa	7-12	10-80
	Pancreáticas	Tripsina	7-9	10-55
Metaloproteasa	*Bacillus amyloliquefacus*	Neutrasa	6-8	10-65
Mezcla de aspartatoproteasas, metaloproteasas y carboxipeptidasas	*Aspergillus oryzae*	Flavourzyme	4-8	10-55
Aspartatoproteasa	Cuajo	Rennet	3-6	10.50

Fuente: Prieto et al. (2007).

6.1. Condiciones de Hidrólisis

Debe establecerse una relación proteína/proteasa y definir las principales variables que determinarán el resultado de la reacción de hidrólisis como la temperatura, pH, relación enzima-sustrato y el tiempo de reacción. Los primeros tres factores determinan la velocidad de reacción y pueden influir en la especificidad de la enzima (Benitez, Ibarz & Pagan, 2008). Los efectos interactivos entre los parámetros de la hidrólisis también influyen en la composición del hidrolizado; Si el proceso de hidrólisis no se controla, el pH de la solución cambiará después del inicio de la hidrólisis debido a la formación de grupos aminos nuevos, los cuales son capaces de liberar o aceptar protones, dependiendo del pH de la hidrólisis. A un pH bajo, todos los grupos amino están protonados y solamente parte de los grupos carboxilo están desprotonados, resultando en una captación neta de protones por cada enlace peptídico roto, causando un incremento del pH. A pH neutro y alcalino la hidrólisis resulta en una disminución de pH, pues todos los carboxilos están desprotonados y solamente parte de los grupos amino están protonados. Debido a la hidrólisis, las propiedades moleculares de las proteínas cambian, produciéndose la disminución del peso molecular, el aumento de la carga y la liberación de grupos hidrofóbicos, entre otros fenómenos (Caessens, Daamen, Gruppen, Visser & Voragen, 1999).

7. Aislamiento, Purificación y Caracterización de Péptidos Bioactivos

Los procesos de producción a escala piloto de péptidos bioactivos utilizan típicamente membranas de ultrafiltración y cromatografía de líquidos procesando secuencialmente el fraccionamiento y aislamiento de componentes bioactivos a partir de hidrolizados. El diseño de procesos para la separación de péptidos se basa en propiedades moleculares tales como el tamaño, carga, polaridad e hidrofobicidad que dan información cuantitativa acerca de la relación estructura/actividad. Se han establecido nuevas estrategias que incluyan el acoplamiento o integración de procesos complementarios que sean necesarios para establecer procedimientos eficientes y económicos a nivel industrial, no solo para el fraccionamiento si no para la producción simultánea y continua de péptidos con diferentes propiedades bioactivas (Li-Chan, 2015).

Entre las técnicas empleadas para el aislamiento y purificación de péptidos, destacan las cromatográficas. La cromatografía de líquidos de alta resolución (HPLC) es ampliamente utilizada para la separación, identificación y purificación de péptidos bioactivos. Las columnas de fase inversa que se utilizan, permiten una rápida separación y detección de fracciones de péptidos. La cromatografía de fase normal se utiliza preferentemente para la separación de péptidos hidrofílicos. La cromatografía de intercambio iónico permite separar péptidos con base en su carga; mientras que la cromatografía de filtración en gel (en sistemas acuosos) y la cromatografía de permeación en gel (en sistemas no acuosos) permiten la separación con base en el peso molecular (Wang, Mejia & Gonzalez, 2005). Otras técnicas como la ultrafiltración, cristalización, cromatografía de partición y la cromatografía de interacción hidrofóbica a baja presión han sido empleadas para el fraccionamiento y purificación de proteínas (Tabla 7) (Sewald & Jakubke, 2002). Recientemente la ionización por electrospray y espectrometría de masas, están siendo consideradas como una herramienta importante para la identificación y caracterización de proteínas (Singh, Vij & Hati, 2014b).

La identificación de péptidos con actividad biológica en alimentos, presenta una serie de dificultades que limitan el conocimiento acerca de su liberación a partir de las proteínas de origen; estas dificultades se deben a la complejidad de la matriz precursora y a las bajas concentraciones que se encuentran los analitos, por eso es necesario llevar a cabo etapas de purificación y concentración. La ultrafiltración (UF) es una técnica que ha sido empleada con éxito para la obtención de fracciones ricas en péptidos con actividad antihipertensiva procedentes de proteínas lácteas (Gómez-Ruiz, Taborda, Amigo, Recio & Ramos, 2006; Hernández-Ledesma, Amigo, Ramos & Recio, 2004).

Tabla 7. Técnicas usadas para el aislamiento e identificación de péptidos bioactivos

Técnicas	Aplicación	Péptidos bioactivos identificados	Referencia
Cromatografía de exclusión molecular	Usada para fraccionamiento de proteínas	• Péptidos antioxidantes de hidrolizados de Sardinelle	Bougatef , Nedjar-Arroume, Manni, Ravallec, Barkia, Guillochon, et al., 2010
Cromatografía de líquidos de alta resolución fase reversa	Separación de péptidos a partir de hidrolizados de proteínas	• Péptidos inhibidores de la ECA, antioxidantes y antimicrobianos de queso chedar • Péptido inhibidor de la adipogenesis (Ile-Gln-Asn) de hidrolizados proteicos de soya • Péptido anticáncer lunasina	Kim, Bae, Ahn, Lee y Lee, 2007; Pritchard, Phillips y Kailasapathy, 2010; Rho, Lee, Chung, Kim y Lee, 2009
Cromatografía líquida-Espectrometría de masas	Separación física de los péptidos y análisis de masas	• Péptido hipocolesterolémico de la soya (Trp-Gly-Ala-Pro-Ser-Leu) • Identificación de cinco tripéptidos inhibidores de la ECA (Phe-Ile-Val) , (Leu-Leu-Pro), (Leu-Asp-Phe) derivados de la soya • Péptidos inhibidores de la sintasa de ácidos grasos de la β conglicina de la soya	Gu y Wu, 2013; Martinez-Villaluenga, Rupasinghe, Schuler y Gonzalez de Mejia, 2010; Zhong, Zhang, Ma y Shoemaker, 2007
Ionización por electrospray-Espectroscopia de masas	Determinación de pesos moleculares y secuencia de aminoácidos de los péptidos purificados	• Péptidos antioxidantes Leu-His-Tyr-Leu-Ala-Arg-Leu, Gly-Gly-Glu, Gly-Ala-His, Gly-Ala-Trp-Ala, Pro-Tyr-Leu y Gly-Ala-Leu-Ala-Ala-His) de sardinelle • Péptidos antioxidantes (Ala-Asp-Ala-Phe) de hidrolizados de nuez	Bougatef et al., 2010; Chen, Yang, Sun, Niu y Liu, 2012

Fuente: Singh, Vij y Hati (2014a).

El diseño de una metodología eficaz de fraccionamiento de péptidos es de vital importancia para la separación de péptidos y aún más, cuando el proceso debe aplicarse a escala industrial. Las tecnologías de separación que discriminan diferencias en la carga, tamaño e hidrofobicidad, se pueden emplear para fraccionar los hidrolizados de proteínas y obtener fracciones de péptidos con una mayor funcionalidad o mayor valor nutritivo en una forma más purificada; las técnicas de separación de membrana parecen ser adecuados para este propósito, basándose en la permeabilidad selectiva de uno o más componentes líquidos a través de la membrana de acuerdo con las fuerzas de conducción (Muro, Riera & Fernández, 2013).

Los procesos de membrana son vistos como herramientas eficientes para el desarrollo de productos con valor añadido como los péptidos bioactivos (Pouliot, 2008). Estos procesos de separación se basan en la permeabilidad selectiva de uno o más líquidos a través de una membrana de acuerdo con la diferencia de presión. Las técnicas de membrana impulsadas por presión se pueden observar en la Figura 1, la UF y nanofiltración se han aprobado para el fraccionamiento de hidrolizados de proteínas debido al hecho de que el peso molecular de la mayoría de los péptidos bioactivos se encuentra dentro del rango normal del tamaño de poro de estas membranas.

La UF se aplica comúnmente para preparar soluciones enriquecidas de péptidos a partir de hidrolizados de proteínas para mejorar la bioactividad de los péptidos; se utiliza para separar péptidos con un tamaño inferior a 7 KDa (Mehra & Kelly, 2004). Sin embargo, la combinación de procesos de UF y nanofiltración permite obtener polipéptidos <1 kDa, ya que primero se somete el hidrolizado a UF con el fin de obtener el rechazo completo de las proteínas intactas y péptidos intermedios. Las fracciones resultantes se someten a un fraccionamiento por nanofiltración obteniendo péptidos <1 kDa, ajustando a diferentes pH's de la membrana y obtener una mejor separación (Butylina, Luque & Nyström, 2006; Farvin, Baron, Nielsen, Otte & Jacobsen, 2010).

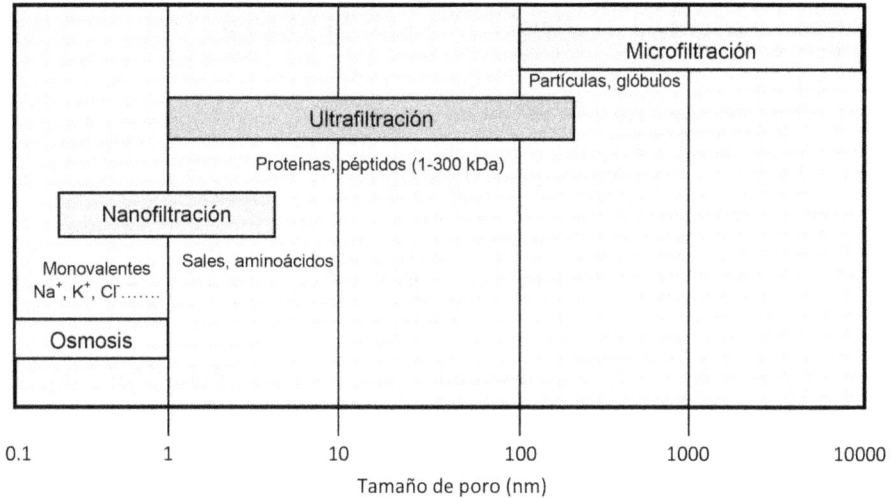

Figura 1. Procesos de membrana impulsados por presión (Muro et al., 2013)

En estudios recientes también se ha aplicado el uso de UF y HPLC en hidrolizados de leche para mejorar la separación de péptidos; demostrando que la UF es suficiente para concentrar péptidos y posteriormente el permeado y retenido se trataron por exclusión molecular- HPLC para obtener péptidos pequeños con actividad biológica (Kapel, Klingenberg, Framboisier, Dhulster & Marc, 2011).

Actualmente una de las nuevas tecnologías empleadas a nivel industrial para producir y separar péptidos es el reactor de membrana enzimática (RME) que separa secuencias de péptidos específicos por medio de una membrana selectiva, que se utiliza para separar el biocatalizador de los productos de reacción y el fraccionamiento de péptidos (Pouliot, Gauthier, Groleau, Mine & Shahidi, 2006). Esta tecnología de separación de péptidos está ganando interés, porque es un modo específico para la ejecución de procesos en lote o continuos, en los que las enzimas son separadas de los productos finales con la ayuda de una membrana selectiva, de esta manera, es posible obtener la retención completa de la enzima sin problemas típicos de desactivación de la enzima. Hoy en día, esta técnica, opera bajo un campo eléctrico para la recolección continua de algunos péptidos biológicamente activos, tales como fosfopéptidos y precursores de casomorfinas de la digestión tríptica de caseína (Righetti, Nembri, Bossi & Mortarino, 1997).

Tabla 8. Péptidos bioactivos obtenidos por membranas de UF

Fuente de hidrolizado proteico	Actividad biológica	Referencia
Proteína de pescado	Inhibidor de la ECA	Fujita, Yamagami y Ohshima, 2001
Proteína de alfalfa	Antioxidante	Xie, Huang, Xu y Jin, 2008
Gluten de trigo	Inhibidor de la ECA	Kong, Zhou y Hua, 2008
Proteína de soya	Inhibidor de la ECA	Wu y Ding, 2002
Papa	Antimicrobiano	Kim, Park, Kim, Lim, Park y Hahm, 2005
Papa	Antimicrobiano	Kim, Park, Kim, Lee, Lim, Cheong et al., 2006

Fuente: Muro et al. (2013).

En los últimos años, el uso de RME se ha convertido en un área de investigación interesante debido a su bajo costo de producción y la seguridad del producto (Sharma & Sharma, 2009). La Tabla 8 resume algunos ejemplos de procesos para la separación o concentración de péptidos bioactivos por medio de membranas de UF y RME, sin embargo, el uso de la UF limita la selectividad de fraccionar péptidos pequeños, por lo que el uso de RME equipado con membranas de UF si logra el fraccionamiento del péptido, pero para obtenerlo de una forma más purificada deben utilizarse membranas de nanofiltración como un paso adicional.

8. Perspectivas

Actualmente muchos productos comerciales no están disponibles a la población, lo cual se atribuye a una variedad de razones como: la escasez de los ensayos clínicos o toxicológicos (para confirmar la bioactividad, eficacia y seguridad), alto costo de producción, problemas en la preparación, reproducibilidad del producto, amargor, color y otros problemas organolépticos (Samaranayaka & Li-Chan, 2011), Por lo que es importante estudiar las propiedades tecno-funcionales de las fracciones peptídicas, su biodisponibilidad al incorporarlos a distintas matrices alimentarias.

Si bien se han identificado diversos péptidos con actividad biológica y funcional, es sumamente complejo purificarlos y obtener las secuencias de aminoácidos que determinen cierta actividad, por lo que es necesario elegir de manera apropiada la fuente y obtener de manera adecuada los péptidos bioactivos que después de purificarlos y caracterizarlos de manera *in vitro* lleguen a ejercen la misma actividad en un sistema *in vivo*. Asimismo, es necesario profundizar aún más sobre las diversas técnicas para su purificación y aplicación a nivel industrial.

Referencias

Aimutis, W.R. (2004). Bioactive properties of milk proteins with particular focus on anticariogenesis. *The Journal of Nutrition*, 134, 989S-995S.

Araya, H., & Lutz, M. (2003). Alimentos funcionales y saludables. *Revista chilena de nutrición*, 30, 8-14.
http://dx.doi.org/10.4067/S0717-75182003000100001

Ayad, M., Van Wuyckhuyse, B., Minaguchi, K., Raubertas, R., Bedi, G., Billings, R. et al. (2000). The association of basic proline-rich peptides from human parotid gland secretions with caries experience. *Journal of Dental Research*, 79, 976-982.
http://dx.doi.org/10.1177/00220345000790041401

Baro, L., Jiménez, B., Martínez, A., & Bouza, J. (2001). Bioactive milk peptides and proteins. *Ars Pharm*, 42, 135-145.

Benitez, R., Ibarz, A., & Pagan, J. (2008). Protein hydrolysates: processes and applications. *Acta Bioquímica Clínica Latinoamericana,* 42, 227-236.

Bougatef, A., Nedjar-Arroume, N., Manni, L., Ravallec, R., Barkia, A., Guillochon, D. et al. (2010). Purification and identification of novel antioxidant peptides from enzymatic hydrolysates of sardinelle (Sardinellaaurita) by-products proteins. *Food chemistry*, 118, 559-565.

http://dx.doi.org/10.1016/j.foodchem.2009.05.021

Bush, R.K., & Hefle, S.L. (1996). *Food allergens*. Taylor & Francis. 119-163.
http://dx.doi.org/10.1080/10408399609527762

Butylina, S., Luque, S., & Nyström, M. (2006). Fractionation of whey-derived peptides using a combination of ultrafiltration and nanofiltration. *Journal of Membrane Science*, 280, 418-426.

http://dx.doi.org/10.1016/j.memsci.2006.01.046

Caessens, P.W., Daamen, W.F., Gruppen, H., Visser, S., & Voragen, A.G. (1999). β-Lactoglobulin hydrolysis. 2. Peptide identification, SH/SS exchange, and functional properties of hydrolysate fractions formed by the action of plasmin. *Journal of agricultural and food chemistry*, 47, 2980-2990.

http://dx.doi.org/10.1021/jf981230o

Canseco-Jiménez, J. (2001). Caries dental. La enfermedad oculta. *Bol Med Hosp Infant Mex*, 58, 673-676.

Clemente, A., Vioque, J., Sánchez-Vioque, R., Pedroche, J., Bautista, J., & Millán, F. (1999). Protein quality of chickpea (*Cicer arietinum* L.) protein hydrolysates. *Food Chemistry*, 67, 269-274.

http://dx.doi.org/10.1016/S0308-8146(99)00130-2

Cortés, M., Chiralt, A., & Puente, L. (2005). Alimentos funcionales: una historia con mucho presente y futuro. *Vitae*, 12, 5-14.

Chan, W.K., Decker, E.A., Lee, J.B., & Butterfield, D.A. (1994). EPR spin-trapping studies of the hydroxyl radical scavenging activity of carnosine and related dipeptides. *Journal of agricultural and food chemistry*, 42, 1407-1410.
http://dx.doi.org/10.1021/jf00043a003

Chen, H.-M., Muramoto, K., Yamauchi, F. & Nokihara, K. (1996). Antioxidant activity of designed peptides based on the antioxidative peptide isolated from digests of a soybean protein. *Journal of Agricultural and Food Chemistry* 44, 2619-2623.
http://dx.doi.org/10.1021/jf950833m

Chen, H.-M., Muramoto, K., & Yamauchi, F. (1995). Structural analysis of antioxidative peptides from Soybean. beta.-Conglycinin. *Journal of Agricultural and Food Chemistry*, 43, 574-578.

http://dx.doi.org/10.1021/jf00051a004

Chen, N., Yang, H., Sun, Y., Niu, J., & Liu, S. (2012). Purification and identification of antioxidant peptides from walnut (*Juglans regia* L.) protein hydrolysates. *Peptides*, 38, 344-349.

http://dx.doi.org/10.1016/j.peptides.2012.09.017

Darewicz, M., Dziuba, J., & Minkiewicz, P. (2007). Computational characterisation and identification of peptides for in silico detection of potentially celiac-toxic proteins. *Food science and technology international*, 13, 125-133.

http://dx.doi.org/10.1177/1082013207077954

Díaz, M., & Decker, E.A. (2004). Antioxidant mechanisms of caseinophosphopeptides and casein hydrolysates and their application in ground beef. *Journal of Agricultural and Food Chemistry*, 52, 8208-8213.

http://dx.doi.org/10.1021/jf048869e

Dziuba, J., Niklewicz, M., Iwaniak, A., Darewicz, M., & Minkiewicz, P. (2004). Bioinformatic-aided prediction for release possibilities of bioactive peptides from plant proteins. *Acta Alimentaria*, 33(3), 227-235.

http://dx.doi.org/10.1556/AAlim.33.2004.3.3

Elias, R.J., Bridgewater, J.D., Vachet, R.W., Waraho, T., McClements, D.J., & Decker, E.A. (2006). Antioxidant mechanisms of enzymatic hydrolysates of β-lactoglobulin in food lipid dispersions. *Journal of agricultural and food chemistry*, 54, 9565-9572.

http://dx.doi.org/10.1021/jf062178w

Elias, R.J., Kellerby, S.S., & Decker, E.A. (2008a). Antioxidant activity of proteins and peptides. *Crit Rev Food Sci Nutr*, 48, 430-441.

http://dx.doi.org/10.1080/10408390701425615

Farvin, K.S., Baron, C.P., Nielsen, N.S., Otte, J., & Jacobsen, C. (2010). Antioxidant activity of yoghurt peptides: Part 2–Characterisation of peptide fractions. *Food Chemistry*, 123, 1090-1097.

http://dx.doi.org/10.1016/j.foodchem.2010.05.029

Fujita, H., Yamagami, T., & Ohshima, K. (2001). Effects of an ACE-inhibitory agent, katsuobushi oligopeptide, in the spontaneously hypertensive rat and in borderline and mildly hypertensive subjects. *Nutrition research*, 21, 1149-1158.

http://dx.doi.org/10.1016/S0271-5317(01)00333-5

Fukudome, S.-I., & Yoshikawa, M. (1992). *Opioid peptides derived from wheat gluten: their isolation and characterization.* Elsevier. 107-111.

http://dx.doi.org/10.1016/0014-5793(92)80414-c

Gallegos, S., Torres, C., Martínez, A.L., Solorza, J., Alaiz, M., Girón, J. et al. (2011). Antioxidant and chelating activity of *Jatropha curcas* L. protein hydrolysates. *Journal of the Science of Food and Agriculture*, 91, 1618-1624.

http://dx.doi.org/10.1002/jsfa.4357

Gibbs, B.F., Zougman, A., Masse, R., & Mulligan, C. (2004). Production and characterization of bioactive peptides from soy hydrolysate and soy-fermented food. *Food research international*, 37, 123-131.

http://dx.doi.org/10.1016/j.foodres.2003.09.010

Gimeno-Creus, E. (2003). Alimentos funcionales: ¿alimentos del futuro? *Offarm: Farmacia y Sociedad,* 22, 68-71.

Gobbetti, M., Stepaniak, L., De Angelis, M., Corsetti, A., & Di Cagno, R. (2002). *Latent bioactive peptides in milk proteins: proteolytic activation and significance in dairy processing.* Taylor & Francis. 223-239.

http://dx.doi.org/10.1080/10408690290825538

Gómez-Ruiz, J.Á., Taborda, G., Amigo, L., Recio, I., & Ramos, M. (2006). Identification of ACE-inhibitory peptides in different Spanish cheeses by tandem mass spectrometry. *European Food Research and Technology,* 223, 595-601.
http://dx.doi.org/10.1007/s00217-005-0238-0

Gu, Y., & Wu, J. (2013). LC–MS/MS coupled with QSAR modeling in characterising of angiotensin I-converting enzyme inhibitory peptides from soybean proteins. *Food chemistry,* 141, 2682-2690.

http://dx.doi.org/10.1016/j.foodchem.2013.04.064

Hartmann, R., & Meisel, H. (2007). Food-derived peptides with biological activity: from research to food applications. *Current Opinion in Biotechnology,* 18, 163-169.
http://dx.doi.org/10.1016/j.copbio.2007.01.013

Hernández-Ledesma, B., Amigo, L., Ramos, M., & Recio, I. (2004). Angiotensin converting enzyme inhibitory activity in commercial fermented products. Formation of peptides under simulated gastrointestinal digestion. *Journal of agricultural and food chemistry,* 52, 1504-1510.

http://dx.doi.org/10.1021/jf034997b

Hernández-Ledesma, B., Recio, I., Ramos, M., & Amigo, L. (2002). Preparation of ovine and caprine β-lactoglobulin hydrolysates with ACE-inhibitory activity. Identification of active peptides from caprine β-lactoglobulin hydrolysed with thermolysin. *International Dairy Journal,* 12, 805-812.

http://dx.doi.org/10.1016/S0958-6946(02)00080-8

Hong, F., Ming, L., Yi, S., Zhanxia, L., Yongquan, W., & Chi, L. (2008). The antihypertensive effect of peptides: A novel alternative to drugs? *Peptides,* 29, 1062-1071.

http://dx.doi.org/10.1016/j.peptides.2008.02.005

Jayaprakasha, H., & Yoon, Y. (2005). Characterization of physicochemical and functional behavior of enzymatically modified spray dried whey protein concentrate. *Milchwissenschaft,* 60, 305-309.

Je, J.-Y., Park, P.-J., & Kim, S.-K. (2005). Antioxidant activity of a peptide isolated from Alaska pollack (Theragra chalcogramma) frame protein hydrolysate. *Food Research International,* 38, 45-50.

http://dx.doi.org/10.1016/j.foodres.2004.07.005

Kapel, R., Klingenberg, F., Framboisier, X., Dhulster, P., & Marc, I. (2011). An original use of size exclusion-HPLC for predicting the performances of batch ultrafiltration implemented to enrich a complex protein hydrolysate in a targeted bioactive peptide. *Journal of Membrane Science, 383*, 26-34.

http://dx.doi.org/10.1016/j.memsci.2011.08.025

Karelin, A.A., Blishchenko, E.Y., & Ivanov, V.T. (1998). A novel system of peptidergic regulation. *FEBS letters, 428*, 7-12.

http://dx.doi.org/10.1016/S0014-5793(98)00486-4

Kim, H.J., Bae, I.Y., Ahn, C.-W., Lee, S., & Lee, H.G. (2007). Purification and identification of adipogenesis inhibitory peptide from black soybean protein hydrolysate. *Peptides, 28*, 2098-2103.

http://dx.doi.org/10.1016/j.peptides.2007.08.030

Kim, J.-Y., Park, S.-C., Kim, M.-H., Lim, H.-T., Park, Y., & Hahm, K.-S. (2005). Antimicrobial activity studies on a trypsin–chymotrypsin protease inhibitor obtained from potato. *Biochemical and biophysical research communications, 330*, 921-927.

http://dx.doi.org/10.1016/j.bbrc.2005.03.057

Kim, M.-H., Park, S.-C., Kim, J.-Y., Lee, S.Y., Lim, H.-T., Cheong, H. et al. (2006). Purification and characterization of a heat-stable serine protease inhibitor from the tubers of new potato variety "Golden Valley". *Biochemical and biophysical research communications, 346*, 681-686.

http://dx.doi.org/10.1016/j.bbrc.2006.05.186

Kitts, D.D., & Weiler, K. (2003). Bioactive proteins and peptides from food sources. Applications of bioprocesses used in isolation and recovery. *Curr Pharm Des, 9*, 1309-1323.

http://dx.doi.org/10.2174/1381612033454883

Kong, X., Zhou, H., & Hua, Y. (2008). Preparation and antioxidant activity of wheat gluten hydrolysates (WGHs) using ultrafiltration membranes. *Journal of the Science of Food and Agriculture, 88*, 920-926.

http://dx.doi.org/10.1002/jsfa.3172

Kopf-Bolanz, K.A., Schwander, F., Gijs, M., Vergeres, G., Portmann, R., & Egger, L. (2014). Impact of milk processing on the generation of peptides during digestion. *International Dairy Journal, 35*, 130-138.

http://dx.doi.org/10.1016/j.idairyj.2013.10.012

Korhonen, H., & Pihlanto, A. (2003). Bioactive peptides: New challenges and opportunities for the dairy industry. *Australian Journal of Dairy Technology, 58*, 129-134.

Korhonen, H., & Pihlanto, A. (2006). Bioactive peptides: Production and functionality. *International Dairy Journal, 16*, 945-960.

http://dx.doi.org/10.1016/j.idairyj.2005.10.012

Kosseva, M.R., Panesar, P.S., Kaur, G., & Kennedy, J.F. (2009). Use of immobilised biocatalysts in the processing of cheese whey. *International Journal of Biological Macromolecules*, 45, 437-447.

http://dx.doi.org/10.1016/j.ijbiomac.2009.09.005

Li-Chan, E.C.Y. (2015). Bioactive peptides and protein hydrolysates: research trends and challenges for application as nutraceuticals and functional food ingredients. *Current Opinion in Food Science*, 1, 28-37.

http://dx.doi.org/10.1016/j.cofs.2014.09.005

Luna-Vital, D.A., Mojica, L., de Mejía, E.G., Mendoza, S., & Loarca-Piña, G. (2014). Biological potential of protein hydrolysates and peptides from common bean (*Phaseolus vulgaris* L.): A review. *Food Research International.*

Martinez-Villaluenga, C., Rupasinghe, S.G., Schuler, M.A., & Gonzalez de Mejia, E. (2010). Peptides from purified soybean β-conglycinin inhibit fatty acid synthase by interaction with the thioesterase catalytic domain. *FEBS journal*, 277, 1481-1493.

http://dx.doi.org/10.1111/j.1742-4658.2010.07577.x

Maruyama, S., Miyoshi, S., Osa, T., & Tanaka, H. (1992). Prolyl endopeptidase inhibitory activity of peptides in the repeated sequence of various proline-rich proteins. *Journal of fermentation and bioengineering*, 74, 145-148.

http://dx.doi.org/10.1016/0922-338X(92)90073-4

Mehra, R., & Kelly, P. (2004). Whey protein fractionation using cascade membrane filtration. *Bulletin-International Dairy Federation*, 40-44.

Meisel, H. (1998). *Overview on milk protein-derived peptides*. Elsevier. 363-373.

http://dx.doi.org/10.1016/s0958-6946(98)00059-4

Montero-Granados, C., & Monge-Jiménez, T. (2010). Patología de la Trombosis. *Revista Médica de Costa Rica y Centroamérica*, 68(591), 73-75.

Muro, C., Riera, F., & Fernández, A. (2013). Advancements in the fractionation of milk biopeptides by means of membrane processes. *Bioactive Food Peptides in Health and Disease*, 241.

http://dx.doi.org/10.5772/53674

Niki, E. (2010). Assessment of Antioxidant Capacity *in vitro* and *in vivo*. *Free Radical Biology and Medicine*, 49, 503-515.

http://dx.doi.org/10.1016/j.freeradbiomed.2010.04.016

Palou, A., & Serra, F. (2000). Perspectivas europeas sobre los alimentos funcionales. *Alimentación, nutrición y salud*, 7, 76-90.

Pedroche, J., Yust, M.M., Girón-Calle, J., Alaiz, M., Millán, F., & Vioque, J. (2002). Utilisation of chickpea protein isolates for production of peptides with angiotensin I-converting enzyme (ACE)-inhibitory activity. *Journal of the Science of Food and Agriculture*, 82, 960-965.

http://dx.doi.org/10.1002/jsfa.1126

Pihlanto-Leppälä, A., Rokka, T., & Korhonen, H. (1998). Angiotensin I Converting Enzyme Inhibitory Peptides Derived from Bovine Milk Proteins. *International Dairy Journal, 8,* 325-331.

http://dx.doi.org/10.1016/S0958-6946(98)00048-X

Pouliot, Y. (2008). Membrane processes in dairy technology–From a simple idea to worldwide panacea. *International Dairy Journal, 18,* 735-740.

http://dx.doi.org/10.1016/j.idairyj.2008.03.005

Pouliot, Y., Gauthier, S., Groleau, P., Mine, Y., & Shahidi, F. (2006). Membrane-based fractionation and purification strategies for bioactive peptides. *Nutraceutical proteins and peptides in health and disease,* 639-658.

Prieto, C.A., Guadix, A., González-Tello, P., & Guadix, E. M. (2007). A cyclic batch membrane reactor for the hydrolysis of whey protein. *Journal of food engineering, 78,* 257-265.

http://dx.doi.org/10.1016/j.jfoodeng.2005.09.024

Pritchard, S.R., Phillips, M., & Kailasapathy, K. (2010). Identification of bioactive peptides in commercial Cheddar cheese. *Food research international, 43,* 1545-1548.

http://dx.doi.org/10.1016/j.foodres.2010.03.007

Ranathunga, S., Rajapakse, N., & Kim, S.-K. (2006). Purification and characterization of antioxidative peptide derived from muscle of conger eel (Conger myriaster). *European Food Research and Technology, 222,* 310-315.

http://dx.doi.org/10.1007/s00217-005-0079-x

Reynolds, E.C. (1999). Anticariogenic casein phosphopeptides. *Protein and Peptide Letters, 6,* 295-304.

Rho, S.J., Lee, J.-S., Chung, Y.I., Kim, Y.-W., & Lee, H.G. (2009). Purification and identification of an angiotensin I-converting enzyme inhibitory peptide from fermented soybean extract. *Process Biochemistry, 44,* 490-493.

http://dx.doi.org/10.1016/j.procbio.2008.12.017

Righetti, P.G., Nembri, F., Bossi, A., & Mortarino, M. (1997). Continuous Enzymatic Hydrolysis of β-Casein and Isoelectric Collection of Some of the Biologically Active Peptides in an Electric Field. *Biotechnology progress, 13,* 258-264.

http://dx.doi.org/10.1021/bp970019e

Rival, S.G., Boeriu, C.G., & Wichers, H.J. (2001). Caseins and casein hydrolysates. 2. Antioxidative properties and relevance to lipoxygenase inhibition. *Journal of Agricultural and Food Chemistry, 49,* 295-302.

http://dx.doi.org/10.1021/jf0003911

Samaranayaka, A.G. & Li-Chan, E.C. (2011). Food-derived peptidic antioxidants: A review of their production, assessment, and potential applications. *Journal of functional foods, 3,* 229-254.

http://dx.doi.org/10.1016/j.jff.2011.05.006

Sarmadi, B.H., & Ismail, A. (2010). Antioxidative peptides from food proteins: a review. *Peptides,* 31, 1949-1956.

http://dx.doi.org/10.1016/j.peptides.2010.06.020

Serra, L., & Aranceta, J. (2005). *Alimentos funcionales para una alimentación más saludable.* SENC.

Sewald, N., & Jakubke, H.-D. (2002). *Peptides: chemistry and biology.* Wiley-VCH.

http://dx.doi.org/10.1002/352760068x

Sharma, A.K., & Sharma, M.K. (2009). Plants as bioreactors: Recent developments and emerging opportunities. *Biotechnology advances,* 27, 811-832.

http://dx.doi.org/10.1016/j.biotechadv.2009.06.004

Singh, B.P., Vij, S., & Hati, S. (2014a). Functional significance of bioactive peptides derived from soybean. *Peptides,* 54, 171-179.

http://dx.doi.org/10.1016/j.peptides.2014.01.022

Singh, B.P., Vij, S., & Hati, S. (2014b). Functional significance of bioactive peptides derived from soybean. *Peptides,* 54, 171-179.

http://dx.doi.org/10.1016/j.peptides.2014.01.022

Tsopmo, A., Diehl-Jones, B.W., Aluko, R.E., Kitts, D.D., Elisia, I., & Friel, J.K. (2009). Tryptophan released from mother's milk has antioxidant properties. *Pediatric research,* 66, 614-618.

http://dx.doi.org/10.1203/PDR.0b013e3181be9e7e

Vioque, J., Clemente, A., Pedroche, J., Yust, M.d.M., & Millán, F. (2001). Obtención y aplicaciones de hidrolizados proteicos. *Grasas y Aceites,* 52, 132-136.

Vioque, J., & Millán, F. (2005). Los hidrolizados proteicos en alimentación: Suplementos Alimenticios de gran calidad Funcional y Nutricional. *CTC Alimentación,* 26.

Vioque, J., Sánchez-Vioque, R., Clemente, A., Pedroche, J., & Millán, F. (2000). Partially hydrolyzed rapeseed protein isolates with improved functional properties. *Journal of the American Oil Chemists' Society,* 77, 447-450.

http://dx.doi.org/10.1007/s11746-000-0072-y

Wang, W., Mejia, D., & Gonzalez, E. (2005). A new frontier in soy bioactive peptides that may prevent age-related chronic diseases. *Comprehensive reviews in food science and food safety,* 4, 63-78.

http://dx.doi.org/10.1111/j.1541-4337.2005.tb00075.x

Wu, J., & Ding, X. (2002). Characterization of inhibition and stability of soy-protein-derived angiotensin I-converting enzyme inhibitory peptides. *Food Research International,* 35, 367-375.

http://dx.doi.org/10.1016/S0963-9969(01)00131-4

Xie, Z., Huang, J., Xu, X., & Jin, Z. (2008). Antioxidant activity of peptides isolated from alfalfa leaf protein hydrolysate. *Food Chemistry,* 111, 370-376.

http://dx.doi.org/10.1016/j.foodchem.2008.03.078

Yoshikawa, M., Fujita, H., Matoba, N., Takenaka, Y., Yamamoto, T., Yamauchi, R. et al. (2000). Bioactive peptides derived from food proteins preventing lifestyle-related diseases. *Biofactors*, 12, 143-146.

http://dx.doi.org/10.1002/biof.5520120122

Zhong, F., Zhang, X., Ma, J., & Shoemaker, C. F. (2007). Fractionation and identification of a novel hypocholesterolemic peptide derived from soy protein Alcalase hydrolysates. *Food research international*, 40, 756-762.

http://dx.doi.org/10.1016/j.foodres.2007.01.005

CAPÍTULO 3

Aplicación de Tecnologías No Térmicas en el Procesamiento de Leche y Derivados

Humberto Hernández-Sánchez

Escuela Nacional de Ciencias Biológicas, Instituto Politécnico Nacional, México.

hhernan1955@yahoo.com

Doi: http://dx.doi.org/10.3926/oms.269

Referenciar este capítulo

Hernández-Sánchez, H. (2015). *Aplicación de tecnologías no térmicas en el procesamiento de leche y derivados.* En Ramírez-Ortiz, M.E. (Ed.). *Tendencias de innovación en la ingeniería de alimentos.* Barcelona, España: OmniaScience. 73-89.

H. Hernández-Sánchez

Resumen

La industria láctea es una de las más innovadoras dentro del área de los alimentos, sin embargo se ha tenido que ajustar a las exigencias de los consumidores que piden productos seguros, nutritivos, ecoamigables, saludables, apetitosos y económicos. Esto representa un verdadero reto en una industria que se desenvuelve en un ambiente muy competitivo. Dentro de los procesos más tradicionales de esta industria está la pasteurización y la esterilización, que son procesos térmicos que garantizan la inocuidad microbiológica y la calidad de una gran variedad de productos. Sin embargo, en la actualidad, se vislumbra un futuro muy prometedor para las llamadas tecnologías no térmicas, las cuales pueden también mejorar los parámetros antes mencionados pero además tienen en general una mayor eficiencia, ventajas desde el punto de vista sensorial en el producto final, mejor retención de compuestos bioactivos, regulación de la actividad enzimática y facilidad para el desarrollo de nuevos productos. Dentro de las tecnologías no térmicas que se han aplicado exitosamente, a varios niveles, en el campo de la leche y derivados se tienen: altas presiones hidrostáticas, tratamiento con ultrasonido, campos eléctricos pulsados y plasma frío, aunque también se están explorando otros métodos como la luz ultravioleta, los campos magnéticos oscilantes y las microondas como pretratamientos o en combinación con los métodos no térmicos principales. En este capítulo se hará una revisión de estas aplicaciones en la industria láctea.

Palabras clave

Leche, métodos no térmicos, altas presiones hidrostáticas, ultrasonido, campos eléctricos pulsados y plasma frío.

1. Introducción

La industria láctea es una de las más innovadoras dentro del área de los alimentos, sin embargo se ha tenido que ajustar a las exigencias de los consumidores que piden productos seguros, nutritivos, ecoamigables, saludables, apetitosos y económicos. Esto representa un verdadero reto en una industria que se desenvuelve en un ambiente muy competitivo. Dentro de los procesos más tradicionales de esta industria está la pasteurización y la esterilización, que son procesos térmicos que garantizan la inocuidad microbiológica y la calidad de una gran variedad de productos. Mucha de la leche que se va a transformar en derivados lácteos lleva una serie de tratamientos leves conocidos con el nombre genérico de termización y que incluye el calentamiento de la leche a temperaturas entre 57 y 68°C por alrededor de 15 s. Estos procesos incrementan la vida útil de la leche que se va a procesar siempre y cuando ésta se mantenga en refrigeración.

La pasteurización es un tratamiento térmico cuyo propósito principal es la eliminación de cualquier microorganismo patógeno presente en la leche y productos lácteos líquidos. Este proceso también extiende la vida útil de la leche con cambios mínimos en sus propiedades físicas, químicas y sensoriales. Las combinaciones tiempo-temperatura en la pasteurización están diseñadas para destruir a *Mycobacterium tuberculosis* y *Coxiella burnetti*. Las condiciones mínimas de pasteurización consisten en calentar cada partícula de la leche a 63°C por 30 minutos en el proceso por lote o 72°C por 15 segundos en el proceso de flujo continuo o de alta temperatura corto tiempo (HTST por sus siglas en inglés). Los productos pasteurizados deben conservarse en refrigeración.

Los procesos de esterilización pueden ser también por lote o continuos. La esterilización tradicional de la leche, basada en la destrucción de esporas de *Clostridium botulinum* en alimentos de baja acidez, incluye condiciones de proceso de 110 a 116°C por 20 a 30 minutos en latas o envases de vidrio. Los procesos continuos incluyen a la pasteurización para vida de anaquel extendida (ESL por sus siglas en inglés) y al tratamiento a ultra alta temperatura (UHT por sus siglas en inglés). El proceso para ESL se lleva a cabo generalmente por infusión de vapor a alcanzar 120-135°C durante 1 a 4 seg. El producto debe almacenarse en condiciones de refrigeración con una vida de anaquel de 1 a 2 meses. Los procesos UHT deben alcanzar temperaturas entre 135 y 145°C de 2 a 10 segundos. El producto envasado asépticamente tiene una vida de anaquel mayor a 6 meses a temperatura ambiente.

Los procesos térmicos tienen la ventaja de generar productos microbiológicamente seguros, sin embargo también se llevan a cabo cambios en las características sensoriales (reacciones de Maillard, caramelización, sabor a cocido, etc.) y pérdida de nutrimentos (lisina disponible, vitaminas B_1 y B_{12}, etc.) entre otros (Lewis & Deeth, 2009).

En la actualidad, se vislumbra un futuro muy prometedor para las llamadas tecnologías no térmicas, las cuales pueden también mejorar los parámetros antes mencionados pero además tienen en general una mayor eficiencia, ventajas desde el punto de vista sensorial en el producto final, mejor retención de compuestos bioactivos, regulación de la actividad enzimática y facilidad para el desarrollo de nuevos productos (Stoica, Mihalcea, Borda & Alexe, 2013). También se han aplicado algunas de estas tecnologías para la reducción de alergenicidad en leche y derivados (Tammineedi & Choudhary, 2014). Dentro de las tecnologías no térmicas que se han aplicado exitosamente, a varios niveles, en el campo de la leche y derivados se tienen: altas presiones hidrostáticas, tratamiento con ultrasonido, campos eléctricos pulsados y plasma frío, aunque también se están explorando otros métodos como la luz ultravioleta, los campos magnéticos oscilantes y las microondas como pretratamientos o en combinación con los métodos no térmicos principales. También hay varios estudios para el control de microorganismos en alimentos por combinación de tecnologías no térmicas (Ross, Griffiths, Mittal & Deeth, 2003). En este capítulo se hará una revisión de estas aplicaciones en la industria láctea.

2. Altas Presiones Hidrostáticas

La tecnología de altas presiones hidrostáticas (HHP por sus siglas en inglés) es un método de procesamiento de alimentos no térmico en el que el producto se somete a muy altas presiones en un intervalo entre 100 y 1200 MPa. Este proceso reduce notablemente la cantidad de microorganismos tanto patógenos como deteriorativos mientras que el alimento mantiene las características del producto fresco (Naik, Sharma, Rajput & Manju, 2013). Los principios involucrados en esta tecnología son el principio de Le Châtelier y el principio isostático (Chawla, Patil & Singh, 2011). El primero de ellos indica que cuando se presenta una perturbación externa sobre un sistema en equilibrio, éste reaccionará de tal manera de contrarrestar parcialmente dicha perturbación para que el sistema alcance nuevas condiciones de equilibrio. En este caso, la aplicación de altas presiones conducirá a una reducción en volumen que resultará en la muerte de microorganismos o inactivación de enzimas. El principio isostático indica que la transmisión de la presión es un fenómeno uniforme, instantáneo e independiente del tamaño y la geometría del alimento. La tecnología operativa incluye el empaque del alimento en un envase estéril, su introducción en la cámara de proceso, el llenado de la cámara con agua, la presurización de la cámara, el mantenimiento de la presión por un cierto tiempo, la despresurización de la cámara y la obtención del producto procesado (Chawla et al., 2011).

En todos los procesos HHP existe un pequeño incremento en temperatura debido a la fricción interna. Este incremento se puede calcular por medio de la Ecuación 1:

$$\frac{dT}{dP} = \frac{\beta T}{\rho C_p} \tag{1}$$

Donde T es la temperatura y P es la presión, además β es la expansividad térmica, ρ es la densidad y C_p es la capacidad calorífica a presión constante del fluído comprimido. Estas propiedades termofísicas dependen de P y T y cuando se conocen se puede evaluar el perfil térmico durante la etapa de compresión. Esta técnica se utiliza para alimentos húmedos tanto líquidos como sólidos (Naik et al., 2013).

En el caso de la leche, la homogeneización a alta presión (HPH por sus siglas en inglés) se utiliza para reducir la carga microbiana de la leche cruda como una alternativa a los procesos térmicos. La HPH se basa en los fundamentos de la homogeneización tradicional (18 MPa) pero usando presiones 10 a 15 veces más altas. Al pasar la leche a alta presión por un conducto estrecho se desarrollan velocidades muy altas (200 m/s a 340 MPa) que llevan a una caída extrema de presión cuando la leche sale de la válvula de homogeneización. Esto causa fricción a alta velocidad, cavitación, impacto, turbulencia y calentamiento leve (1.7 a 1.8°C) que lleva a la eliminación de microorganismos y desnaturalización de enzimas. Se han reportado valores de reducción decimal de 4.0 (300 MPa), 6.0 (200 MPa) y 7.95 (400 MPa) para *Staphylococcus aureus*, *Pseudomonas fluorescens* y *Listeria monocytogenes* respectivamente (Pedras, Pinho, Tribst, Franchi & Cristianini, 2012).

Las altas presiones tienen efectos específicos sobre los diferentes constituyentes de la leche. Se ha observado que el uso de tratamientos de 100 a 600 MPa induce la solubilización parcial de las caseínas α_{s1} y β probablemente como resultado de la solubilización de fosfato de calcio coloidal y la disrupción de las interacciones hidrofóbicas. Esto tiene como secuela cambios en la estructura de las micelas de caseína y en las características de la leche (Huppertz, Fox & Kelly, 2004). En cuanto a las proteínas del suero, se han observado diferentes grados de desnaturalización en la α-lactoalbúmina y la β-lactoglobulina, siendo esta última más barosensible. También se ha observado una disminución en el tiempo de coagulación por el cuajo y un incremento en el rendimiento quesero (Huppertz, Kelly & Fox, 2002). En el caso de la fase lipídica, se ha observado una disminución en el tamaño del glóbulo de grasa proporcional a la magnitud de la presión aplicada así como una inducción del proceso de cristalización de la grasa butírica (Hayes & Kelly, 2003a). En el caso de las actividades enzimáticas nativas de la leche, se ha observado una disminución de la actividad proteolítica de la plasmina proporcional a la presión aplicada, sin embargo, la leche homogeneizada a presiones hasta de

200 MPa conservan íntegra su actividad de fosfatasa alcalina, por lo que esta enzima no podría utilizarse como indicadora de un proceso adecuado (Hayes & Kelly, 2003b). Como puede observarse, la HPH además de producir un producto seguro desde el punto de vista microbiológico, también genera toda una serie de propiedades novedosas que pudieran aprovecharse para la obtención de derivados lácteos con un nuevo mercado.

3. Campos Eléctricos Pulsantes

Los campos eléctricos pulsantes (PEF por sus siglas en inglés) se han usado en la industria de alimentos para la conservación de alimentos líquidos y semilíquidos que no contienen burbujas de aire (Stoica et al., 2013). Los PEF eliminan a la microbiota natural sin afectar a las moléculas bioactivas de la leche como la lactoferrina, lactoperoxidasa e inmunoglobulinas o las propiedades sensoriales del producto. El procesamiento por PEF logra la inactivación microbiana o enzimática a temperatura ambiente o con una elevación mínima por la aplicación de pulsos de campos eléctricos de alta intensidad a alimentos líquidos que sean conductores de la electricidad (leche o jugos) que fluyen entre dos electrodos.

El sistema básico de PEF incluye una fuente de poder de alto voltaje, un generador de pulsos, una serie de capacitores eléctricos, una cámara de tratamiento (estática o continua) que alberga a los electrodos, una bomba para circular la alimentación a la cámara de tratamiento, baños de enfriamiento y calentamiento, dispositivos de medición de los parámetros de proceso (voltaje, corriente eléctrica, temperatura, etc.) y una CPU para el control del proceso (Shamsi & Sherkat, 2009). La intensidad de los campos eléctricos es variable y está entre 15 y 50 kV/cm.

El mecanismo de acción de los PEF para la inactivación de los microorganismos incluye una primera etapa en la que las células se vuelven inestables por los pulsos seguida de una segunda etapa en la que inicia un proceso de electroporación de la membrana celular que la hace más permeable produciendo una ruptura mecánica y una extravasación del contenido celular. El grado de inactivación dependerá de la intensidad del campo eléctrico, el número y duración de los pulsos, las características del microorganismo (bacteria o levadura, espora o forma vegetativa, etc.), fase de crecimiento microbiana, temperatura, fuerza iónica del alimento, pH y presencia de compuestos antimicrobianos u otro tratamiento adicional (Qin, Barbosa-Canovas, Swanson, Pedrow & Olsen, 1998).

Cuando los PEF se usan en el tratamiento de la leche, se han observado cambios en el tamaño de las micelas de caseína y cuando esta leche se emplea en la elaboración de queso se ha detectado un menor tiempo de coagulación enzimática y una mayor firmeza en la cuajada (Gomes da Cruz, Fonseca, Isay, André, Souza & Cristianini, 2010). Dentro de las características de la leche que no se ven afectadas por los PEF están el color y la concentración de compuestos volátiles en el caso de tratamientos de hasta 40 kV/cm por 2805 μs (Chug, Khanal, Walkling-Ribeiro, Correding, Duizer & Griffiths, 2014). En otro estudio, se pasteurizó leche utilizando PEF con un campo eléctrico de 55 kV/cm con pulsos de 0.8 s obteniéndose una eliminación total de las cepas de *Enterobacter*, *Escherichia coli* y *Staphylococcus* inicialmente presentes en la leche y con la simultánea inactivación de la fosfatasa alcalina (Al-Hilphy, 2012). Como se mencionó anteriormente, la inactivación microbiana depende de muchos parámetros y esto se demuestra en otro trabajo en el que se pasteurizó leche descremada a 45 kV/cm en pulsos de 500 ns y a 55 kV/cm y 250 ns con frecuencias de 40 a 120 Hz en el que sólo se obtuvo una reducción de 1.4 ciclos logarítmicos en la microbiota inicial (Floury, Grosset, Leconte, Pasco, Madec & Jeantet, 2006). También se han hecho algunos estudios del efecto de los PEF sobre una cepa prebiótica de *Lactobacillus acidophilus*. En este caso se variaron la duración de los pulsos (3-9 μs), el tiempo total de exposición (10,000 a 30,000 μs), el campo eléctrico (5 a 25 kV/cm) y velocidad de flujo del medio (10 a 110 ml/min). Se informó que la duración y número de pulsos tuvieron efecto en la reducción de la tolerancia del probiótico al ácido y a las sales biliares reduciendo así su potencial probiótico (Gomes da Cruz et al., 2010). Esto indica que los tratamientos PEF deben aplicarse sólo a la leche y no a los productos inoculados con bacterias lácticas iniciadoras o probióticas.

4. Ultrasonido

El procesamiento por ultrasonido en alimentos ha cobrado una gran importancia en los últimos años. Básicamente, el ultrasonido se refiere a ondas de presión con una frecuencia de 20 kHz o más y los equipos utilizan frecuencias que van de 20 kHz a 10 Mhz. También se tiene lo que se conoce como ultrasonido de potencia que se presenta a bajas frecuencias (20 a 100 kHz) que tiene la capacidad de provocar cavitación y que se utiliza para destruir microorganismos ya que se crean regiones con altas temperaturas (5500°C) y presiones (50,000 kPa) (Piyasena, Mohareb & McKellar, 2003). Este fenómeno se inicia cuando las ondas de sonido de baja frecuencia entran a un medio líquido y se propagan como una vibración compuesta de ciclos de compresión y expansión que al alcanzar condiciones óptimas (volumen, temperatura y composición del medio) producen un incremento de presión que genera miles de burbujas y cuando éstas alcanzan un tamaño crítico colapsan con violencia. Esto se conoce como cavitación. Esta cavitación puede provocar ruptura celular, destrucción de microestructuras y generación de radicales libres que resulta en la inactivación de enzimas y microorganismos (Bermúdez-Aguirre & Barbosa-Cánovas, 2011). Al igual que otros métodos no térmicos, el ultrasonido no favorece la pérdida de volátiles, actúa homogéneamente y es relativamente económico.

Chemat, Huma y Khan (2011) reportaron una gran cantidad de aplicaciones del ultrasonido en alimentos como es el caso de la reducción de tiempo en la cocción, congelación, cristalización, secado, fermentación, desgasificación, filtración, emulsificación, etc.).

En el caso de la leche, se han reportado como ventajas principales, con respecto a los métodos térmicos, la homogeneización de la grasa, la eliminación de aire y otros gases y un mejoramiento de la actividad antioxidante. La ultrasonicación (US) de la leche a temperatura ambiente (750 W, 20 kHz) ha logrado reducciones de 100 y 99% en poblaciones de *E. coli* y *Listeria monocytogenes* después de 10 minutos de tratamiento y de

100% en el caso de *Pseudomonas fluorescens* después de 6 minutos (Cameron, McMaster & Britz, 2009).

El ultrasonido puede emplearse en alimentos solo o en combinación con otros tratamientos para mejorar su tasa de inactivación. Así, se tiene la termosonicación (TS) que combina la US con un tratamiento térmico moderado, la manosonicación (MS) que combina la US con presiones moderadas entre 100 y 300 kPa y la manotermosonicación (MTS) que combina la US con temperatura y presión para maximizar la cavitación y destruir microorganismos termotolerantes (Chaudhari, Prajapati & Pinto, 2015).

La termosonicación se ha usado exitosamente en la inactivación de celulas de *Lactobacillus acidophilus* y *E. coli* K12 DH5 y esporas de *Bacillus stearothermophilus* (Knorr, Zenker, Heinz & Lee, 2004).

Otras aplicaciones en el área de leche y derivados incluye: aplicación de la US a la leche para mejorar la textura e incrementar el rendimiento en quesos; aplicación de US al sistema latasa-leche para aumentar el grado de hidrólisis en la producción de leche deslactosada; aplicación de US dentro de congeladores de superficie raspada para la fragmentación de cristales de hielo para obtener distribuciones de tamaño más homogeneo en la elaboración de helados; aplicación de US (450 W, 20 kHz) a la leche entera para obtener reducciones de tamaño de los glóbulos de grasa equivalentes a los de la homogeneización convencional (Chaudhari et al., 2015).

Como se puede observar, las aplicaciones del US son múltiples y es necesario estudiarlas más a fondo para poder utilizar esta tecnología en todo su potencial.

5. Tecnología de Luz Ultravioleta

La aplicación de pulsos de luz para la conservación de alimentos involucra el uso de pulsos de luz de amplio espectro, corta duración y gran intensidad para la inactivación microbiana. El espectro de longitud de onda empleado va desde el UV hasta el infrarrojo cercano (180 a 1100 nm) y durante el pulso el sistema lanza un espectro 20,000 veces más intenso que la luz solar sobre la superficie de la Tierra (Elmnasser, Guillou, Leroi, Orange, Bakhrouf & Federighi, 2007). Uno de los factores decisivos para el efecto letal de los pulsos de luz es su contenido de luz UV, por lo que de aquí en adelante el enfoque será para la tecnología conocida como pulsos de luz UV.

De las tres regiones de luz UV en el espectro electromagnético, la que tiene más poder de inactivación de microorganismos es la C (200 a 280 nm) la cual tiene su máximo de poder germicida en el intervalo de 254 a 264 nm. Se considera que el mecanismo de inactivación se basa en la penetración de la luz UV-C a las células dañando irreversiblemente el DNA por formación de dímeros de timina que inhiben los procesos de transcripción y replicación conduciendo finalmente a la muerte celular. La luz UV sólo penetra unos cuantos milímetros en los alimentos dependiendo de las propiedades ópticas de los mismos aunque puede penetrar fácilmente al agua. En el caso de la leche y otros líquidos opacos la penetración es escasa por lo que para el tratamiento, la leche debe presentarse en forma de película (Choudhary & Bandla, 2012). Una de las desventajas del tratamiento con luz UV de la leche es la producción de olores a irradiado por producción de compuestos como el pentanal, hexanal y heptanal (Orlowska, Koutchman, Grapperhaus, Gallagher, Schaefer & Defelice, 2013).

Las lámparas que se emplean tradicionalmente para el tratamiento de agua son las continuas monocromáticas de baja presión (LPM por sus siglas en inglés) y las contínuas policromáticas de presión media (MPM), ambas a base de mercurio. Se han desarrollado recientemente lámparas de pulsos de alta intensidad a base de xenón (HIP) que producen pulsos de corta duración en un amplio espectro de luz UV. Los mejores resultados con leche se han obtenido usando lámparas con 644 J/pulso y 0.5 Hz, en las cuales no hubo variación en el pH ni en la viscosidad de la leche y se obtuvo una mayor penetración y se requirió un menor tiempo de exposición en comparación con las lámparas LPM (Orlowska et al., 2013). Otra tecnología que se ha probado para la conservación de la leche es el proceso con luz UV en flujo turbulento. Este tipo de equipo se ha operado en flujos de 4,000 L/h con dosis entre 1,045 y 2,090 J/L proporcionadas por lámparas LPM de mercurio que emiten luz

UV-C. No se observaron cambios en la composición general ni en el perfil de ácidos grasos o proteínas. Tampoco se observaron variaciones en ácidos oleicos conjugados (CLA) y la disminución en vitaminas fue similar a la que se tiene en la pasteurización térmica convencional por lo que se pudo concluir que el tratamiento con luz UV puede ser una buena alternativa no térmica para la conservación de la leche (Cappozzo, Koutchma & Barnes, 2015).

6. Microfiltración

La filtración con membranas microporosas se ha utilizado desde hace mucho tiempo para la reducción o eliminación de microorganismos en fluidos. Existen varios tipos de filtración dependiendo del tamaño de poro de las membranas utilizadas pero en el caso de la eliminación de bacterias y sus esporas, la microfiltración (MF) es la técnica a utilizar ya que generalmente utiliza membranas con tamaño de poro de alrededor de 1 μm. La MF reduce la cantidad de esporas y bacterias sin afectar las características sensoriales de la leche y proporciona una mayor vida de anaquel que la pasteurización comercial (Brans, Schroën, van der Sman & Boom, 2004). El principal problema en la MF de la leche es que la mayoría de los glóbulos de grasa y algunas proteínas tienen tamaños similares a las bacterias y provocan un taponamiento de las membranas. Dentro de las posibles soluciones a este problema están el uso de leche descremada y la aplicación de un esfuerzo de corte en la superficie de la membrana que evite la acumulación de partículas. Esto se hace normalmente usando altas velocidades de flujo cruzado (4 a 8 m/s) con recirculación del permeado para tener una presión transmembrana uniforme. Los equipos de MF muy comúnmente usan presiones transmembrana de 50 kPa, con un flux de 500 L/h m^2 usando membranas cerámicas con poros de 1.4 μm de diámetro que dan reducciones promedio de 10^3 ufc/mL en la concentración de microorganismos (Guerra, Jonsson, Rasmussen, Waagner-Nielsen & Edelsten, 1997). Este tipo de sistemas ha tenido éxito tanto en leche de vaca como en leche de oveja (Beolchini, Veglio & Barba, 2004). Se pueden obtener reducciones aun mayores (10^6 ufc/mL en promedio) si la MF se usa como un paso previo a la pasteurización térmica (Elwell & Barbano, 2006). La leche de vida de anaquel extendida (ESL por sus siglas en inglés) es un producto cuya duración está entre la de la leche pasteurizada a alta temperatura corto tiempo y la leche ultrapasteurizada. Hay varias técnicas para su obtención pero una de las mejores por no alterar su composición ni sus atributos sensoriales es la MF (Hoffmann, Kiesner, Clawin-Rädecker, Martin, Einhoff, Lorenzen et al., 2006). Se ha comprobado que el proceso de MF en el que la fracción retenida se esteriliza por calor y se reincorpora al microfiltrado incrementa notablemente la vida de anaquel del producto sin alterar sus características (Kosikowski & Mistry, 1990). Existen también estudios encaminados a la optimización de las condiciones de MF para optimizar la vida de anaquel de la leche tratada por este proceso (Fernández-García, 2012).

7. Combinando Tecnologías No Térmicas

Se ha demostrado que en algunos casos la inactivación de microorganismos o enzimas por medio de tecnologías no térmicas es más efectiva si se combina con bajos valores de pH o con agentes antimicrobianos. En algunas ocasiones se han tenido efectos sinérgicos cuando se combinan dos tecnologías no térmicas en alimentos. En este aspecto aún falta mucho por saber y está siendo el objeto de mucha investigación en todo el mundo (Ross et al., 2003).

8. Conclusiones

Originalmente las tecnologías no térmicas tenían como objetivo mejorar la calidad y seguridad microbiológica de los alimentos, sin embargo en el caso de la leche y derivados también pueden tener una gran cantidad de aplicaciones como son la modificación de los parámetros funcionales, nutricionales y sensoriales, aumento del rendimiento quesero, la conservación de las moléculas bioactivas, la modulación o inactivación de determinadas actividades enzimáticas y el incremento en la calidad de los productos lácteos probióticos.

Referencias

Al-Hilphy, A.R.S. (2012). Electrical field (AC) for non thermal milk pasteurization. *Journal of Nutrition and Food Science,* 2, 177-181.

http://dx.doi.org/10.4172/2155-9600.1000177

Beolchini, F., Veglio, F., & Barba, D. (2004). Microfiltration of bovine and ovine milk for the reduction of microbial content in a tubular membrane: a preliminary investigation. *Desalination,* 161, 251-258.

http://dx.doi.org/10.1016/S0011-9164(03)00705-7

Bermúdez-Aguirre, D., & Barbosa-Cánovas, G.V. (2011). Power ultrasound fact sheet. En Zhang, H.Q., Barbosa-Cánovas, G.V., Balasubramaniam, V.M., Dunne, C.P., Farkas, D.F., & Yuan, J.T.C. (Eds.). *Nonthermal processing technologies for food.* Ames, Iowa: Blackwell Publishing Ltd. 621-622.

Brans, G., Schroën, C.G.P.H., van der Sman, R.G.M., & Boom, R.M. (2004). Membrane fractionation of milk: state of the art and challenges. *Journal of Membrane Science,* 243, 263-272.

http://dx.doi.org/10.1016/j.memsci.2004.06.029

Cameron, M., McMaster, L.D., & Britz, T.J. (2009). Impact of ultrasound on dairy spoilage microbes and milk components. *Dairy Science and Technology,* 89, 83-98.

http://dx.doi.org/10.1051/dst/2008037

Cappozzo, J.C., Koutchma, T., & Barnes, G. (2015). Chemical characterization of milk after treatment with thermal (HTST and UHT) and nonthermal (turbulent flow ultraviolet) processing technologies. *Journal of Dairy Science,* 98, 5068-5079.

http://dx.doi.org/10.3168/jds.2014-9190

Chaudhari, C.B., Prajapati, J.P., & Pinto, S.V. (2015). Ultrasound technology for dairy industry. *Proceedings of the National Seminar on "Indian Dairy Industry – Opportunities and Challenges".* Anand, India. 151-155.

Chawla, R., Patil, G.R., & Singh, A.K. (2011). High hydrostatic pressure technology in dairy processing: a review. *Journal of Food Science and Technology,* 48, 260-268.

http://dx.doi.org/10.1007/s13197-010-0180-4

Chemat, F., Huma, Z., & Khan, M.K. (2011). Applications of ultrasound in food technology: Processing, preservation and extraction. *Ultrasonics Sonochemistry,* 18, 813-835.

http://dx.doi.org/10.1016/j.ultsonch.2010.11.023

Choudhary, R., & Bandla, S. (2012). Ultraviolet pasteurization for food industry. *International Journal of Food Science and Nutrition Engineering,* 2, 12-15.

http://dx.doi.org/10.5923/j.food.20120201.03

Chug, A., Khanal, D., Walkling-Ribeiro, M., Corredig, M., Duizer, L., & Griffiths, M.W. (2014). Change in color and volatile composition of skim milk processed with pulsed electric field and microfiltration treatments or heat pasteurization. *Foods*, 3, 250-268.

http://dx.doi.org/10.3390/foods3020250

Elmnasser, N., Guillou, S., Leroi, F., Orange, N., Bakhrouf, A., & Federighi, M. (2007). Pulsed-light system as a novel food decontamination technology: a review. *Canadian Journal of Microbiology*, 53, 813-821.

http://dx.doi.org/10.1139/W07-042

Elwell, M.W., & Barbano, D.M. (2006). Use of microfiltration to improve fluid milk quality. *Journal of Dairy Science*, 89(Suppl 1), E20-E30.

http://dx.doi.org/10.3168/jds.S0022-0302(06)72361-X

Fernández-García, L. (2012). *Producción de leche de larga duración (ESL) mediante membranas cerámicas de microfiltración*. Tesis de Doctorado en Ingeniería de Procesos y Ambiental. Universidad de Oviedo. Oviedo, España.

Floury, J., Grosset, N., Leconte, N., Pasco, M., Madec, M.N., & Jeantet, R. (2006). Continuous raw skim milk processing by pulsed electric field at non-lethal temperature: effect on microbial inactivation and functional properties. *Lait*, 86, 43-57.

http://dx.doi.org/10.1051/lait:2005039

Gomes da Cruz, A., Fonseca, J.A., Isay, S.M., André, H.M., Souza, A., & Cristianini, M. (2010). High pressure processing and pulsed electric fields: potential use in probiotic dairy foods processing. *Trends in Food Science & Technology*, 21, 483-493.

http://dx.doi.org/10.1016/j.tifs.2010.07.006

Guerra, A., Jonsson, G., Rasmussen, A., Waagner-Nielsen, E., & Edelsten, D. (1997). Low cross-flow microfiltration of skim milk for removal of bacterial spores. *International Dairy Journal*, 7, 849-861.

http://dx.doi.org/10.1016/S0958-6946(98)00009-0

Hayes, M.G., & Kelly, A.L. (2003a). High pressure homogenization of raw whole bovine milk (a) effects on fat globule size and other properties. *Journal of Dairy Research*, 70, 297-305.

http://dx.doi.org/10.1017/S0022029903006320

Hayes, M.G., & Kelly, A.L. (2003b). High pressure homogenization of milk (b) effects on indigenous enzymatic activity. *Journal of Dairy Research*, 70, 307-313.

http://dx.doi.org/10.1017/S0022029903006319

Hoffmann, W., Kiesner, C., Clawin-Rädecker, I., Martin, D., Einhoff, K., Lorenzen, P.C. et al. (2006). Processing of extended shelf life milk using microfiltration. *International Journal of Dairy Technology*, 59, 229-235.

http://dx.doi.org/10.1111/j.1471-0307.2006.00275.x

Huppertz, T., Kelly, A.L., & Fox, P.F. (2002). Effects of high pressure on constituents and properties of milk. *International Dairy Journal, 12*, 561-572.

http://dx.doi.org/10.1016/S0958-6946(02)00045-6

Huppertz, T., Fox, P.F., & Kelly, A.L. (2004). Dissociation of caseins in high pressure-treated bovine milk. *International Dairy Journal, 14*, 675-680.

http://dx.doi.org/10.1016/j.idairyj.2003.11.009

Knorr, D., Zenker, M., Heinz, V., & Lee, D.U. (2004). Applications and potential of ultrasonics in food processing. *Trends in Food Science & Technology, 15*, 261-266.
http://dx.doi.org/10.1016/j.tifs.2003.12.001

Kosikowski, F.V., & Mistry, V.V. (1990). Microfiltration, ultrafiltration, and centrifugation separation and sterilization processes for improving milk and cheese quality. *Journal of Dairy Science, 73*, 1411-1419.

http://dx.doi.org/10.3168/jds.S0022-0302(90)78805-4

Lewis, M.J., & Deeth, H.C. (2009). Heat treatment of milk. En Tamime, A.Y. (Ed.), *Milk processing and quality management.* Chichester, UK: Blackwell Publishing Ltd. 168-204.

Naik, L., Sharma, R., Rajput, Y.S., & Manju, G. (2013). Application of high pressure processing technology for dairy food preservation – future perspective: a review. *Journal of Animal Products Advances, 3*, 232-241.

http://dx.doi.org/10.5455/japa.20120512104313

Orlowska, M., Koutchma, T., Grapperhaus, M., Gallagher, J., Schaefer, R., & Defelice, C. (2013). Continuous and pulsed ultraviolet light for nonthermal treatment of liquid foods. Part 1: Effects on quality of fructose solution, apple juice, and milk. *Food and Bioprocess Technology, 6*, 1580-1592.

http://dx.doi.org/10.1007/s11947-012-0779-8

Pedras, M.M., Pinho, C.R.G., Tribst, A.A.L., Franchi, M.A., & Cristianini, M. (2012). The effect of high pressure homogenization on microorganisms in milk. *International Food Research Journal, 19*, 1-5.

Piyasena, P., Mohareb, E., & McKellar, R.C. (2003). Inactivation of microbes using ultrasound: a review. *International Journal of Food Microbiology, 87*, 207-216.

http://dx.doi.org/10.1016/S0168-1605(03)00075-8

Qin, B., Barbosa-Canovas, G.V., Swanson, B.G., Pedrow, P.D., & Olsen, R.G. (1998). Inactivating microorganisms using a pulsed electric field continuous treatment system. *IEEE Transactions on Industry Applications, 34*, 43-50.

http://dx.doi.org/10.1109/28.658715

Ross, A.I.V., Griffiths, M.W., Mittal, G.S., & Deeth, H.C. (2003). Combining nonthermal technologies to control foodborne microorganisms. *International Journal of Food Microbiology, 89*, 125-138.

http://dx.doi.org/10.1016/S0168-1605(03)00161-2

Shamsi, K., & Sherkat, F. (2009). Application of pulsed electric field in non-thermal processing of milk. *Asian Journal of Food and Agro-Industry,* 2, 216-244.

Stoica, M., Mihalcea, L., Borda, D., & Alexe, P. (2013). Non-thermal novel food processing technologies. An overview. *Journal of Agroalimentary Processes and Technologies,* 19, 212-217.

Tammineedi, C.V.R.K., & Choudhary, R. (2014). Recent advances in processing for reducing dairy and food allergenicity. *International Journal of Food Science and Nutrition Engineering,* 4, 36-42.

Capítulo 4

Evaluación de Algunas Características Reológicas y Bioactivas de Hidrocoloides Mixtos Provenientes de Goma de Flamboyán (*Delonix regia*) y Proteínas de Leguminosas (*Phaseolus Lunatus* y *Vigna Unguiculata*), para Su Potencial Aplicación como Ingrediente Funcional

Mª. Eugenia Ramírez-Ortiz[1,2], Wilbert Rodríguez-Canto[1], Luis Jorge Corzo-Rios[3], Santiago Gallegos-Tintoré[1], David Betancur-Ancona[1], Luis Chel-Guerrero[1*]

[1]Universidad Autónoma de Yucatán, Facultad de Ingeniería Química. Campus de Ciencias Exactas e Ingenierías, Periférico Norte Km 33.5, Chuburná de Hidalgo Inn. Mérida, México.

[2]Universidad Nacional Autónoma de México, Facultad de Estudios Superiores Cuautitlán, Departamento de Ingeniería y Tecnología, Av. 1° de Mayo S/N, Sta. María las Torres, Cuautitlán Izcalli, Edo. de México, México.

[3]Instituto Politécnico Nacional, Unidad Profesional Interdisciplinaria de Biotecnología (UPIB-IPN), Av. Acueducto s/n, Col. Barrio la Laguna Ticomán CP. 07340 Del. Gustavo A. Madero, México D.F.

*cguerrer@correo.uady.mx

M.E. Ramírez-Ortiz, W. Rodríguez-Canto, L.J. Corzo-Rios, S. Gallegos-Tintoré,
D. Betancur-Ancona, L. Chel-Guerrero

Doi: http://dx.doi.org/10.3926/oms.289

Referenciar este capítulo

Ramírez-Ortiz, M.E., Rodríguez-Canto, W., Corzo-Rios, L.J., Gallegos-Tintoré, S., Betancur-Ancona, D., & Chel-Guerrero, L. (2015). *Evaluación de Algunas Características Reológicas y Bioactivas de Hidrocoloides Mixtos Provenientes de Goma de Flamboyán (Delonix regia) y Proteínas de Leguminosas (Phaseolus lunatus y Vigna unguiculata), para Su Potencial Aplicación como Ingrediente Funcional.* En Ramírez-Ortiz, M.E. (Ed.). *Tendencias de innovación en la ingeniería de alimentos.* Barcelona, España: OmniaScience. 91-138.

Resumen

En este trabajo se estudiaron las propiedades funcionales de dos sistemas hidrocoloides mixtos (SHM) formados con goma de flamboyán extraída por precipitación con etanol e hidrolizados proteicos de *Phaseolus lunatus* y *Vigna unguiculata* con un grado de hidrólisis de 19.1% y 32.87%, respectivamente, los cuales se obtuvieron por precipitación isoeléctrica para concentrar la proteína y posterior hidrólisis secuencial con pepsina y pancreatina. Se realizaron las curvas de flujo y se determinó el porcentaje de estabilidad (%EE) de emulsión mediante un diseño factorial 2^3 con los factores y niveles: pH 3 y 7, temperatura 30°C y 70°C y concentración de goma 0.5% y 1.5% (p/v), manteniendo en 2.5% p/v la concentración del hidrolizado. Se obtuvo que los ácidos aspártico y glutámico fueron los mayoritarios en los hidrolizados. Los SHM de *P. lunatus* y *V. unguiculata* con 1.5% (p/v) de goma a 30°C, presentaron la mayor viscosidad ajustándose al modelo de Cross, mientras que los demás sistemas se ajustaron a la ley de la potencia. Los valores de viscosidad estuvieron en el rango de 0.045 hasta 1.76 Pa*s. El %EE (porcentaje de estabilidad de la emulsión) alcanzó valores de 100 para ambos sistemas a 1.5% de goma y 30°C, el fenómeno de desestabilización fue el cremado, mientras que la emulsión con solo goma presentó coalescencia. Se determinó la capacidad anticariogénica a los sistemas que mejores propiedades funcionales presentaron. La capacidad anticariogénica fue de una reducción de la desmineralización de 59.75% y 50.21% para los SHM de *P. lunatus* y *V. unguiculata*, respectivamente. Por lo anterior, los SHM podrían ser usados en la industria alimentaria ya sea como

M.E. Ramírez-Ortiz, W. Rodríguez-Canto, L.J. Corzo-Rios, S. Gallegos-Tintoré,
D. Betancur-Ancona, L. Chel-Guerrero

aditivos alimenticios, incorporarlo en cremas, bebidas y una variedad de aplicaciones, debido a las versatilidad de propiedades funcionales y capacidad anticariogénica que presentaron.

Palabras clave

Sistemas mixtos de hidrocoloides, flamboyán, *Phaseolus lunatus*, *Vigna unguiculata*, reología, actividad anticariogénica.

1. Antecedentes

1.1. Leguminosas

Las leguminosas son una fuente importante de proteína, grasa, carbohidratos complejos, compuestos minerales, fibra y vitaminas. Superan a otras verduras en su contenido de fósforo, potasio, calcio y magnesio, también es rico en hierro y vitamina B, como la tiamina y riboflavina (Filipiak-Florkiewicz, Florkiewicz, Cieilik, Walkowska, Walczycka, Leszczyńska et al. 2011). En la península de Yucatán se cultivan el *P. lunatus* y la *V. unguiculata* conocidos regionalmente como frijol Ib y X'pelón, respectivamente.

1.2. Características Nutritivas y Funcionales del *Phaseolus Lunatus*

El *P. lunatus,* conocido en Latino América como frijol lima, frijol de luna y en el sureste de México como "Ib", es nativo de la zona tropical de América, existen por lo menos dos centros de domesticación: El mesoamericano (México y Guatemala) con tipos de semillas pequeñas (Figura 1) y el andino (Perú y Ecuador) con tipos de semillas grandes. El mesoamericano tiene una amplia distribución desde México hasta Argentina, mientras que el andino está restringido a su zona nativa, actualmente se cultiva en todas las zonas tropicales y subtropicales incluyendo África, Sur Asiático y el Pacífico.

Figura 1. Semillas de Phaseolus lunatus *(Baby lima bean)*

La semilla madura presenta por cada 100 g: 20.62 g de proteína, 62.83 g de carbohidratos, aporta 335 kcal. Se han extraído la proteína y el amidón de las semillas del *P. lunatus* por fraccionamiento húmedo con una relación 1:6 de harina de *P. lunatus* y agua, pH 11 y 1 hora de extracción, obteniendo una recuperación de 18.82% en proteína y 28.84% de almidón. La composición proximal del concentrado proteico muestra un valor de 65.97% de proteína, 23.31% de Extracto Libre de Nitrógeno (ELN) y 7.3% de fibra además de 2.61% de cenizas (Betancur, Gallegos & Chel, 2004).

El perfil aminoacídico del concentrado del *P. lunatus* tiene un aporte mayor de los aminoácidos esenciales que el recomendado por la Organización de las Naciones Unidas para la Alimentación y Agricultura (FAO por sus siglas en ingles), mientras que la harina es deficiente en los aminoácidos azufrados metionina y cisteína. Por otro lado, contiene todos los aminoácidos polares y no polares siendo los polares: Gli, Ser, Tr, Cis, Tir, Asp, Glu, Lis, Arg e His y los no polares: Ala, Val, Leu, Ile, Pro, Fen, Trp y Met. Entre los factores antinutrícios, el *P. lunatus* contiene lectinas, inhibidores de proteasas, ácido fítico, polifenoles, oligosacáridos y glucósidos cianogénicos. El fósforo del ácido fítico se estima que es el 28.2% del fósforo total de la semilla, y al igual que los polifenoles son conocidos quelantes, por lo cual disminuyen la absorción de metales por el organismo.

1.3. Características Nutritivas y Funcionales de la *Vigna Unguiculata*

En la península de Yucatán, México, se encuentra una gran variedad de semillas de leguminosas, las cuales están bien adaptadas a las condiciones regionales, incluyendo al *P. lunatus, Canavalia ensiformis* y la *V. unguiculata* (Chel, Maldonado, Burgos, Betancur & Castellanos, 2011). La *V. unguiculata* (Figura 2) pertenece a

Figura 2. Semillas de la V. unguiculata *(Frijol X'pelón)*

la familia de las fabáceas, en América Latina se le conoce por el nombre de frijol caupí, frijol de vaca y en México como frijol pelón.

Por cada 100 g de semilla madura, se tienen 23.53 g de proteína, 60.03 g de carbohidratos, aporta 336 kcal. El frijol pelón (X'pelón) es una variedad de la *V. unguiculata* en México, la cual se cultiva en la Península de Yucatán; Chel et al. (2011) reportaron una concentración de proteína del 82.8% presente en la semilla, además de contener los aminoácidos esenciales, sobrepasando la cantidad mínima que debe presentar por 100 g de proteína, con excepción de los aminoácidos azufrados (metionina y cisteína) y el triptófano, presenta también 14.1% de ELN, cenizas y grasa en 1.2% (Chel et al., 2011)

Las propiedades funcionales evaluadas al concentrado proteico de la *V. unguiculata* fueron investigadas por Chel et al. (2011) obteniendo una alta retención de agua (245%) y aceite (231%), la máxima capacidad de formar espuma fue a pH extremos tanto alcalino como ácido (133-190%), mientras que a pH neutro o cercano al punto isoeléctrico (pH 6) fue muy bajo; también observaron baja estabilidad de estas espumas independientemente del pH. Asimismo, se evaluó la capacidad emulsificante, siendo del 45% e independiente del pH mientras que la estabilidad mejoró significativamente a pH de 9.

1.4. Estructura y Propiedades de la Goma de Semilla del Árbol Flamboyán (*Delonix Regia*)

Las gomas o hidrocoloides son polisacáridos de alto peso molecular, los galactomananos presentes en algunas semillas, son polisacáridos heterogéneos, ampliamente distribuidos en la naturaleza y generalmente poseen cadenas principales formadas por enlaces β-(1,4) de D-manopiranosas. Estas cadenas tienen ramificaciones de enlaces α-(1,6) de D-galactopiranosa (Srivastava & Kapoor, 2005). Debido que tienen alta viscosidad e interacciones sinérgicas con otros polisacáridos, como la xantana y la agarosa, son usados a menudo como agentes espesantes y estabilizantes en la industria alimentaria (Tamaki, Teruya & Tako, 2010).

La semilla del *D. regia* contiene un galactomanano, el cual ha sido estudiado para la variedad de Japón, de la cual se obtuvo un rendimiento del 28% con base en el peso de la semilla y del 73% con base en el polisacárido contenido en el endospermo, siendo éste de 90% en la semilla. La masa molecular del galactomanano del *D. regia* es de 2.5×10^5 UMA aproximadamente y una relación de manosa y galactosa de 3.9:1, como se puede observar en el monómero del polisacárido (Figura 3) (Tamaki et al., 2010). Un estudio toxicológico (Krishnaraj, Joghi, Chandrasekar, Muralidharan & Manikandan, 2012), reforzó la evidencia de ausencia de toxicidad de esta goma, ya que encontraron una dosis letal media (DL_{50}) mayor a 2g/kg proponiendo ser usada como agente liberador de fármacos, debido a su carácter hidrófilo y lenta solubilidad.

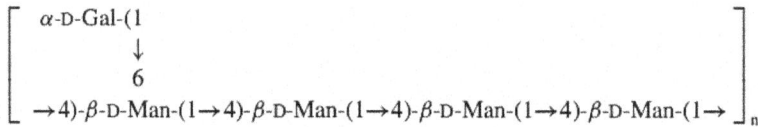

$$\left[\begin{array}{l} \alpha\text{-D-Gal-}(1 \\ \quad\;\; \downarrow \\ \quad\;\; 6 \\ \rightarrow 4)\text{-}\beta\text{-D-Man-}(1\rightarrow 4)\text{-}\beta\text{-D-Man-}(1\rightarrow 4)\text{-}\beta\text{-D-Man-}(1\rightarrow 4)\text{-}\beta\text{-D-Man-}(1\rightarrow \end{array} \right]_n$$

Figura 3. Monómero del galactomanano de la semilla de flamboyán (Tamaki et al., 2010)

La goma extraída de las semillas de los árboles del *D. regia* en Yucatán se caracterizó por su composición proximal, Pacheco, Rosado, Betancur y Chel (2010), encontraron que el valor del extracto libre de nitrógeno (E.L.N.) es mayor al 90%; este valor se considera que está compuesto por el total de los polisacáridos presentes en la muestra, en este caso el galactomanano. Un contenido de fibra de 1.8 % y 2.16% de proteína. Se observó una temperatura de transición vítrea a 95.2°C, lo cual manifiesta que se encuentra una estructura cristalina en la goma y tiene enlaces de tipo débil (electrostáticos, puentes de hidrógeno, Van der Waals) pero por su gran número mantienen fuertemente unidas las cadenas, lo cual provoca su rigidez y difícil solubilidad (Pacheco, Rosado, Chel & Betancur, 2008).

Los polisacáridos de tipo galactomananos pueden ser usados para el consumo humano, incluyéndolos en productos para impartir cuerpo y textura.

Evaluación de Algunas Características Reológicas y Bioactivas de Hidrocoloides Mixtos
Provenientes de Goma de Flamboyán (Delonix regia) y Proteínas de Leguminosas (Phaseolus
Lunatus y Vigna Unguiculata), para Su Potencial Aplicación como Ingrediente Funcional

Éstos difieren de unos a otros por su relación entre manopiranosa y galactopiranosa. Las diferentes propiedades químicas de éstos los hacen versátiles, pudiendo desarrollar: retención de agua, espesamiento, gelificación, emulsificación, estabilización de suspensiones y la formación de películas. Estas propiedades pueden mejorarse al interactuar con otros monómeros o polímeros (Srivastava & Kapoor, 2005) tales como gomas carragenina con xantana, agar con galactomananos, o bien, con otras de naturaleza proteica (Rodríguez & Pilosof, 2011).

1.5. Interacción de Proteínas y Polisacáridos

Las interacciones producidas por la atracción entre polisacáridos y proteínas, dependiendo de las condiciones del medio, pueden conducir a la formación de complejos solubles o insolubles (Figura 4). La formación de complejos insolubles produce un fenómeno de separación de fases llamado coacervación (Figura 4a) conocida también como separación asociativa de fases (Rodríguez & Pilosof, 2011). Otro fenómeno que se puede presentar es la segregación (Figura 4d) en la cual el polisacárido y la proteína se separan en fases diferentes debido a la repulsión entre estas moléculas.

Si las proteínas y polisacáridos muestran una atracción mayor, usualmente a través de interacciones electrostáticas, ocurre la coacervación de complejos o separación asociativa de fases (Figura 4b). La formación de complejos entre proteínas y polisacáridos suele ocurrir a valores de pH por debajo del punto isoeléctrico (pI) de la proteína y valores bajos de fuerza iónica. Este complejo se forma en un rango de pH entre el pK de los grupos aniónicos de los polisacáridos y el pI de las proteínas. Se ha observado que polisacáridos sulfatados son capaces de formar complejos solubles a valores de pH por debajo del pI de la proteína y presentar interacciones no electrostáticas, como son las hidrofóbicas, puentes de hidrógeno y enlaces coordinados, lo que conduce a este acomplejamiento irreversible (Ye, 2008).

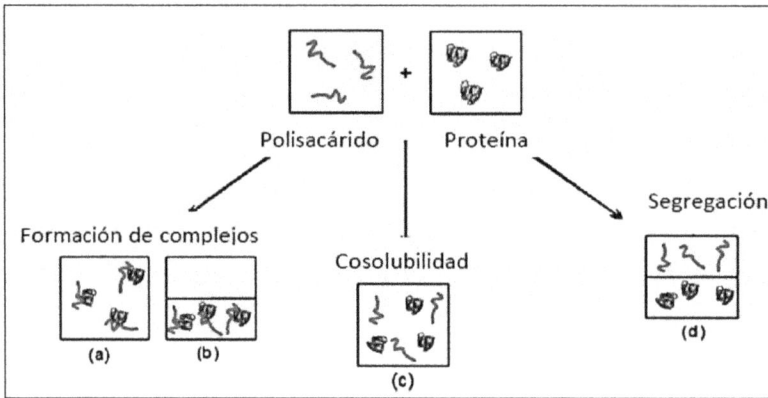

Figura 4. Comportamiento de mezclas proteína con polisacáridos (Rodríguez & Pilosof, 2011)

Se conoce menos acerca del papel que tienen las interacciones de baja energía en los complejos de proteína y polisacárido. Sin embargo, se ha demostrado previamente que los complejos inducidos electrostáticamente de proteína de suero/goma xantana pueden ser estabilizados a través de calentamiento moderado, indicando un posible rol de las interacciones hidrofóbicas (Turgeon, Beaulieu, Schmitt & Sanchez, 2003). En el complejo de β-lactoglobulinas y pectinas metiladas al aumentar la temperatura se observó una disminución en la concentración del complejo, este comportamiento se debe a la presencia de puentes de hidrógeno en la estabilidad del mismo (Girard, Turgeon & Gauthier, 2002). Se ha estudiado el sinergismo entre la goma de algarrobo (una goma neutra) e hidrolizados de concentrado proteico de suero a diferentes grados de hidrólisis de este último, obteniendo que a bajas concentraciones de goma de algarrobo disminuyó el tiempo de gelificación (Rocha, Teixeira, Hilliou, Sampaio & Gonçalves, 2009).

*Evaluación de Algunas Características Reológicas y Bioactivas de Hidrocoloides Mixtos
Provenientes de Goma de Flamboyán (Delonix regia) y Proteínas de Leguminosas (Phaseolus
Lunatus y Vigna Unguiculata), para Su Potencial Aplicación como Ingrediente Funcional*

1.6. Sistemas Hidrocoloides en Alimentos

La investigación de los coloides en alimentos se refiere a la fisicoquímica de sistemas complejos formados por macromoléculas y partículas dispersas que estabilizan las emulsiones, dispersiones, geles y espumas alimenticias. El objetivo es entender las propiedades de los sistemas en términos de la interacción entre proteínas, polisacáridos y lípidos, tanto en el seno de la fase como en las interfaces (Dickinson & Vílchez, 2011).

La mayoría de los hidrocoloides son estabilizantes de emulsiones de agua y aceite, pero pocos pueden actuar como emulsificantes, requiriendo generalmente alguna modificación. Esta funcionalidad requiere actividad en la superficie de la interfase aceite: agua; por lo tanto, la habilidad para facilitar la formación y estabilización de pequeñas gotas durante y después de la emulsificación está dada por la capacidad de disminuir la tensión interfacial que proporcionaría el polisacárido. Los polisacáridos con capacidad emulsificante en alimentos son la goma arábiga, almidones modificados, celulosas modificadas, algunas tipos de pectinas y algunos galactomananos. La actividad en la superficie de estos hidrocoloides tiene su origen de dos maneras: i) el carácter no polar de algunos grupos unidos a la cadena hidrofílica del polisacárido, ii) la presencia de proteína unida al polisacárido, ya sea por enlaces covalentes o físicamente (Dickinson, 2009). Algunos estudios (Bouyer, Mekhloufi, Le Potier, de Kerdaniel, Grossiord, Rosilio et al., 2011; Klein, Aserin, Svitov & Garti, 2010) se han realizado para mezclar las ventajas de usar proteínas e hidrocoloides, los cuales formen y estabilicen las emulsiones, como ejemplo la β-lactoglobulina y la goma de arábiga, ovoalbúmina con goma arábiga, entre otros.

M.E. Ramírez-Ortiz, W. Rodríguez-Canto, L.J. Corzo-Rios, S. Gallegos-Tintoré,
D. Betancur-Ancona, L. Chel-Guerrero

1.7. Alimentos con Péptidos Bioactivos

El uso de péptidos en los alimentos debido a su aporte bioactivo, ha sido investigado en varias fuentes de proteínas, así como diversos métodos enzimáticos para su obtención (Aimutis, 2004; Kitts & Weiler, 2003; Korhonen & Pihlanto, 2006). Debido al proceso de hidrólisis (al que se ve sometida para la obtención de cadenas polipeptídicas), las propiedades funcionales como la capacidad de formar geles y espesante entre otras se ven reducidas. Para regular esta disminución, se están investigando sistemas mixtos entre proteínas o péptidos con hidrocoloides, de tal manera que cada uno de estos aporte ciertas características benéficas; entre los estudios que se realizan, se pueden mencionar sistemas de concentrados proteicos de suero de leche con goma arábiga e hidrolizados de proteínas de suero de leche con goma de algarrobo (Rocha et al., 2009; Valim, Cavallieri & Cunha, 2008).

Los péptidos bioactivos se definen como fragmentos específicos de proteína, los cuales tienen un impacto positivo en la función o condición del cuerpo, y en última instancia, pueden influir en la salud (Kitts & Weiler, 2003). Pueden tener un tamaño de 2 a 20 residuos; sin embargo, se han encontrado péptidos bioactivos con hasta 27 residuos de aminoácidos. Son derivados de proteínas y se pueden encontrar como ingredientes en alimentos funcionales (Korhonen, 2002). Las funcionalidades bioactivas se pueden clasificar según en el sistema que actúen (Figura 5) y ésta estará dada por la secuencia de aminoácidos presentes. Una actividad funcional de los péptidos en particular, la anticariogénica es de gran interés, ya que este padecimiento se encuentra en un alto número de personas.

La caries dental es uno de los mayores problemas de salud, está presente en todos los países del mundo. Los países industrializados controlaron el problema administrando agua enriquecida con fluoruro y productos de higiene dental. En México, según los resultados del sistema de vigilancia epidemiológica de patologías bucales (Mejía, González & Lomelí, 2010) en el total de la población examinada, la prevalencia de caries dental fue de 95.7%.

En este mismo estudio, se encontró que entre la población de 20 a 24 años se tiene una prevalencia de 89.5% y en la población de 45 a 74 años fue mayor.

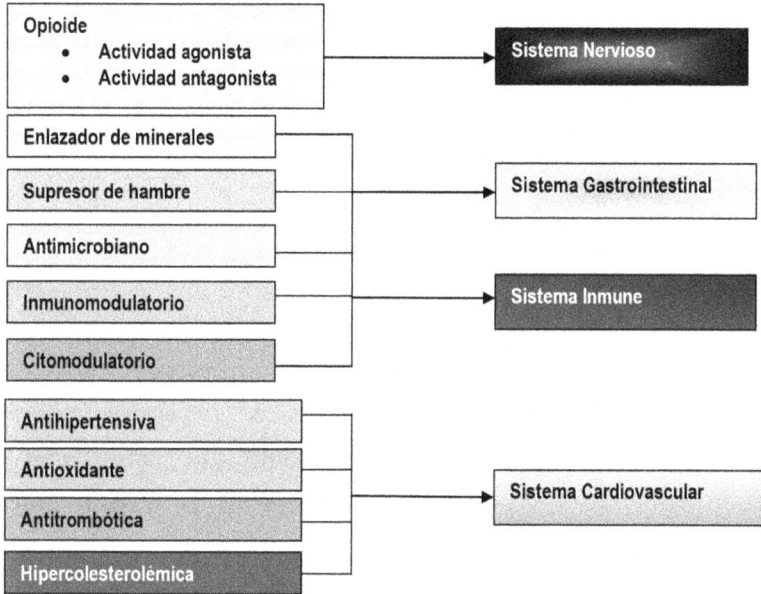

Figura 5. Clasificación de la funcionalidad bioactiva de los péptidos según el sistema humano en el que actúen (Korhonen & Pihlanto, 2006)

1.8. Actividad Anticariogénica

La caries es la manifestación química de un proceso patogénico, que puede haber sido efectuada en una serie de interacciones en la superficie del diente por meses o años. La placa es una biopelícula sobre el esmalte dental compuesto de bacterias viables y no viables, mucopolisacáridos y otros residuos celulares y metabolitos. El primer paso en la cariogénesis es el comienzo del decaimiento de la sustancia protectora del diente (enamel) debido al efecto de los microorganismos que crecen por el metabolismo de los constituyentes de la alimentación (como la sacarosa) que sustituyen a las

M.E. Ramírez-Ortiz, W. Rodríguez-Canto, L.J. Corzo-Rios, S. Gallegos-Tintoré,
D. Betancur-Ancona, L. Chel-Guerrero

bacterias orales nativas. La primera evidencia clínica de esta interacción, es la aparición de la placa dental en el esmalte del diente. La placa bacteriana metaboliza los azúcares de los alimentos para producir ácidos orgánicos que solubilizan el esmalte dental, el cual está compuesto por hidroxiapatita que son cristales de fosfato de calcio. Cuando el esmalte es expuesto a los ácidos orgánicos, el fosfato de calcio sólido es solubilizado a calcio libre y es removido de la boca por los movimientos salivales (Aimutis, 2004). Después de la desmineralización inicial, la cual crea pequeñas cavidades, tiene lugar el deterioro del diente ocasionado por la microflora presente en la placa; si la cavidad es profunda, las bacterias pueden llegar a la pulpa o nervio del diente, provocando dolor intenso y la posible pérdida de éste (Canseco, 2001).

Se han propuesto métodos para prevenir la caries, los cuales están basados en la formación de una "barrera física" por la adsorción de algún péptido bioactivo en la superficie del diente y así brindar protección contra la acción directa de los ácidos. También se ha sugerido que estos péptidos en la superficie del diente pueden actuar como "una zona de buffer" que neutralice los ácidos, previniendo de esta manera la desmineralización. En general, estos péptidos pueden actuar de diferentes formas para evitar la desmineralización y así prevenir la formación de caries (Warner, Kanekanian & Andrews, 2001). Se tienen reportes de que la actividad anticariogénica del hidrolizado de *P. lunatus* tuvo como resultado reducir la desmineralización de calcio en la hidroxiapatita en un 50% en pruebas *in vitro* (Córdova, Ruiz, Segura, Betancur & Chel, 2012) lo que representa un alto valor comparable con los obtenidos en suero lácteo proveniente de la elaboración de queso cottage y suero lácteo ácido, que fueron de 44% y 48.5%, respectivamente (Warner et al., 2001).

Este estudio tuvo como objetivo estudiar la funcionalidad tecnológica de los sistemas hidrocoloides mixtos en diversas condiciones fisicoquímicas, formulados a partir de goma de flamboyán (*Delonix regia*) e hidrolizados proteicos extensivos de *P. lunatus* y *V. unguiculata*, así como su actividad anticariogénica.

2. Materiales y Métodos

2.1 Materia Prima

Se emplearon semillas de flamboyán recolectadas de árboles de la zona norte de Mérida, Yucatán, México, en los meses de enero a marzo del 2012. Las semillas de *P. lunatus* y *V. unguiculata* se compraron en los meses de febrero y mayo, respectivamente, en la Central de Abastos de la ciudad, estas semillas son de la cosecha de 2013.

2.2. Obtención de la Goma de Flamboyán

Se obtuvo el endospermo de la semilla de flamboyán por medio de una modificación del método de Pacheco et al. (2010), la cual consistió en la hidratación de la semilla por 12 h en agitación con una relación 10:1 (volumen de agua: peso semillas) y calentamiento a 80°C. Se cortaron las semillas longitudinalmente y se obtuvo el endospermo separando manualmente del resto de la semilla. El endospermo se lavó con agua destilada y se licuó en húmedo para la obtención de la goma. La goma de flamboyán se obtuvo por medio de una adaptación al método reportado por Azero y Andrade (2006). Se preparó una dilución 1:5 v/v del endospermo licuado con agua destilada. Dicha dispersión se calentó y agitó durante 30 minutos a 60°C. Se tamizó y precipitó con etanol al 96% en una relación de 1:3. La goma obtenida se secó, molió y almacenó.

2.3. Caracterización Proximal de la Goma Nativa de Flamboyán

Después de la obtención de la goma nativa de flamboyán, se procedió a realizar el análisis proximal por los métodos establecidos por la AOAC (1997). Humedad (Método 925.10) por secado en estufa a 105°C por 4 horas. Cenizas (Método 923.03), residuo inorgánico resultante de la incineración a 550°C durante 4 horas. Grasa cruda o extracto etéreo (Método 920.39), extracción 4 horas con hexano en un sistema Soxhlet. Proteína cruda (Método 954.01), por el método Kjeldahl, usando 6.25 como factor de conversión de nitrógeno a proteína. Fibra cruda (Método 962.09), residuo orgánico combustible e insoluble que se obtiene después de que la muestra fue sometida a digestiones ácida y alcalina. Carbohidratos totales. Se estimaron por diferencia al 100% como el extracto libre de nitrógeno (ELN).

2.4. Obtención de la Harina y Concentrado Proteico del *Phaseolus Lunatus y Vigna Unguiculata*

Cinco Kg de semillas de *P. lunatus,* se trituraron y molieron en un equipo de martillos pasando por malla 20 (0.833 mm). Para *Vigna unguiculata* se lavó y se separaron los granos dañados. Los granos en buen estado se secaron al sol y quebraron empleando un molino de mano, se separó la cáscara del grano con aire comprimido. Los granos de *P. lunatus* además se molieron en un molino de impacto; la harina resultante en ambos casos, se pasó por tamices malla 80 (0.173 mm) y 100 (0.147 mm), respectivamente.

La harina se tamizó a través de una malla 80. Para obtener el concentrado se realizó empleando el método descrito por Chel, Pérez, Betancur y Dávila (2002), la harina se dispersó en agua en proporción 1:6 p/v (harina: agua), se ajustó el pH a 11 con NaOH 1N. Se agitó durante 1 hora. Posteriormente, la suspensión se filtró de manera secuencial a través de mallas 80 y 100 para eliminar la fibra. El residuo sólido se lavó cinco veces con agua, recuperando y mezclando el agua de lavado con el sobrenadante de la suspensión inicial. Después se dejó reposar a temperatura ambiente durante 1 hora para la precipitación del almidón. El sobrenadante rico en proteína se recuperó por decantación. El pH del sobrenadante con la proteína solubilizada se ajustó con HCl 1N a 4.5, la solución resultante se centrifugó a 2500 rpm por 15 minutos, eliminando el sobrenadante. Se determinó proteína y humedad. Con estos valores se calculó, pesó y congeló la cantidad necesaria del concentrado proteico húmedo para preparar 1 litro de dispersión al 4% de proteína para su hidrólisis.

2.5. Obtención de Hidrolizados Proteicos

Los hidrolizados proteicos se obtuvieron con un tiempo total de reacción de 10 minutos (Ruiz, 2011) para *P. lunatus* y 90 minutos para *V. unguiculata* (Chel, Domínguez, Martínez, Dávila & Betancur, 2012). Se prepararon suspensiones al 4% p/v en relación al contenido de proteína presente en cada concentrado y la relación enzima-sustrato fue 1:10% (v/v). Se emplearon las proteasas Pepsina[MR] y Pancreatina[MR] (P-P), ajustando: temperatura a 37°C, pH 2 para la Pepsina[MR] y pH 7.5 para la Pancreatina[MR]. Las concentraciones enzimáticas empleadas para hidrolizar los concentrados de *P. lunatus* y *V. unguiculata* fueron al 4% (p/v). La hidrólisis con este sistema se realizó a la mitad del tiempo con la primera enzima. Posteriormente se ajustó el pH, se agregó la segunda proteasa y se completó el tiempo seleccionado. Las proteasas se inactivaron por calentamiento en un baño a 80°C por 20 minutos. Posteriormente, los hidrolizados fueron centrifugados a 2500 rpm durante 30 minutos a 4°C. El sobrenadante se liofilizó a −47°C y 13×10^{-3} mbar.

2.6. Determinación del Grado de Hidrólisis

El grado de hidrólisis (GH) se determinó empleando la técnica de Orto-fenilftaldialdehido (OPA) reportada por Nielsen, Petersen y Dambmann (2001), que está basada en la determinación de grupos aminos libres. Se preparó una solución madre de L-serina en agua (1 mg/ml); con 10 mg de L-Serina en 10 ml de agua. De dicha solución se preparar una solución estándar de serina de 0.1 mg/ml. Se realizó una curva de calibración, empleando como estándares diferentes volúmenes (0, 50, 100, 150 y 200 µl) obtenidos de la solución de L-serina y 1.5 ml del reactivo OPA. Los estándares con reactivo de color se agitaron durante 5 segundos y se midió su absorbancia a 340 nm luego de 2 minutos de reacción. Las muestras se diluyeron hasta una concentración final de 1 mg/ml (se hizo el ajuste en relación a la proteína de la fracción soluble e insoluble) y para su lectura, se tomaron 200 µl de cada hidrolizado diluido, se le adicionaron 1.5 ml de

M.E. Ramírez-Ortiz, W. Rodríguez-Canto, L.J. Corzo-Rios, S. Gallegos-Tintoré,
D. Betancur-Ancona, L. Chel-Guerrero

reactivo OPA, se agitó por 5 segundos y después de 2 minutos se midió su absorbancia a 340 nm. Con la curva de calibración de L-serina se evaluó el GH del hidrolizado de *P. lunatus* obtenido.

Los aminos totales en el concentrado se determinaron mediante una hidrólisis ácida total del mismo, donde se utilizó HCl 6N a 100°C durante 24 horas en estufa. La relación de ácido empleado fue de 6 ml por cada 4 mg de proteína presentes en el concentrado. Luego de la hidrólisis total, el ácido residual fue evaporado empleando una estufa de vacío a 90°C y 600 mbar de presión durante 24 horas. El residuo obtenido se resuspendió en una solución de SDS al 1% generando una coloración amarilla. Esta solución (200 µl) fue empleada para determinar el total de aminos libres al ser leída en el espectrofotómetro a 340 nm, luego de añadirle 1.5 ml de OPA, se agitó y se esperó 2 minutos de reacción. Finalmente, se estimó el % GH mediante la siguiente fórmula:

$$GH = \frac{Aminos\ libres\ en\ hidrolizado\ enzimático}{Aminos\ libres\ en\ hidrolizado\ ácido} x\ 100$$

2.7. Preparación de los Sistemas Hidrocoloides

Los sistemas hidrocoloides se estudiaron mediante un diseño factorial 2^3 con 4 réplicas de los puntos centrales, teniendo como variables el pH (3 a 7), la temperatura (30 y 60°C) y la concentración de goma (%p/v) de 0.5 y 1.5. (Ver Tabla 1).

Se agregó una solución de azida de sodio al 0.02%. A la goma de acuerdo con la concentración respectiva del sistema, se agitó durante 2 horas a 60°C con un imán en una placa de agitación; disuelta la goma se dejó alcanzar la temperatura ambiente y se le adicionó el hidrolizado para tener una concentración de 2.5%. Para el diseño experimental, se mantuvo constante la concentración de hidrolizado en los tratamientos (2.5% (p/v)).

Con este modelo de regresión se analizaron los resultados para determinar los tratamientos (Tabla 1) que tuvieron una mayor viscosidad y mayor estabilidad de la emulsión para cada SHM, siendo las variables de respuesta que se utilizaron posteriormente en la prueba bioactiva.

Tabla 1. Condiciones experimentales para la preparación de los sistemas hidrocoloides con base en el diseño experimental 2^3 con puntos centrales

Tratamiento	pH	Temperatura (°C)	Concentración de goma (%p/v)
1	3	30	0.5
2	7	30	0.5
3	3	60	0.5
4	7	60	0.5
5	3	30	1.5
6	7	30	1.5
7	3	60	1.5
8	7	60	1.5
Punto central (4)	5	45	1

2.8. Determinación del Comportamiento al Flujo

Se realizaron las curvas de flujo con un reómetro rotacional AR-2000 para los sistemas hidrocoloides mixtos del diseño (Tabla 1), posteriormente se usaron las concentraciones del sistema que presentó una mayor viscosidad y se realizaron las curvas a las dispersiones de los hidrolizados y de la goma de flamboyán individualmente. La curva de flujo se realizó de 0.1 a 1000 s^{-1}; a 30, 45 y 60°C y con una geometría de placa y cono de 4 cm de diámetro, 2° de ángulo y un volumen de muestra aproximado a 0.59 ml.

M.E. Ramírez-Ortiz, W. Rodríguez-Canto, L.J. Corzo-Rios, S. Gallegos-Tintoré,
D. Betancur-Ancona, L. Chel-Guerrero

Se ajustó la curva de flujo al modelo reológico que menor error estándar presentó, el cual se calculó utilizando el software TA data analysis. Por otro lado, se calculó el valor de la viscosidad por el reómetro a una velocidad de deformación de 55 s^{-1}, la cual es el equivalente usado para determinar la percepción de la viscosidad por los seres humanos (Rao, 2007).

2.9. Estabilidad de la Emulsión

Se evaluó la estabilidad de las emulsiones formadas con los SHM con una adaptación del método reportado por Liu, Elmer, Low y Nickerson (2010). Se prepararon 20 ml de una emulsión al 40% v/v de aceite de maíz (marca Patrona$^{®}$) en los SHM, en un homogeneizador de vidrio; agitando durante 3 minutos a 2100 rpm con un pistilo de teflón utilizando un agitador mecánico. Se vertieron 9ml de emulsión probetas de 10 ml. se mantuvieron durante 3 días a temperatura constante (30, 45 y 60°C) y se midió la separación de fase cada 24 horas. La estabilidad de la emulsión se determinó con la siguiente ecuación:

$$\%E.E. = \frac{V_1 - V_2}{V_1} * 100$$

Donde V_1 es el volumen inicial de la emulsión (tiempo 0) y V_2 es el volumen de la fase desestabilizada el tercer día. De los sistemas que presentaron una mayor estabilidad, se realizó la misma prueba a los hidrolizados y la goma por separado a las condiciones del mejor tratamiento.

2.10. Análisis de Aminoácidos del Hidrolizado Proteico

La determinación de aminoácidos se llevó a cabo por cromatografía líquida de alta eficiencia (HPLC) (Alaiz, Navarro, Girón & Vioque, 1992). Las muestras (3.5 mg) se hidrolizaron con 4 ml de HCl 6 N a 110°C durante 24 horas. Tras la hidrólisis, las muestras se evaporaron en un rotavapor y se redisolvieron en regulador de borato sódico 1 M, pH 9.0, llevándolas a un

Evaluación de Algunas Características Reológicas y Bioactivas de Hidrocoloides Mixtos
Provenientes de Goma de Flamboyán (Delonix regia) y Proteínas de Leguminosas (Phaseolus
Lunatus y Vigna Unguiculata), para Su Potencial Aplicación como Ingrediente Funcional

volumen final de 25 ml. La derivatización de los aminoácidos se efectuó a 50°C, durante 50 minutos, con un exceso de etoximetilenmalonato de dietilo. La separación de los aminoácidos se llevó a cabo con una columna Nova Pack C18 4 µm de fase reversa (Waters) de 300 × 3.9 mm a 18°C, usándose un sistema de gradiente binario con acetato sódico 25 mM, azida de sodio 0.02% pH 6.0 (A) y acetonitrilo (B) como disolventes. El flujo fue de 0.9 ml/min y el gradiente de elución usado: tiempo 0-3 minutos, gradiente lineal desde A:B (91:9) hasta A:B (86:14); tiempo 3-13 minutos, elución con A:B (86:14); tiempo 13-30 minutos, gradiente lineal desde A:B (86:14) hasta A:B (69:31); tiempo 30-35 minutos elución con A:B (69:31). Como patrón interno se utilizó ácido D,L-α-aminobutírico, calculándose el contenido de cada aminoácido a partir de rectas de calibrado construidas para cada uno de ellos. Los resultados se expresaron en g/kg de proteína.

El triptófano se determinó mediante HPLC con una columna Nova Pack C18 4 µm de fase reversa (Waters) de 300 × 3.9 mm a una temperatura controlada de 18°C leyendo a 280 nm, las muestras se trataron con una hidrólisis básica (Yust, Pedroche, Girón, Vioque, Millán & Alaiz, 2004) en la cual 6 mg de muestras se disolvió en 3 ml de NaOH 4 N, se sellaron en tubos para hidrólisis con atmósfera de nitrógeno y se incubaron a 100°C por 4 horas. Los hidrolizados fueron enfriados en hielo, neutralizados a pH 7 usando HCl 12 N y se diluyó a 25 ml con buffer de borato de sodio 1 M (pH 9). Alícuotas de estas soluciones fueron filtradas a través de filtros Millex (Millipor) 0.45 µm antes de la inyección. Soluciones estándar de triptófano fueron preparadas diluyendo una solución madre triptófano (0.51 mg/ml hidróxido de sodio 4 N). Estas fueron diluidas a 3 ml con hidróxido de sodio 4 N y se incubaron igual que las muestras. Se inyectaron 20 µl de muestra a la columna. Se usó una elución isocrática que consistió en una solución de acetato de sodio 25 mM con 0.02% de azida de sodio a pH 6/acetonitrilo (91:9) con un flujo de 0.9 ml por minuto.

M.E. Ramírez-Ortiz, W. Rodríguez-Canto, L.J. Corzo-Rios, S. Gallegos-Tintoré,
D. Betancur-Ancona, L. Chel-Guerrero

2.11. Determinación de Actividad Biológica *In Vitro*

Se seleccionaron los SHM que presentaron una mayor respuesta con base en el análisis de las regresiones realizadas en las pruebas funcionales, esto para la prueba bioactiva *in vitro*.

2.12. Capacidad Anticariogénica

La determinación de la actividad anticariogénica se realizó siguiendo la metodología descrita por Warner et al., (2001), es una determinación *in vitro* basada en el uso de la hidroxiapatita (HA). Consistió en hacer una suspensión de HA (2 mg/ml) en un buffer 0.1 M de Tris-HCl (pH 7), como reemplazo del esmalte dental. También se usó un buffer de acetato de sodio 0.4 M (pH = 4.2), utilizado para representar los ácidos orgánicos que se encuentran en la boca. Para el estudio del efecto protector, se prepararon los SHM (tratamiento 6, 1.5%), la dispersión de la goma de flamboyán y las dispersiones de los hidrolizados (a las condiciones del tratamiento 6m pH 7, temperatura 30°C). Se añadieron 4 ml de la muestra a 10 ml de la solución de HA y se mezclaron durante 20 minutos. Posteriormente, se le agregó 10 ml de la solución de acetato de sodio 0.4M y se mezcló durante 10 minutos. La mezcla resultante se centrifugó a 4500 rpm por 5 minutos. Al sobrenadante se le determinó los niveles de calcio y fósforo disueltos en la HA por acción del buffer de acetato de sodio, usando para el primero la metodología descrita en las normas NMX-AA-029-SCFI-2001 y NMXY-100-SCFI-2004; mientras que para el calcio se determinó con titulación usando EDTA y azul de hidroxinaftol (Itoh & Ueno, 1970).

2.13. Análisis Estadístico

Los resultados de las mediciones de las variables de respuesta para las pruebas tecnofuncionales se analizaron mediante un análisis de varianza (ANOVA) para modelos 2^k y la regresión según los métodos de Montgomery

Evaluación de Algunas Características Reológicas y Bioactivas de Hidrocoloides Mixtos
Provenientes de Goma de Flamboyán (Delonix regia) y Proteínas de Leguminosas (Phaseolus
Lunatus y Vigna Unguiculata), para Su Potencial Aplicación como Ingrediente Funcional

(2009), para conocer la significancia de los factores y sus interacciones de acuerdo al siguiente modelo:

$$\hat{y} = \beta_0 + \beta_1 x_1 + \beta_2 x_2 + \beta_3 x_3 + \beta_{12} x_1 x_2 + \beta_{13} x_1 x_3 + \beta_{23} x_2 x_3 + \beta_{123} x_1 x_2 x_3$$

Posteriormente, las comparaciones de medias se realizaron por el método de Tukey con un nivel de significancia de 5%.

3. Resultados y Discusiones

3.1. Obtención de la Goma de Flamboyán

Se obtuvieron 3.5 kg de semillas de flamboyán, de árboles en la zona norte de la ciudad de Mérida, Yucatán, México. Se extrajeron 337 g de goma de flamboyán a partir de 750 g de semilla, alcanzando un rendimiento promedio de 9.64% en peso de goma seca con respecto a la semilla. Este resultado es similar al 10% reportado por Corzo, Betancur y Chel (2012). La goma presentó un 8.85% de humedad y (Tabla 2) el valor de E.L.N. (extracto libre de nitrógeno) que se obtuvo fue de 97.82%, mayor que el reportado por Pacheco et al. (2010) y Medina (2012), los cuales fueron 95.31% y 93.93%, respectivamente; esto probablemente porque la extracción del endospermo fue manual, por lo que presentó una menor cantidad de impurezas. Sandoval (2013) utilizó una varilla metálica, presionando la semilla para la extracción del germen, liberando al endospermo de la cáscara, probablemente la presión ejercida propició la contaminación de aceites del germen hacia el endospermo; sin embargo, al no moler la semilla integral, obtuvo una menor cantidad de proteína en la goma. Esta goma presentó un mayor contenido de E.L.N. (97.72%) que el reportado para la goma Guar (Sabahelkheir, 2012), la cual tuvo un valor de 85.3%. Esta goma se comercializa con valores máximos de 6% de proteína y un mínimo de goma del 78% (MG Ingredient, 2011), el valor del E.L.N. es en su mayoría carbohidratos, por lo cual debido al proceso de extracción se puede correlacionar este valor con la cantidad de goma galactomanana extraída de la semilla.

Tabla 2. Análisis proximal de la goma de Flamboyán

Componente (%)		(Sandoval, 2013)	(Pacheco et al., 2010)	(Medina, 2012)
Ceniza	0.70 ± 0.065	0.30	0.19	1.0
Fibra	0.28 ± 0.05	0.53	1.8	1.69
Proteína	1.25 ± 0.043	1.05	2.16	2.53
Grasa	0.05 ± 0.003	0.28	0.54	0.29
E.L.N.	97.72	97.84	95.31	93.93

3.2. Obtención de la Harina y Concentrado de *Phaseolus Lunatus* y *Vigna Unguiculata*

Se molieron 5 kg de semillas de *P. lunatus* y tamizados para obtener la harina. A esta se le realizó el análisis proximal, obteniéndose un 12.64% de humedad y un 23.65% de proteína en la harina (Tabla 3). Betancur, Martínez, Corona, Castellanos, Jaramillo y Chel (2009) realizaron el análisis proximal de la harina de *P. lunatus*, obteniendo valores similares de proteína y E.L.N. siendo 23.7% y 63.4%, respectivamente.

Por otra parte, se obtuvo la harina a partir de 5 kg de granos de *V. unguiculata* molidos y tamizados, a la cual se le realizó el análisis proximal, presentando un valor de humedad del 8.46%, y proteína del 25.04%, como se puede observar en la Tabla 3. Odedeji y Oyeleke (2011) realizaron el análisis proximal de semillas de *V. unguiculata* y obtuvieron valores similares, proteína de 23.12% y 62.86%de E.L.N.

El concentrado proteico (C.P.) húmedo extraído de las harinas del *P. lunatus* y de *V. unguiculata* presentaron una humedad del 88.09% y

84.30% respectivamente. Con respecto a la cantidad de proteína el *P. lunatus* tuvo un 74.06% y la *V. unguiculata* 68.29% en base seca. Comparando los valores del porcentaje de proteína entre la harina y el concentrado proteico de las leguminosas; se puede observar que el proceso de precipitación isoeléctrica es efectivo para este tipo leguminosas, ya que logra una buena separación entre el almidón y la proteína presentes originalmente en la semilla, por lo cual estas son materias primas adecuadas para la obtención de aislados proteicos.

Tabla 3. Composición proximal de las harinas y concentrados de P. lunatus *y* V. unguiculata *(b.s.*)*

Componentes %	Harina de *P. lunatus*	Harina de *V. unguiculata*	C.P. de *P. lunatus*	C.P. de *V. unguiculata*
Proteína	23.65 ± 0.11	25.04 ± 0.62	74.06 ± 0.30	68.29 ± 0.73
Fibra	4.68 ± 0.27	1.77 ± .1	0.11 ± 0.00	0.08 ± 0.00
Grasa	1.19 ± 0.11	1.16 ± .07	3.84 ± 0.21	2.97 ± 0.18
Cenizas	4.30 ± 0.08	4.16 ± .04	2.99 ± 0.01	5.72 ± 0.18
E.L.N.	66.18	67.87	13.03	19.29

*(b.s.) Base seca.

3.3. Obtención de los Hidrolizados Proteicos y Perfil de Aminoácidos de *Phaseolus Lunatus* y *Vigna Unguiculata*

Los concentrados húmedos proteicos fueron hidrolizados secuencialmente con pepsina-pancreatina, obteniendo un grado de hidrólisis (GH) para el *P. lunatus* de 19.1 ± 1.7% con un tiempo de reacción de 10 minutos y 32.87 ± 0.66% con 90 minutos de reacción para *V. unguiculata*. Estos valores son similares al 16.54% y 35.7% de *P. lunatus* y *V. unguiculata*, respectivamente, reportados por Córdova (2011) y Segura, Chel y Betancur (2010). Comparando la diferencia entre los grados de hidrólisis de la

M.E. Ramírez-Ortiz, W. Rodríguez-Canto, L.J. Corzo-Rios, S. Gallegos-Tintoré,
D. Betancur-Ancona, L. Chel-Guerrero

V. unguiculata y *P. lunatus* se observa (Figura 6) como el tiempo de reacción es un parámetro clave para la hidrólisis. Comparando los valores obtenidos con otros sistemas enzimáticos (Figura 6), se ve que el grado de hidrólisis de los hidrolizados con pepsina 10 minutos, flavorzima 10 minutos y pepsina pancreatina (todos de *P. lunatus*) tienen valores muy similares.

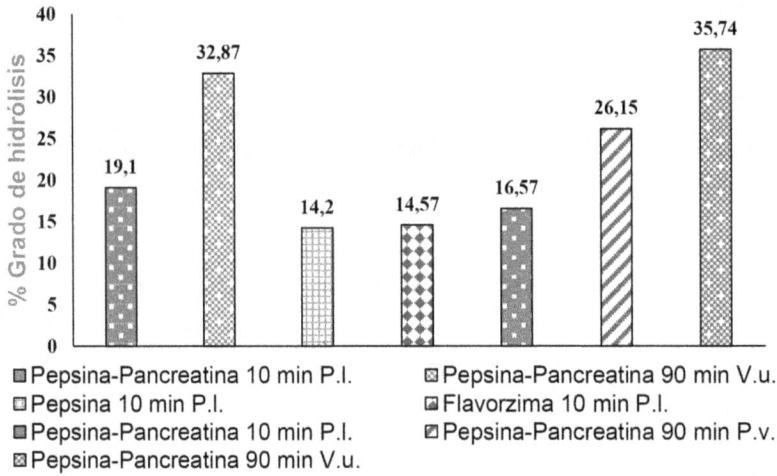

Figura 6. Grado de hidrólisis de leguminosas con diferentes enzimas y sustratos

Esto se podría deber a que la pepsina y la pancreatina son endopeptidasas y la flavorzima tiene comportamiento tanto exo como endo peptidasa por lo que los sitios de corte son diferentes (Aehle, 2007). Los hidrolizados obtenidos con un grado de hidrólisis del 19.1% y 32.87% para el *P. lunatus* y *V. unguiculata*, se pueden considerar hidrolizados extensivos, debido a que presentaron un grado de hidrólisis mayor a 10% (Benítez, Ibarz & Pagan, 2008); Korhonen y Pihlanto (2006) sugieren que los péptidos generados en sistemas extensivos pueden presentar bioactividades, tienen una estructura de entre 3 a 20 aminoácidos, los cuales pueden ser absorbidos por el organismo y según su secuencia aportar un beneficio a la salud. Por otra parte, con respecto a la funcionalidad, la hidrólisis extensiva de las proteínas disminuye la viscosidad de sus suspensiones; además de que al fragmentarse la proteína en polipéptidos y péptidos, quedan expuestos los grupos hidrófobos y polares, por lo cual la capacidad emulsificante incrementa; sin embargo, al tratarse de moléculas pequeñas, la estabilidad de la emulsión se ve reducida, por la disminución de la viscosidad (Betancur et al., 2009).

La composición proximal de los hidrolizados proteicos de *P. lunatus* y *V. unguiculata* presenta valores altos de proteína 56.2 ± 0.44 y 61.59 ± 0.28, respectivamente, lo cual las hace idóneas para la hidrólisis proteica. Por otra parte, debido a que el hidrolizado utilizado es la parte soluble, la ceniza aumentó (13.05 ± 0.07 para *P. lunatus* y 13.6 ± 0.87 *V. Unguiculata*) en comparación con el concentrado, lo cual se debió a las sales disueltas en el proceso de extracción e hidrólisis; por lo tanto, al ser liofilizado se concentraron. Los hidrolizados proteicos liofilizados de *P. lunatus* y *V. unguiculata*, tuvieron una humedad de 5.02% y 5.03%, respectivamente.

El perfil de aminoácidos realizado a los hidrolizados de *P. lunatus* y *V. unguiculata* se muestra en la Tabla 4. Agrupando los aminoácidos según su polaridad, se obtuvo que el 34.71% y 35.5% de los aminoácidos son no polares para *P. lunatus* y *V. unguiculata*, respectivamente, y un 65.29% en *P. lunatus* y 64.49% para la *V. unguiculata* de aminoácidos polares. Esta distribución de aminoácidos polares y no polares en las leguminosas de estudio es similar a la reportada para el concentrado proteico de la soya, el cual presentó un 35.05% de aminoácidos no polares y un 64.95% de polares (Gan, Cheng, Azahari, y Easa, 2009), esta similitud es debida a que tanto la soya como el *P. lunatus* y *V. unguiculata* pertenecen a la familia de las leguminosas. Es importante conocer esta distribución, ya que muchas de las propiedades de las proteínas (solubilidad, capacidad emulsificante, punto isoeléctrico, entre otras) se deben a esta relación, así como a su conformación. Por otra parte, en la Tabla 4 se puede observar que los hidrolizados de *P. lunatus* y *V. unguiculata* tienen su mayor diferencia en el porcentaje del ácido glutámico, por lo cual se puede esperar un comportamiento diferente entre ellas.

M.E. Ramírez-Ortiz, W. Rodríguez-Canto, L.J. Corzo-Rios, S. Gallegos-Tintoré,
D. Betancur-Ancona, L. Chel-Guerrero

Tabla 4. Perfil de aminoácidos en hidrolizados de P. lunatus y V. unguiculata

Aminoácidos Esenciales	FAO (1991) (g/Kg)	Hidrolizado P. lunatus (g/Kg)	Hidrolizado V. unguiculata (g/Kg)	Aminoácidos No esenciales	Hidrolizado P. lunatus (g/Kg)	Hidrolizado V. unguiculata (g/Kg)
Lis	58	$69.8^a \pm 2.8$	$67.9^a \pm 0.1$	Asp	$121.8^a \pm 0.1$	$120.5^b \pm 0.2$
Tri	11	$13.0^a \pm 0.4$	$13.2^a \pm 0.5$	Glu	$146.7^a \pm 0.6$	$177.7^b \pm 0.4$
Fen+Tir	63	$92.4^a \pm 2.4$	$96.1^a \pm 0.4$	Ser	$61.1^a \pm 0.3$	$45.8^b \pm 1.3$
Met+cis	25	$15.7^a \pm 3.7$	$14.4^a \pm 1.4$	His	$26.3^a \pm 0.4$	$31.2^b \pm 0.2$
Tre	34	$41.5^a \pm 0.1$	$37.0^b \pm 0.1$	Gli	$51.3^a \pm 0.7$	$40.7^b \pm 0.4$
Leu	66	$93.4^a \pm 2.0$	$87.9^a \pm 0.1$	Arg	$96.4^a \pm 0.1$	$88.8^b \pm 0.3$
Ile	28	$54.0^a \pm 1.0$	$47.5^b \pm 0.4$	Ala	$29.4^a \pm 0.9$	$36.7^b \pm 0.1$
Val	35	$58.9^a \pm 0.9$	$57.6^a \pm 0.5$	Tri	$1.30^a \pm 0.4$	$1.32^a \pm 0.5$

[a-b]Letras diferentes en una misma fila representan una diferencia significativa a un nivel de $P < 0.05$.

Además de la importancia de la funcionalidad de las proteínas y sus hidrolizados, es importante conocer el valor nutritivo de estos. Los hidrolizados de P. lunatus y V. unguiculata satisfacen la ingesta diaria recomendada por la FAO (Organización para la Alimentación y la Agricultura) de los aminoácidos esenciales (Tabla 4), excepto en los azufrados Metionina y Cisteína, ya que se tienen valores menores a 25 g/kg en conjunto. La deficiencia de estos aminoácidos se presenta desde la proteína del P. lunatus y V. unguiculata (Betancur et al., 2004; Chel et al., 2011), por lo cual no se puede atribuir su deficiencia al proceso de hidrólisis al que fueron sometidas. Para compensar esta deficiencia, normalmente se mezclan con alguna otra fuente de proteínas, por ejemplo cereales como el maíz, ya que aunque es deficiente en lisina (33.25 g/kg) y triptófano (4.3 g/kg) es alto en metionina (20.6 g/kg) y cisteína (68.8 g/kg) (Bressani & Mertz, 1958; Ping, Yu, Xiao, Zheng, Qing & Yi, 2011).

3.4. Comportamiento al Flujo

Los valores de viscosidad obtenidos en ambos SHM de las leguminosas oscilaron en el rango de 0.045 a 1.76 Pa*s, los cuales estuvieron en el intervalo de las gomas comerciales empleadas en la industria alimenticia; por ejemplo, una dispersión de goma guar al 1% presentó una viscosidad aproximada de 0.5 Pa*s a una velocidad de deformación de 55 s^{-1} y una temperatura de 20°C (Torres, Gadala & Wilson, 2013); esto pudo deberse a la similitud estructural entre la goma guar y la de flamboyán, ya que ambas son galactomananos, por lo cual los SHM podrían ser empleados como agentes espesantes.

Con los datos de viscosidad obtenidos a 55 s^{-1} (Tabla 5), se realizó el análisis de regresión y del ANOVA a los SHM del *P. lunatus* y *V. unguiculata* que muestran que las variables que tienen un efecto significativo (P < 0.05) son el porcentaje de goma de flamboyán, la temperatura y la interacción entre estos dos, siendo los modelos ajustados:

Para el *P. lunatus*

$$V = 0.614368 + 0.600827 \times G - 0.181166 \times T - 0.156492 \times G \times T$$

Para la *V. unguiculata*

$$V = 0.636529 + 0.618287 \times G - 0.114506 \times T - 0.097577 \times G \times T$$

Donde *V* es viscosidad (Pa*s), *G* concentración de goma (%p/v) y *T* temperatura (°C).

Haciendo un análisis de estas ecuaciones, se concluyó que para aumentar la viscosidad del sistema, se requiere una alta concentración de la goma de Flamboyán y una temperatura baja, por otra parte se observó que el pH no tiene influencia significativa. Por lo cual para las pruebas bioactivas se usaron

M.E. Ramírez-Ortiz, W. Rodríguez-Canto, L.J. Corzo-Rios, S. Gallegos-Tintoré,
D. Betancur-Ancona, L. Chel-Guerrero

los SHM a 1.5% de goma de flamboyán, temperatura de 30°C y pH 7, este pH debido a que el pH natural de los SHM es de aproximadamente 6.8. Debido a que el pH no es un factor significativo en la viscosidad, se agruparon los resultados de los sistemas sin incluir al pH, de estos se calculó la viscosidad promedio obteniendo la Tabla 6.

Tabla 5. Valores de viscosidad determinados a una velocidad de deformación de 55s^{-1} en las curva de flujo de los SHM de P. lunatus y V. unguiculata

% Goma	pH	T(°C)	Viscosidad *P. lunatus* (Pa*s)	Viscosidad *V. unguiculata* (Pa*s)
0.5	3	30	0.090	0.082
0.5	7	30	0.112	0.083
0.5	3	60	0.050	0.045
0.5	7	60	0.053	0.051
1.5	3	30	1.446	1.436
1.5	7	30	1.769	1.566
1.5	3	60	0.878	0.886
1.5	7	60	0.951	1.053
1	5	45	0.456	0.430
1	5	45	0.426	0.482
1	5	45	0.443	0.473
1	5	45	0.426	0.470

Tabla 6. Valores de viscosidad medida en curvas de flujo a una velocidad de deformación de 55 s^{-1} para los sistemas hidrocoloides mixtos excluyendo el factor pH

% Goma (p/v)	Temp (°C)	Viscosidad *V. unguiculata* (Pa*s)	Viscosidad *P. lunatus* (Pa*s)
1.5	30	1.439	1.608
0.5	30	0.085	0.101
1	45	0.447	0.438
1.5	60	0.985	0.915
0.5	60	0.049	0.052

Se observó que los sistemas hidrocoloides mixtos no fueron diferentes en sus valores de viscosidad ($P > 0.05$), por lo cual se puede decir que el hidrolizado empleado en la preparación de estos dos sistemas no afecta la capacidad espesante de ellos. Se realizaron las curvas de flujo a la dispersión de goma de flamboyán al 1.5%, a los hidrolizados de *P. lunatus* y *V. unguiculata* a un 2.5%, todos a 30°C de temperatura y pH de 7, para comparar con los SHM. Los valores obtenidos anteriormente y los del tratamiento 6 se presentan en la Tabla 7, se observó que las dispersiones de *P. lunatus* y *V. unguiculata* se ajustaron a un modelo de la ley de la potencia, con índices de flujo cercanos a la unidad, por lo que se acercaron al modelo Newtoniano.

Estas mismas dispersiones presentaron viscosidades bajas comparadas con las de la goma de flamboyán y los SHM de *P. lunatus* y *V. unguiculata*, estos tres últimos sistemas se ajustaron a un modelo de Cross teniendo valores de viscosidad en el rango de 1.6 Pa*s, por lo que los valores de las dispersiones de hidrolizados fueron despreciables en comparación los de la goma. Los SHM así como la dispersión de goma de flamboyán tuvieron un comportamiento reológico y valores de viscosidad similar, por lo que la viscosidad está determinada por la incorporación de la goma (Figura 7) y puede decirse que no se encontró sinergia entre ellos. Webb, Naeem y Schmidt (2002) determinaron la viscosidad aparente a $44s^{-1}$ en dispersiones de caseinato de sodio y concentrado proteico de soya obteniendo valores de 0.00212 y 0.00211 Pa*s, estos valores tan bajos de viscosidad son debidos a que las proteínas no aumentan la viscosidad del medio, ya que su estructura tiene grupos hidrofóbicos e hidrofílicos (ver Tabla 4), esta composición provoca que los aminoácidos hidrófobos se acomoden en el centro de la estructura y los grupos hidrofílicos en la parte externa (disminuyendo su radio posible de hidratación); aunado a esto, los péptidos generados por la hidrólisis tienen un tamaño menor que la proteína nativa, lo cual reduce la fricción entre moléculas disminuyendo así la viscosidad.

Tabla 7. Valores de viscosidad, modelo reológico y parámetros de los modelos para los SHM e individuales a 1.5% de goma, 2.5% de Hidrolizado y pH 7

	Hidrolizado de *P. lunatus*	Hidrolizado de *V. unguiculata*	Goma de Flamboyán	SHM *P. lunatus*	SHM *V. unguiculata*
Modelo reológico	Ley de la potencia		Cross		
η (55 s^{-1})	0.009	0.006	1.615	1.439	1.608
n	0.984	0.970	0.646	0.668	0.691
K	0.013	0.014	0.392	0.487	0.256
η_0	–	–	12.206	14.154	11.169
η_∞	–	–	1×10^{-7}	4×10^{-7}	8×10^{-8}

De estos resultados, se puede explicar por qué los componentes peptídicos del SHM no afectaron significativamente el comportamiento reológico (Tabla 7), dado que en los dos sistemas evaluados se usó la misma cantidad de goma de flamboyán; ésta, a diferencia de los péptidos, posee una estructura hidrofílica; por lo cual, puede formar puentes de hidrógeno con el agua del medio. Como se observa en la Figura 7 la viscosidad aumenta, debido a que la estructura del galactomanano es una cadena prolongada, que al hidratarse se extiende permitiendo rozamientos entre diversas cadenas. El comportamiento de los SHM y de la dispersión de goma de flamboyán se asemejó al comportamiento de la goma guar, el cual se ajustó a un modelo de Cross como en trabajos realizados por otros investigadores (Koliandris, Morris, Hewson, Hort, Taylor & Wolf, 2010; Mannarswamy, Munson & Andersen, 2010), similitud que puede explicarse porque ambas gomas son galactomananas, y sus estructuras al ser sometida a velocidades de deformación altas, tienden a ordenarse disminuyendo los choques entre cadenas, esto se ve reflejado en una disminución de la viscosidad (Figura 7) para los SHM, igualmente se observa que al inicio (cuando la velocidades de deformación es baja) la viscosidad es mayor, esto debido a que existen colisiones y fricciones entre las moléculas.

Con estos resultados, queda claro que la goma de flamboyán fue el componente que aumentó la viscosidad del sistema, debido a que no hay interacción química entre esta y los péptidos, ya que se esperaría que su interacción aumente la viscosidad. Esto pudo deberse a que se presentó una cosolubilidad entre los compuestos del sistema (Figura 4).

M.E. Ramírez-Ortiz, W. Rodríguez-Canto, L.J. Corzo-Rios, S. Gallegos-Tintoré,
D. Betancur-Ancona, L. Chel-Guerrero

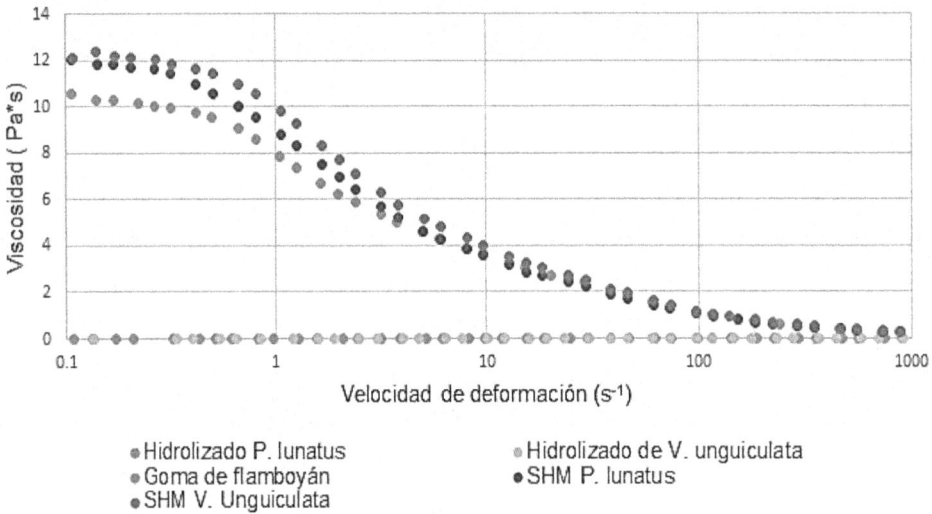

Figura 7. Reogramas de los SHM con 1.5% de goma y 2.5% de hidrolizado, hidrolizado de P. lunatus al 2.5% p/v, hidrolizado de V. unguiculata al 2.5% p/v y goma de flamboyán al 1.5% p/v; todos a 30°C y pH de 7

3.5. Estabilidad de la Emulsión

Los resultados de la estabilidad de la emulsión para los SHM se muestran en la Tabla 8, donde se observa que la estabilidad de la emulsión en ambos SHM de *P. lunatus* y *V. unguiculata* tuvieron un valor de 100% en el tratamiento 6 (goma de flamboyán 1.5% p/v, 30°C y pH 7) sin que el valor del pH influya, mientras que a estas mismas condiciones pero a una temperatura de 60°C el SHM de *V. unguiculata* presentó una diferencia en la estabilidad con respecto al pH.

El análisis estadístico para identificar los factores que tienen efectos significativos, dio como resultado que para el SHM de *P. lunatus,* el porcentaje de goma, la temperatura y la interacción entre la goma y temperatura fueron significativos, no siendo significativo el pH; por lo cual, se ajustó una ecuación de regresión con estos factores, la cual es:

Evaluación de Algunas Características Reológicas y Bioactivas de Hidrocoloides Mixtos
Provenientes de Goma de Flamboyán (Delonix regia) y Proteínas de Leguminosas (Phaseolus
Lunatus y Vigna Unguiculata), para Su Potencial Aplicación como Ingrediente Funcional

$$\%EE = 92.41 + 8.49 \times G - 7.62 \times T + 7.65 \times G \times T$$

De la misma forma, se determinaron los factores significativos para el SHM de
V. unguiculata, los cuales fueron la temperatura, concentración de goma y
pH, de tal forma que la ecuación de regresión para este sistema fue:

$$\%EE = 85.71 + 10.74 \times G + 4.7 \times \text{pH} - 6.68 \times T$$

Donde %EE es el porcentaje de la estabilidad de la emulsión, G concentración
de goma (%p/v) y T temperatura (°C).

El análisis de los factores demuestra que el pH en el SHM de
V. unguiculata es significativo y que a pH bajos la estabilidad disminuye.
Este comportamiento fue observado por Chel et al. (2011) en estudios de
estabilidad de emulsiones y espumas formadas con concentrado proteico de
V. unguiculata, obteniendo los valores más altos de estabilidad en un
intervalo de pH entre 7 y 9, mientras que la más baja fue a un pH de 3 y 4.
Este comportamiento pudo deberse al balance de aminoácidos hidrofóbicos e
hidrofílicos ya que la composición aminoacídica del hidrolizado de *V.
unguiculata* presentó una mayor cantidad de ácido glutámico comparado con
el valor que presentó el hidrolizado de *P. lunatus*, esto se puede observar en la
Tabla 8. Esta diferencia pudo influir, ya que este aminoácido presenta carga,
la cual modifica el valor del pH para el punto isoeléctrico de los péptidos. El
menor %EE se tuvo a la menor concentración y mayor temperatura como se
observa en la Tabla 8.

El efecto de la concentración de goma es debida a la viscosidad que esta
genera en el medio; como se observa, a mayor concentración mayor estabilidad
(100%) y viceversa (58.45%), esto debido a que la viscosidad es una barrera
física para el movimiento de las gotículas de aceite en el medio, retrasando la
separación de fases; la temperatura tiene dos efectos desestabilizantes, el
primero es el aumento de la energía cinética de las partículas; lo cual, genera

M.E. Ramírez-Ortiz, W. Rodríguez-Canto, L.J. Corzo-Rios, S. Gallegos-Tintoré,
D. Betancur-Ancona, L. Chel-Guerrero

un mayor movimiento y colisiones entre ellas, otro efecto es la disminución de la viscosidad del medio por efecto de la temperatura. Por otra parte, en los estudios realizados por Chel et al. (2002) observaron que la estabilidad de las emulsiones formadas con concentrado proteico de *P. lunatus* tuvieron un mismo valor de estabilidad a valores de pH en 3 y 7; sin embargo, entre estos dos valores existió una desestabilización hasta valores de 20% de EE, al pasar por el punto isoeléctrico del concentrado proteico.

Tabla 8. Valores de % estabilidad de la emulsión (%EE) calculada para los SHM de P. lunatus y V. unguiculata a las condiciones del diseño experimental

% Goma	pH	T	% EE	
			SHM *P. lunatus*	SHM *V. unguiculata*
1.5	3	30	100.00%	100.00%
1.5	7	30	100.00%	100.00%
0.5	3	30	97.79%	78.44%
0.5	7	30	98.91%	84.59%
1	5	45	98.89%	100.00%
1	5	45	98.89%	100.00%
1	5	45	98.89%	100.00%
1	5	45	99.44%	100.00%
1.5	3	60	100.00%	82.32%
1.5	7	60	100.00%	100.00%
0.5	3	60	65.56%	58.45%
0.5	7	60	70.04%	71.85%

Analizando las ecuaciones de ajuste al modelo, se pudo concluir que para maximizar el %EE del SHM de *P. lunatus*, se requiere una baja temperatura y una mayor concentración de goma e independiente del pH, mientras que para el SHM del *V. unguiculata* una baja temperatura, mayor concentración de goma y pH cercano a 7; por lo cual, para la prueba biológica se seleccionó el tratamiento 6 para ambos sistemas (1.5% p/v de goma, 30°C y pH 7). Con respecto al SHM de *P. lunatus* se decidió trabajar a pH 7, ya que el pH original del sistema fue muy cercano a 7.

Por otra parte, se midió el %EE a los componentes individuales de los SHM a estas mismas condiciones, los comportamientos se observan en la Figura 8. En esta se puede ver como la combinación de un agente emulsificante (hidrolizado proteico) y un agente espesante (goma de flamboyán) lograron formar una emulsión estable (sin formación de fases diferentes), mientras que individualmente cada uno de los componentes de los SHM no formó una emulsión estable.

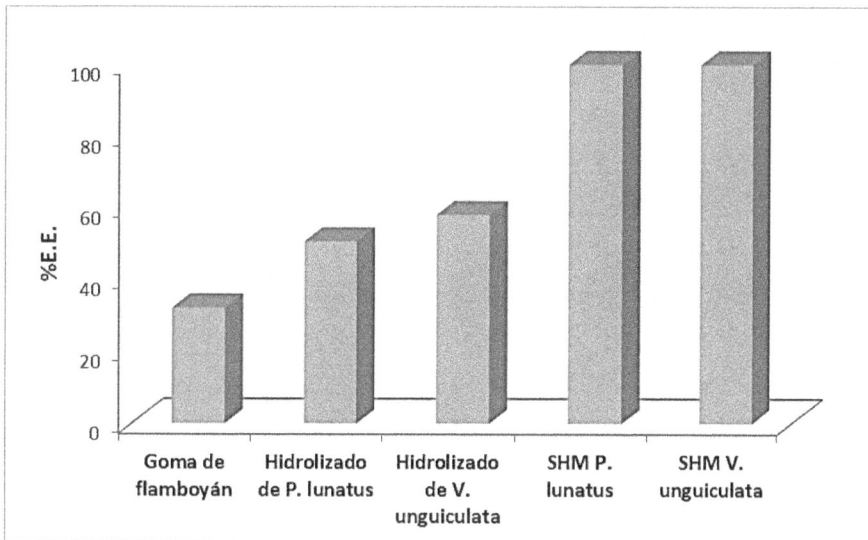

Figura 8. Estabilidad de la emulsión medida a 30°C, pH7, 2.5 % de hidrolizado y 1.5% de goma de Flamboyán

M.E. Ramírez-Ortiz, W. Rodríguez-Canto, L.J. Corzo-Rios, S. Gallegos-Tintoré,
D. Betancur-Ancona, L. Chel-Guerrero

La desestabilización observada en emulsiones preparadas con goma de flamboyán al 1.5 % p/v se presentó como coalescencia, ya que se formaron dos fases, una superior de aceite y otra inferior con la dispersión de goma de flamboyán. Este resultado se debió a que esta goma presenta una estructura sin grupos con carga (Tamaki et al., 2010) además de que el análisis proximal realizado a esta goma presentó un 1.25% de proteína; por lo tanto, no tiene los suficientes grupos hidrofóbicos, los cuales interaccionen con el aceite y permitan la formación de una emulsión. Los sistemas con hidrolizados al 2.5 % p/v, presentaron una desestabilización por cremado. Se formaron dos fases, la superior donde se encuentra una alta concentración de gotículas emulsificadas por los hidrolizados y en la parte inferior una fase acuosa.

Esta desestabilización fue la que se presentó en los tratamientos de la Tabla 8, y probablemente se debe a que las gotículas de aceite rodeadas por los péptidos del hidrolizado son menos densas que el medio en el que están dispersos, por lo cual tendieron a ascender. Por otra parte, en los SHM con 1.5% de goma de flamboyán y 2.5% de hidrolizados, opusieron una mayor resistencia al movimiento de las gotículas, por lo cual disminuyó el cremado; de tal manera que se mantuvieron dispersas en todo el medio debido a la mayor concentración de goma, la cual aumentó la viscosidad del medio. Desplanques, Renou, Grisel y Malhiac (2012) propusieron que esto podría deberse a la formación de una red en la cual las gotículas quedan atrapadas impidiendo que se formen dos fases.

Los resultados obtenidos con respecto al %EE están de acuerdo a los reportados en un estudio similar, el cual se realizó formando emulsiones usando un 4.4 % p/p de aceite de canola, concentrado proteico de suero de leche (0.22 % p/p) y diferentes tipos de goma tragacanto (0.5 % p/v), el control (aceite y concentrado proteico) dio un 40% EE, mientras que con las gomas se obtuvo desde un 67% hasta un 100%. La desestabilización que obtuvieron fue debido al cremado, la cual disminuyo debido al aumento de la viscosidad del medio (Gavlighi, Meyer, Zaidel, Mohammadifar & Mikkelsen, 2013).

Con base en los valores obtenidos de las propiedades funcionales de estabilidad de emulsión y capacidad espesante, se seleccionó el tratamiento 6 para realizarle la prueba bioactiva, ya que se obtuvieron los mayores valores en ambos SHM a estas condiciones, lo cual es deseable para poder ser usada en la industria alimentaria.

3.6. Actividad Anticariogénica

Los resultados de la actividad anticariogénica presentados en la Figura 9 muestran que la reducción de desmineralización usando el SHM de *P. lunatus* y el hidrolizado de *P. lunatus* son iguales, también el SHM de *V. unguiculata* y el hidrolizado de ésta resultaron iguales (P > 0.05).

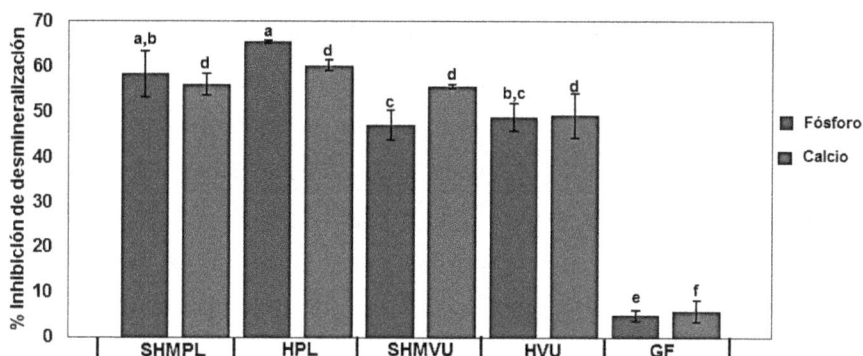

[a-f]Letras diferentes entre las columnas del mismo elemento químico presentan diferencia significativa con P < 0.05.

Figura 9. Inhibición de la desmineralización presentada por calcio y fosforo de los sistemas hidrocoloides mixtos de P. lunatus (SHMPL) y V. unguiculata (SHMVU), hidrolizado de P. lunatus (HPL), hidrolizado de V. unguiculata (HVU) y goma de flamboyán (GF)

Por otra parte, se observó que no hubo diferencia entre la reducción de la desmineralización del fósforo y el calcio para cada sistema (P > 0.05). El porcentaje de reducción de la desmineralización en promedio en los sistemas con *P. lunatus* (SHMPL y HPL) fue de 59.75%, mientras que para los sistemas con *V. unguiculata* (SHMVU y HVU) se obtuvo un 50.21%; estos valores son similares a los obtenidos por Córdova et al. (2012) el cual fue de 52.9%, para hidrolizados de *P. lunatus* con pepsina, pero menores que los que obtuvo con la fosforilación de este hidrolizado, ya que obtuvo un 77.1% de reducción. Igualmente Warner et al. (2001) obtuvieron un 80 % de reducción de la desmineralización con caseino fosfopéptidos obtenidos a partir de hidrolizados de leche.

En el estudio realizado por Córdova et al. (2012), se pudo observar cómo el aumento de los grupos fosfatos debido a la fosforilación del hidrolizado aumentó la actividad anticariogénica. Este mismo comportamiento se vio en el estudio de Warner et al. (2001), ya que además de los caseino fosfopéptidos, usó también suero de queso cottage, obteniendo una protección cercana al 30%, que es menor a la obtenido con los sistemas de este trabajo. La goma de flamboyán presentó una bioactividad prácticamente de cero. Esta diferencia entre el efecto de la reducción de desmineralización se puede deber a la diferencia de cargas de los péptidos en diferentes hidrolizados (Ruiz, Segura, Betancur & Chel, 2013), ya que los caseino fosfopéptidos tienen una mayor carga negativa debido a los grupos fosfato que presentan, pudiendo quelatar minerales y estabilizar la desmineralización, Adamson y Reynolds (1995) hablan de que los caseino fosfopéptidos tienen un cluster con una secuencia de tres serinas fosfatadas y dos ácidos glutámicos; este complejo estabiliza el fosfato de calcio amorfo y actúa como un buffer en la zona liberando iones fósforo y calcio.

Dada la composición aminoacídica de los hidrolizados de *P. lunatus* y *V. unguiculata*, se observó un alto contenido de ácido glutámico, por lo que probablemente el mecanismo de estos hidrolizados sea parecido al de los caseino fosfopéptidos. En contraste, la prueba con solo goma de flamboyán no presentó esta actividad, pudiendo ser que al tener una estructura neutra, ésta no interacciona con los iones liberados, permitiendo así la desmineralización.

4. Conclusiones

- La viscosidad de los SHM de *P. lunatus* y *V. unguiculata* dependen de la concentración de la goma y temperatura, no del pH del medio, aumentando la concentración y reduciendo la temperatura se alcanzan viscosidades de hasta 1.769 Pa*s para el SHMPL y 1.566 Pa*s para el SHMVU, además se observó que no hay sinergia entre los componentes de los sistemas hidrocoloides. Los sistemas se ajustaron un modelo reológico de la ley de la potencia, con excepción de los tratamientos con 1.5% de goma y temperatura de 30°C que se modelaron con la ecuación de Cross.

- La estabilización de emulsiones alcanzó valores hasta de 100% en ambos sistemas hidrocoloides mixtos con 1.5% de goma de flamboyán y temperatura de 30°C, la desestabilización observada fue debida principalmente al cremado en el sistema. Los factores que influyen en la estabilización del sistema con *P. lunatus* fueron la concentración de la goma, la temperatura y la interacción entre estos factores; por otra parte, para los sistemas de *V. unguiculata* fueron la concentración de goma, la temperatura y el pH.

- Para la prueba biológica se seleccionaron los tratamientos a 1.5% de goma de flamboyán, pH 7 y 30°C por presentar las más altas funcionalidades. La capacidad anticariogénica presentada por los sistemas seleccionados fue de 59.75% y 50.21% para los sistemas con *P. lunatus* y *V. unguiculata* respectivamente, no se encontró diferencia significativa (p > 0.05) entre los sistemas hidrocoloides mixtos y las dispersiones de sus hidrolizados correspondientes.

- Los sistemas hidrocoloides mixtos podrían ser usados como agentes que aumenten la viscosidad de bebidas como néctares, cubiertas de productos de repostería, cremas y emulsiones, así como una gran variedad de aplicaciones donde se requieran las características funcionales encontradas y con la ventaja de una baja carga calórica. Por

M.E. Ramírez-Ortiz, W. Rodríguez-Canto, L.J. Corzo-Rios, S. Gallegos-Tintoré,
D. Betancur-Ancona, L. Chel-Guerrero

otro lado reduciendo la formación de caries dental, por lo que se tendría la posibilidad de formular alimentos funcionales anticariogénicos como por ejemplo mermeladas con una baja cantidad de azúcar.

Agradecimientos

Se agradece al CONACYT por las becas de estancia posdoctoral (Ramírez Ortiz, M.E.) y maestría (Rodríguez Canto, W.) así como el financiamiento parcial a través del proyecto con Nº. de convenio 106605 y a la FIQ-UADY por el apoyo interno recibido de la convocatoria 2015. También se agradece el apoyo del Programa UNAM-DGAPA-PAPIME PE04614.

Referencias

Adamson, N.J., & Reynolds, E.C. (1995). Characterization of multiply phosphorylated peptides selectively precipitated from a pancreatic casein digest. *Journal of Dairy Science*, 78(12), 2653-2659.
http://dx.doi.org/10.3168/jds.S0022-0302(95)76895-3

Aehle, W. (Ed.) (2007). *Enzymes in industry: production and applications.* Weinheim: Wiley-VCH.
http://dx.doi.org/10.1002/9783527617098

Aimutis, W.R. (2004). Bioactive Properties of Milk Proteins with Particular Focus on Anticariogenesis. *The Journal of Nutrition*, 14, 989-995.

Alaiz, M., Navarro, J.L., Girón, J., & Vioque, E. (1992). Amino acid analysis by high-performance liquid chromatography after derivatization with diethyl ethoxymethylenemalonate. *Journal of Chromatography*, 591(1-2), 181-186.
http://dx.doi.org/10.1016/0021-9673(92)80236-N

AOAC (1997). Methods of Analysis of Association of Official Analytical Chemists. 16th Ed. Washington D.C. Association of Official Analytical Chemists.

Azero, E.G., & Andrade, C.T. (2006). Characterisation of Prosopis juliflora seed gum and the effect of its addition to kappa-carrageenan systems. *Journal of the Brazilian Chemical Society*, 17(5), 844-850.
http://dx.doi.org/10.1590/S0103-50532006000500005

Benítez, R., Ibarz, A., & Pagan, J. (2008). Hidrolizados de proteína: procesos y aplicaciones. *Acta Bioquímica Clínica*, 42(2), 227-237.

Betancur, D., Martínez, R., Corona, A., Castellanos, A., Jaramillo, M.E., & Chel, L. (2009). Functional properties of hydrolysates from *Phaseolus lunatus* seeds. *International Journal of Food Science y Technology*, 44(1), 128-137.

http://dx.doi.org/10.1111/j.1365-2621.2007.01690.x

Betancur, D., Gallegos, S., & Chel, L. (2004). Wet-fractionation of Phaseolus lunatus seeds: partial characterization of starch and protein. *Journal of the Science of Food and Agriculture*, 84(10), 1193-1201.

http://dx.doi.org/10.1002/jsfa.1804

Bouyer, E., Mekhloufi, G., Le Potier, I., de Kerdaniel, T.D.F., Grossiord, J.L., Rosilio, V. et al. (2011). Stabilization mechanism of oil-in-water emulsions by β-lactoglobulin and gum arabic. *Journal of Colloid and Interface Science*, 354(2), 467-477.

http://dx.doi.org/10.1016/j.jcis.2010.11.019

Bressani, R., & Mertz, E.T. (1958). Studies on corn protein. IV. Protein and amino acid content of different corn varieties. *Cereal Chemistry*, 35, 227-235.

Canseco, J. (2001). Caries dental. La enfermedad oculta. *Boletín Médico Del Hospital Infantil Mexicano*, 58, 673-676.

Chel, L., Domínguez, M., Martínez, A., Dávila, G., & Betancur, D. (2012). Lima Bean *(Phaseolus lunatus)* Protein Hydrolysates with ACE-I Inhibitory Activity. *Food and Nutrition Sciences*, 03(04), 511-521.

http://dx.doi.org/10.4236/fns.2012.34072

Chel, L., Maldonado, M., Burgos, A., Betancur, D., & Castellanos, A. (2011). Functional and some nutritional properties of an isoelectric protein isolate from Mexican cowpea *(Vigna unguiculata)* seeds. *Journal of Food and Nutrition Research*, 50(4), 210-220.

Chel, L., Pérez, V., Betancur, D., & Dávila, G. (2002). Functional properties of flours and protein isolates from *Phaseolus lunatus* and *Canavalia ensiformis* seeds. *Journal of Agricultural and Food Chemistry*, 50(3), 584-91.

http://dx.doi.org/10.1021/jf010778j

Córdova, A. (2011). *Evaluación de la capacidad de concentrado e hidrolizados proteínicos de frijol lima* (Phaseolus lunatus). Estancia corta de investigación. Mérida, Yucatán, México.

https://drive.google.com/file/d/0Bw1c1Uffvmvva3J5RmNrSnZUOWM/view?usp=sharing
(Fecha último acceso: Noviembre 2014)

Córdova, A., Ruiz, J., Segura, M., Betancur, D., & Chel, L. (2012). Actividad antitrombótica y anticariogénica de hidrolizados proteínicos de frijol lima. *Revista de la facultad de ingeniería química, U.A.D.Y.*, 52, 25-31.

Corzo, L. J., Betancur, D., & Chel, L. (2012). In rheological and textural propertiesof native and carboxymethylated flamboyant *(Delonix regia)* seed gums. *5th International Congress Food Science & Food Biotechnology in Developing Countries.* Nuevo Vallarta, Nayarit, México. 101-105.

Desplanques, S., Renou, F., Grisel, M., & Malhiac, C. (2012). Impact of chemical composition of xanthan and acacia gums on the emulsification and stability of oil-in-water emulsions. *Food Hydrocolloids, 27*(2), 401-410.

http://dx.doi.org/10.1016/j.foodhyd.2011.10.015

Dickinson, E. (2009). Hydrocolloids as emulsifiers and emulsion stabilizers. *Food Hydrocolloids, 23*(6), 1473-1482.

http://dx.doi.org/10.1016/j.foodhyd.2008.08.005

Dickinson, E., & Vílchez, M.C. (2011). Food colloids, Granada, March 2010. *Food Hydrocolloids, 25*(4), 557-557.

http://dx.doi.org/10.1016/j.foodhyd.2010.09.008

Filipiak-Florkiewicz, A., Florkiewicz, A., Cieilik, E., Walkowska, I., Walczycka, M., Leszczyńska, T. et al. (2011). Effects of Various Hydrothermal Treatments on Selected Nutrients in Legume Seeds. *Polish Journal of Food and Nutrition Sciences, 61*(3), 181-186.

Gan, C.Y., Cheng, L.H., Azahari, B., & Easa, A.M. (2009). *In vitro* digestibility and amino acid composition of soy protein isolate cross-linked with microbial transglutaminase followed by heating with ribose. *International Journal of Food Sciences and Nutrition, 60*(7), 99-108.

http://dx.doi.org/10.1080/09637480802635090

Gavlighi, H.A., Meyer, A.S., Zaidel, D.N., Mohammadifar, M.A., Mikkelsen, J.D. (2013). Stabilization of emulsions by gum tragacanth (*Astragalus spp.*) correlates to the galacturonic acid content and methoxylation degree of the gum. *Food Hydrocolloids, 31*(1), 5–14.

http://dx.doi.org/10.1016/j.foodhyd.2012.09.004

Gavlighi, Girard, M., Turgeon, S.L., & Gauthier, S.F. (2002). Interbiopolymer complexing between β-lactoglobulin and low- and high-methylated pectin measured by potentiometric titration and ultrafiltration. *Food Hydrocolloids, 16*(6), 585-591.

http://dx.doi.org/10.1016/S0268-005X(02)00020-6

Itoh, A., & Ueno, K. (1970). Evaluation of 2-hydroxy-1-(2-hydroxy-4-sulpho-1-naphthylazo)-3-naphthoic acid and hydroxynaphthol blue as metallochromic indicators in the EDTA titration of calcium. *The Analyst, 95*(1131), 583-589.

http://dx.doi.org/10.1039/an9709500583

Evaluación de Algunas Características Reológicas y Bioactivas de Hidrocoloides Mixtos
Provenientes de Goma de Flamboyán (Delonix regia) y Proteínas de Leguminosas (Phaseolus
Lunatus y Vigna Unguiculata), para Su Potencial Aplicación como Ingrediente Funcional

Kitts, D.D., & Weiler, K. (2003). Bioactive proteins and peptides from food sources. Applications of bioprocesses used in isolation and recovery. *Current Pharmaceutical Design*, 9(16), 1309-1323.

http://dx.doi.org/10.2174/1381612033454883

Klein, M., Aserin, A., Svitov, I., & Garti, N. (2010). Enhanced stabilization of cloudy emulsions with gum Arabic and whey protein isolate. *Colloids and Surfaces B: Biointerfaces,* 77(1), 75-81.

http://dx.doi.org/10.1016/j.colsurfb.2010.01.008

Koliandris, A.L., Morris, C., Hewson, L., Hort, J., Taylor, A.J., & Wolf, B. (2010). Correlation between saltiness perception and shear flow behaviour for viscous solutions. *Food Hydrocolloids,* 24(8), 792-799.

http://dx.doi.org/10.1016/j.foodhyd.2010.04.006

Korhonen, H. (2002). Technology options for new nutritional concepts. *International Journal of Dairy Technology,* 55(2), 79-88.

http://dx.doi.org/10.1046/j.1471-0307.2002.00050.x

Korhonen, H., & Pihlanto, A. (2006). Bioactive peptides: production and functionality. *International Dairy Journal,* 16, 945-960.

http://dx.doi.org/10.1016/j.idairyj.2005.10.012

Krishnaraj, K., Joghi, M., Chandrasekar, N., Muralidharan, S., & Manikandan, D. (2012). Development of sustained release antipsychotic tablets using novel polysaccharide isolated from *Delonix regia* seeds and its pharmacokinetic studies. *Saudi Pharmaceutical Journal,* 20(3), 239-248.

http://dx.doi.org/10.1016/j.jsps.2011.12.003

Liu, S., Elmer, C., Low, N.H., & Nickerson, M.T. (2010). Effect of pH on the functional behaviour of pea protein isolate–gum Arabic complexes. *Food Research International,* 43(2), 489-495.

http://dx.doi.org/10.1016/j.foodres.2009.07.022

Mannarswamy, A., Munson, S.H., & Andersen, P.K. (2010). D-optimal designs for the Cross viscosity model applied to guar gum mixtures. *Journal of Food Engineering,* 97(3), 403-409.

http://dx.doi.org/10.1016/j.jfoodeng.2009.10.035

Medina, D.K. (2012) *Funcionalidad tecnológica de sistemas hidrocoloides mixtos de hidrolizados de frijol lima* (Phaseolus lunatus) *con goma modificada de flamboyan* (Delonix regia). Tesis. Universidad Autónoma de Yucatán, México.

Mejía, A., González, M., & Lomelí, G. (2010). *Resultados del Sistema de Vigilancia Epidemiológica de Patologías Bucales (SIVEPAB)*. Mexico. 47.

MG Ingredient (2011). *Guar Gum Powder MG235F Specification Sheet*. Brandon: MG Igredients. 1.

Montgomery, D. (Ed.). (2009). *Design and Analysis of Experiments*. Canadá: John Wiley & Sons.

Nielsen, P., Petersen, D., & Dambmann, C. (2001). Improved Method for Determining Food Protein Degree of Hydrolysis. *Journal of Food Science*, 66(5), 642-646.
http://dx.doi.org/10.1111/j.1365-2621.2001.tb04614.x

NMX-AA-029-SCFI-2001, Análisis de aguas - Determinación de fósforo total en aguas naturales, residuales y residuales tratadas - método de prueba (cancela a la nmx-aa-029-1981).

NMX-Y-100-SCFI-2004, Alimentos para animales - Determinacion de fosforo en alimentos terminados e ingredientes para animales - metodo de prueba (cancela a la nmx-y-100-1976).

Odedeji, J.O., & Oyeleke, W.A. (2011). Proximate, Physicochemical and Organoleptic Properties of Whole and Dehulled Cowpea Seed Flour *(Vigna unguiculata)*. *Pakistan Journal of Nutrition*, 10(12), 1175-1178.
http://dx.doi.org/10.3923/pjn.2011.1175.1178

Pacheco, J., Rosado, G., Betancur, D., & Chel, L. (2010). Propiedades fisicoquímicas de la goma carboximetilada de flamboyán *(Delonix regia)*. *CyTA-Journal of Food*, 8(3), 169-176.
http://dx.doi.org/10.1080/19476330903322960

Pacheco, J., Rosado, J., Chel, L., & Betancur, D. (2008). Caracterización fisicoquímica y funcional de la goma de Flamboyán *(Delonix regia)*. *Ciencia y Tecnología de Alimentos*, 18(Especial), 16-21.

Ping, Y., Yu, R., Xiao, Y., Zheng, C., Qing, W., & Yi, S. (2011). Comparison of nutrition composition of transgenic maize *(Chitinase gene)* with its non-transgenic counterpart. *Ciencia E Investigación Agraria*, 38(1), 149-153.

Rao, M. (2007). Rheology of fluid and semisolid foods. En Barbosa, G. (Ed.). New York: Springer. 471.
http://dx.doi.org/10.1007/978-0-387-70930-7

Rocha, C., Teixeira, J.A., Hilliou, L., Sampaio, P., & Gonçalves, M.P. (2009). Rheological and structural characterization of gels from whey protein hydrolysates/locust bean gum mixed systems. *Food Hydrocolloids*, 23(7), 1734-1745.
http://dx.doi.org/10.1016/j.foodhyd.2009.02.005

Rodríguez, J.M., & Pilosof, A.M.R. (2011). Protein–polysaccharide interactions at fluid interfaces. *Food Hydrocolloids*, 25(8), 1925-1937.
http://dx.doi.org/10.1016/j.foodhyd.2011.02.023

Ruiz, J. (2011). *Actividad biológica de péptidos obtenidos de frijol* (Phaseolus vulgaris *L.) endurecido*. Tesis. Instituto Politécnico Nacional, México.

Ruiz, J., Segura, M., Betancur, D., & Chel, L. (2013). Proteinas y peptidos biologicamente activos con potencial nutracéutico. En Segura, M., Betancur, D., & Chel, L. (Eds.). *Bioactividad de péptidos derivados de proteínas alimentarias.* Barcelona: OmniaScience. 11-27.

http://dx.doi.org/10.3926/oms.34

Sabahelkheir, K. (2012). Quality Assessment of Guar Gum (Endosperm) of Guar (Cyamopsis tetragonoloba). *ISCA Journal of Biological Sciences*, 1(1), 67-70.

Sandoval, V. (2013). *Microencapsulación de hidrolizados de* Phaseolus lunatus *con gomas de flamboyán* (Delonix regia) *y Chía (Salvia hispanica).* Tesis. Universidad Autónoma de Yucatán, México.

Segura, M.R., Chel, L.A., & Betancur, D.A. (2010). Angiotensin-I converting enzyme inhibitory and antioxidant activities of peptide fractions extracted by ultrafiltration of cowpea *Vigna unguiculata* hydrolysates. *Journal of the Science of Food and Agriculture,* 90(14), 2512-2518.

http://dx.doi.org/10.1002/jsfa.4114

Srivastava, M., & Kapoor, V.P. (2005). Seed galactomannans: an overview. *Chemistry and Biodiversity*, 2(3), 295-317.

http://dx.doi.org/10.1002/cbdv.200590013

Tamaki, Y., Teruya, T., & Tako, M. (2010). The chemical structure of galactomannan isolated from seeds of *Delonix regia. Bioscience, Biotechnology, and Biochemistry,* 74(5), 1110-1112.

http://dx.doi.org/10.1271/bbb.90935

Torres, M., Gadala, F., & Wilson, D. (2013). Comparison of the rheology of bubbly liquids prepared by whisking air into a viscous liquid (honey) and a shear-thinning liquid (guar gum solutions). *Journal of Food Engineering,* 118, 213-228.

http://dx.doi.org/10.1016/j.jfoodeng.2013.04.002

Turgeon, S., Beaulieu, M., Schmitt, C., & Sanchez, C. (2003). Protein-polysaccharide interactions: phase-ordering kinetics, thermodynamic and structural aspects. *Current Opinion in Colloid and Interface Science,* 8(5), 401-414.

http://dx.doi.org/10.1016/S1359-0294(03)00093-1

Valim, M.D., Cavallieri, A.L.F., & Cunha, R.L. (2008). Whey Protein/Arabic Gum Gels Formed by Chemical or Physical Gelation Process. *Food Biophysics,* 4(1), 23-31.

http://dx.doi.org/10.1007/s11483-008-9098-z

Warner, E.A., Kanekanian, A.D., & Andrews, A.T. (2001). Bioactivity of milk proteins: 1. Anticariogenicity of whey proteins. *International Journal of Dairy Technology,* 54(4), 151-153.

http://dx.doi.org/10.1046/j.1364-727x.2001.00029.x

M.E. Ramírez-Ortiz, W. Rodríguez-Canto, L.J. Corzo-Rios, S. Gallegos-Tintoré,
D. Betancur-Ancona, L. Chel-Guerrero

Webb, M., Naeem, H., & Schmidt, K. (2002). Food protein functionality in a liquid system: A comparison of deamidated wheat protein with dairy and soy proteins. *Journal of Food Science*, 67(8), 2896-2902.

http://dx.doi.org/10.1111/j.1365-2621.2002.tb08835.x

Ye, A. (2008). Complexation between milk proteins and polysaccharides via electrostatic interaction: principles and applications – a review. *International Journal of Food Science y Technology*, 43(3), 406-415.

http://dx.doi.org/10.1111/j.1365-2621.2006.01454.x

Yust, M.M., Pedroche, J., Girón, J., Vioque, J., Millán, F., & Alaiz, M. (2004). Determination of tryptophan by high-performance liquid chromatography of alkaline hydrolysates with spectrophotometric detection. *Food Chemistry*, 85(2), 317-320.

http://dx.doi.org/10.1016/j.foodchem.2003.07.026

CAPÍTULO 5

Queso *Petit-Suisse* de Arándano Azul con Prebióticos

Sandra Margarita Rueda-Enríquez,

Estefania Sánchez-Vega, Alma Virginia Lara-Sagahón

Departamento de Ciencias Biológicas, Facultad de Estudios Superiores, Universidad Nacional Autónoma de México. Cuautitlán. México.

ruesam17@yahoo.com.mx, estefania.svega@gmail.com, sagahon@unam.mx

Doi: http://dx.doi.org/10.3926/oms.291

Referenciar este capítulo

Rueda-Enríquez, S.M., Sánchez-Vega, E., & Lara-Sagahón, A.V. (2015). *Queso* Petit-Suisse *de arándano azul con prebióticos*. En Ramírez-Ortiz, M.E. (Ed.). *Tendencias de innovación en la ingeniería de alimentos*. Barcelona, España: OmniaScience. 139-167.

S.M. Rueda-Enríquez, E. Sánchez-Vega, A.V. Lara-Sagahón

Resumen

En años recientes la OMS ha recomendado incluir una alimentación adecuada desde edades tempranas para la prevención de enfermedades. Por tanto, los alimentos funcionales, entre ellos los alimentos con prebióticos, han tenido un gran auge en fechas recientes. En este estudio se buscó desarrollar un queso *Petit-Suisse* de arándano azul con prebióticos [inulina y fructooligosacáridos (FOS)] que fuera sensorialmente aceptado por los consumidores. Se realizó un estudio de mercado entre la población mexicana encontrando que el 82% de los entrevistados consume queso *Petit-Suisse*, mismos que estarían dispuestos a consumir el queso *Petit-Suisse* de arándano azul con prebióticos. Posteriormente se elaboraron y formularon tres prototipos variando la proporción de prebióticos (100% inulina, 50% inulina/50% FOS y 100% FOS). Los tres prototipos se compararon contra un control (sin prebióticos) mediante pruebas sensoriales de diferenciación utilizando la prueba estadística de Friedman; se seleccionó el prototipo con la mezcla de prebióticos (50% inulina/ 50% FOS) por su cremosidad y menor costo respecto al prototipo con 100% FOS. Para determinar la calidad sanitaria del producto, se realizó un conteo de coliformes totales, mohos y levaduras conforme las especificaciones de la normas mexicanas, obteniendo resultados dentro de los estándares. Se comparó el agrado del prototipo respecto a un comercial, mediante encuestas a consumidores, obteniendo un 67% contra un 93% del comercial. Se seleccionó un envase de polipropileno con capacidad de 50 g para conservar el producto y se diseñó una etiqueta para su venta al público. Finalmente, se estimó la vida útil sensorial del producto mediante evaluación sensorial y pruebas estadísticas de supervivencia, encontrando que ésta es de 26 días, almacenado a 5°C.

Palabras clave

Queso Petit-Suisse, arándano azul, prebióticos, inulina, alimentos funcionales.

1. Introducción

Según datos del INEGI, en 2011 las principales causas de muerte en México fueron debidas a enfermedades crónicas no transmisibles tales como enfermedades del corazón, diabetes mellitus y tumores malignos (INEGI, 2011). Sin embargo, la Organización Mundial de la Salud (OMS) ha estimado que cerca de la mitad de las muertes cardiovasculares y un tercio de los casos de cáncer pueden ser evitados si se adoptan estilos de vida saludables, incluyendo una alimentación adecuada desde edades tempranas (Lutz & León, 2009).

Una alternativa para aplicar dichas recomendaciones señaladas por (OMS) es mediante la inclusión a la dieta de los denominados "Alimentos Funcionales", surgidos en Japón a finales de los 80's y diseñados especialmente con componentes que pueden afectar funciones del organismo de manera específica y positiva, promoviendo un efecto fisiológico o psicológico más allá de su valor nutritivo tradicional (Olganero, Abad, Bendersky, Genovois, Granzella & Montonati, 2007).

Los alimentos funcionales tienen la ventaja de contener los compuestos bioactivos que normalmente se encuentran en los alimentos en cantidades tales que su consumo ocasiona un efecto benéfico demostrable a través de pruebas bioquímicas y clínicas, en las cuales es posible poner en evidencia los cambios favorables en la salud del consumidor (Lutz & León, 2009).

Los alimentos funcionales deben consumirse en la dieta habitual como cualquier alimento tradicional. Debe existir una cantidad mínima definida de ingesta diaria para alcanzar el beneficio esperado y una ingesta mayor a esta no debe ocasionar ningún efecto dañino. En la etiqueta de un alimento funcional se debe de indicar la presencia del ingrediente bioactivo y la cantidad en que se encuentra, por lo que además debe existir una metodología analítica que permita identificar y cuantificar el agente bioactivo (Lutz & León, 2009).

Teniendo en cuenta que la condición de salud es una preocupación creciente para los individuos, y que además los profesionales sanitarios así como las instituciones de salud pública deben de promover la adquisición de hábitos alimenticios saludables se ha potenciado en los últimos años la investigación y desarrollo de los alimentos funcionales.

En esta línea de investigar sobre los alimentos funcionales este capítulo tiene como objetivo describir el desarrollo de un producto alimenticio funcional dirigido a niños y adolescentes de entre 4 y 15 años de edad, cuyo consumo permita aprovechar las propiedades tanto del arándano azul, de los lácteos y los prebióticos, combinando sus beneficios y características nutrimentales en la formulación de un queso *Petit-Suisse* cuya inserción en una dieta balanceada contribuya a disminuir el riesgo de padecer las enfermedades crónicas no transmisibles más comunes en nuestro país.

El capítulo está organizado en dos secciones, en la primera sección se describen generalidades, primero, de los componentes funcionales del queso *Petit-Suisse* desarrollado y después de las etapas que comprende el desarrollo de productos alimenticios que se siguieron para la producción del queso *Petit-Suisse*. En la segunda sección se describen en el orden de realización la metodología y los resultados que llevaron a la obtención del queso *Petit-Suisse* de arándano azul con prebióticos.

2. Generalidades

El producto alimenticio queso *Petit-Suisse* con arándanos y prebióticos se desarrolló como una alternativa, con ventajas funcionales, a los quesos de este tipo que se encuentran en el mercado.

2.1. Prebióticos, Arándano y Quesos

Dentro de los alimentos funcionales se encuentran los alimentos con prebióticos, productos a los que se les ha añadido ingredientes no digeribles que afectan de manera positiva al huésped (Olganero et al., 2007).

Los prebióticos son altamente utilizados en las formulaciones de alimentos funcionales al ser ingredientes que al ser ingeridos resisten la digestión y actúan como sustrato selectivo para una o varias bacterias benéficas presentes en la microbiota intestinal, mejorando la salud del hospedero (Reyes, 2010).

Un prebiótico debe estar suficientemente estudiado en humanos para ser considerado como tal, por ello solo los fructanos, presentes en forma natural en algunas plantas, son usados por la industria alimentaria por sus propiedades tecnológicas y nutricionales (Cadaval, Garín, Artiach, Pérez & Aranceta, 2005).

Los fructanos están constituidos por moléculas de fructosa unida por enlaces β-(2→1) fructosil-fructosa. Los compuestos más representativos de este grupo son la inulina y los fructooligosacáridos (FOS) cuya estructura química les permite además formar geles que los hace ideales como reemplazantes de grasas, agentes texturizantes y/o estabilizadores de espumas y emulsiones (Lutz & León, 2009; Olganero et al., 2007).

Además de sus aplicaciones tecnológicas, los fructanos aportan beneficios a la salud actuando como fibra dietética y por tanto disminuyendo los niveles lipídicos y de glucosa en la sangre, además de su efecto laxante.

Los fructanos son sustratos preferenciales de los lactobacilos y bifidobacterias del colon, siendo fermentados completamente por ellos, incrementando la biomasa bacteriana y produciendo gases (CO_2, H_2, metano) y ácidos grasos de cadena corta. Además, la fermentación disminuye el pH intestinal generando condiciones poco toleradas por las bacterias patógenas del colon, y aumentando la frecuencia de las deposiciones.

Las bifidobacterias, además, estimulan componentes del sistema inmune, mejoran la absorción de ciertos iones, como el calcio, y la síntesis de vitaminas B. El efecto bifidogénico de los fructanos se ha demostrado en ingestas de entre 5 y 20 g/día, generalmente en un periodo de 15 días (Aranceta & Gil, 2010; Lutz & León, 2009; Madrigal & Sangronis, 2007; Olganero et al., 2007; Silveira-Rodríguez, Moreno-Megías & Molina-Baena, 2003).

La inulina y sus derivados fueron aceptados como ingredientes GRAS por el FDA de 1992 por lo que pueden usarse sin restricciones en formulaciones alimenticias, incluso en las destinadas para bebés (Madrigal & Sangronis, 2007; Olganero et al., 2007).

Por otro lado, todos los productos de origen vegetal contienen, en mayor o menor medida, compuestos bioactivos que benefician la salud (Lutz & León, 2009). Entre ellos, el arándano azul (*Vaccinium* sp.) destaca debido a su alto contenido de antioxidantes, siendo reconocido por la USDA (U.S. Highbush Blueberry Council, 2002). Se cree que esta baya originaria de Norteamérica, era aprovechada por los nativos americanos quienes utilizaban los frutos, las hojas y raíces de la planta con propósitos medicinales además de la elaboración de platillos (Highbush Blueberry Council, 2011).

Las primeras ideas y experiencias sobre los beneficios a la salud del arándano azul han sido corroborados por varios investigadores (Sinha, 2007) y actualmente destaca como fruto comestible así como medicamento antioxidante, vasculo-protector y antiséptico urinario (Pérez & Mazzone, 2006).

Por su parte, muchos productos lácteos pueden considerarse como alimentos con funcionalidad fisiológica, siendo excelentes fuentes de vitaminas y minerales importantes (Mazza, 2000). Según las recomendaciones de los nutriólogos, los niños y adolescentes de 2 a 15 años deben consumir de 500 a 600 g de leche o queso fresco por día (Mahaut, Jeantet & Brulé, 2003).

Los quesos constituyen una forma ancestral de conservación de las proteínas y de la materia grasa, así como de una parte del calcio y del fósforo de la leche. Son alimentos más ricos en proteínas, ya que su contenido es el alrededor del 10% en quesos frescos (Mahaut, Jeantet & Brulé, 2003). Uno de los quesos frescos de gran importancia comercial es el *Petit-Suisse*, el cual es el estimado por los niños por su sabor dulce (Cenzano, 1992).

2.2. Desarrollo de Productos Alimenticios

De acuerdo a Lerma (2002) se entiende por desarrollo de nuevos productos a la acción de crear productos originales, o bien, de modificar uno ya existente con la finalidad de comercializarlo, para satisfacer las necesidades o deseos del consumidor y generar ingresos, de tal manera que las empresas puedan operar, actualizarse y crecer.

El desarrollo de nuevos productos es un proceso multidisciplinario en el que interactúan principalmente los elementos de la mercadotecnia con aspectos de innovación tecnológica y desarrollo científico. De Alba, Ramírez y Pérez (2015) indican que las etapas que integran el proceso de desarrollo de nuevos productos son: formulación de la idea, planificación, desarrollo técnico, desarrollo de la estrategia de mercadotecnia, prueba de mercado y comercialización.

A su vez cada una de estas etapas son procesos que se pueden realizar secuencialmente o en paralelo. Por ejemplo, durante el desarrollo técnico se tiene la fase de conceptualización y de revisión de estudios previos; la experimentación para determinar la formulación y/o el proceso; los estudios de vida útil y la validación sensorial. Por otro lado, la mercadotecnia involucra entre otras cosas la distribución comercial, el análisis de precio y la publicidad.

Para el desarrollo de esta investigación, las etapas tanto de desarrollo tecnológico como de mercadotecnia que se siguieron fueron las siguientes: Estudio de mercado, diseño y selección de prototipos, determinación de la calidad sanitaria, determinación de la composición química y propiedades texturales, pruebas afectivas a consumidores, selección de envase y diseño de etiqueta y estimación de la vida útil.

3. Desarrollo del Queso *Petit-Suisse* de Arándano Azul con Prebióticos

3.1. Estudio de Mercado

Con la finalidad de darnos una idea de la factibilidad del desarrollo de "queso *Petit-Suisse* de arándano azul con prebióticos" se realizó una encuesta estructurada a 30 amas de casa (consumidores potenciales) fuera de establecimientos comerciales en el municipio de Cuautitlán Izcalli, Estado de México.

Las preguntas se enfocaron a conocer la magnitud del consumo de queso *Petit-Suisse* o su análogo, las marcas y sabores más consumidos y los lugares donde más se compra este tipo de productos, así mismo, se realizaron preguntas para conocer qué tan informada esta la población sobre los beneficios del consumo de arándano azul y prebióticos. También se buscó conocer si el consumidor estaría dispuesto a comprar "queso *Petit-Suisse* de arándano azul con prebióticos".

Los resultados del estudio de mercado mostraron que 82% de la población entrevistada consume queso *Petit-Suisse* o sus análogos indicando que se tiene un amplio mercado para este tipo de productos. El sabor fresa (Figura 1A) y la marca Danonino $_{MR}$ (Figura 1.B) fueron los más consumidos por los encuestados con 77 y 87% de consumo respectivamente. De igual manera se pudo conocer que 73% de los encuestados consume estos productos en supermercados, indicándonos que sería por medio de éste canal la forma más factible para la introducción del producto (Figura 1.C).

En cuanto a los aspectos funcionales, más de la mitad de los encuestados (56%) dijeron que no conocían los beneficios a la salud que el arándano azul proporcionaba, siendo solo 11% de los encuestados los que afirmaron sí conocerlos (Figura 1.D). Esto nos indica que, dada la tendencia actual del mercado a consumir alimentos más saludables, se debe dar a conocer los beneficios que el consumo de arándano azul proporciona a la salud, para aumentar el mercado del producto desarrollado, resaltando que se elabora con pulpa 100% natural de esta baya.

Por esta misma razón, la inclusión en la etiqueta de la leyenda "con prebióticos" podría ayudar a la comercialización del producto ya que contrario a la pregunta anterior, un alto porcentaje de los entrevistados (63%) afirmó conocer los beneficios del consumo de prebióticos.

Por otro lado, el 100% de los consumidores encuestados respondió que sí compraría un queso *Petit-Suisse* de arándano azul con prebióticos a sus hijos haciendo aclaraciones que lo harían solo para probar o en caso de que sus hijos lo pidieran.

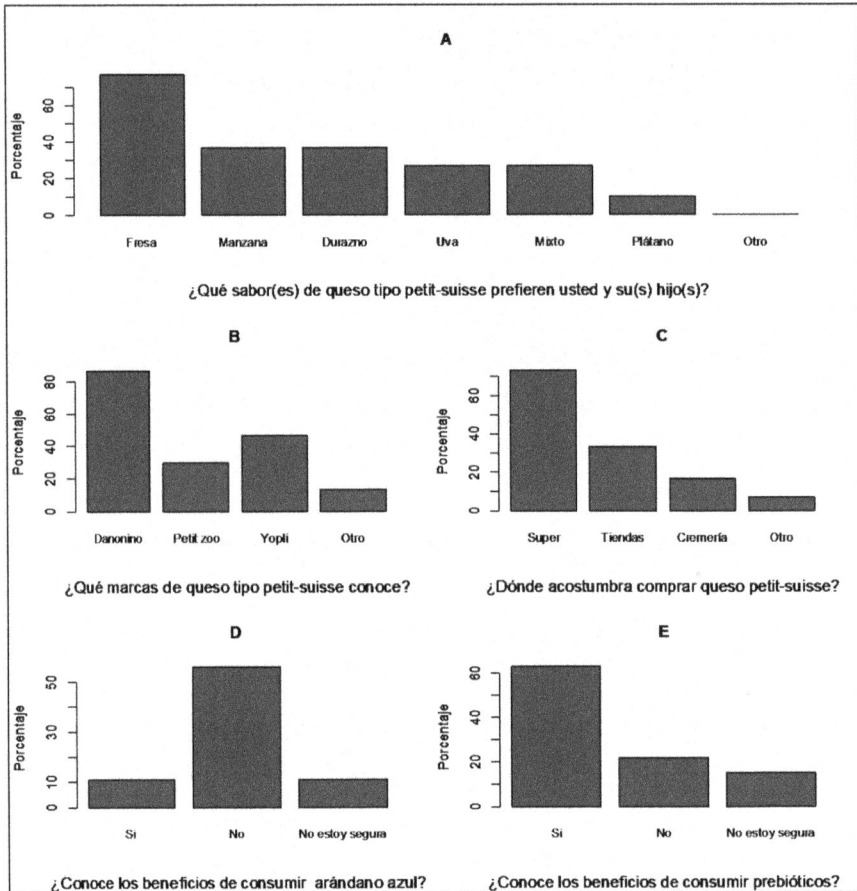

Figura 1. Resultados del estudio de mercado

3.2. Diseño y Selección de Prototipos

Se elaboraron tres prototipos y un control (sin prebióticos) de queso *Petit-Suisse* de acuerdo al diagrama de la Figura 2.

Para su elaboración se utilizó leche entera ultrapasteurizada Santa Clara[MR], leche entera en polvo Nido, cultivos lácticos Choozit (*Lactococcus lactis* spp *lactis* y *Lactococcus lactis* spp *cremoris*) provistos por Alcatraz, cloruro de calcio de Química Meyer, Cuajo marca Qualact, crema de leche Lyncott[MR], Grenetina D'Gari[MR], Goma Xantana de Droguería Cosmopolita y prebióticos Bioagave[TM] Powder y NutraFlora P-95 provistos por Ingredion.

Así mismo, se empleó una batidora Kitchen Aid K45SSWH y una incubadora Felisa 2455.

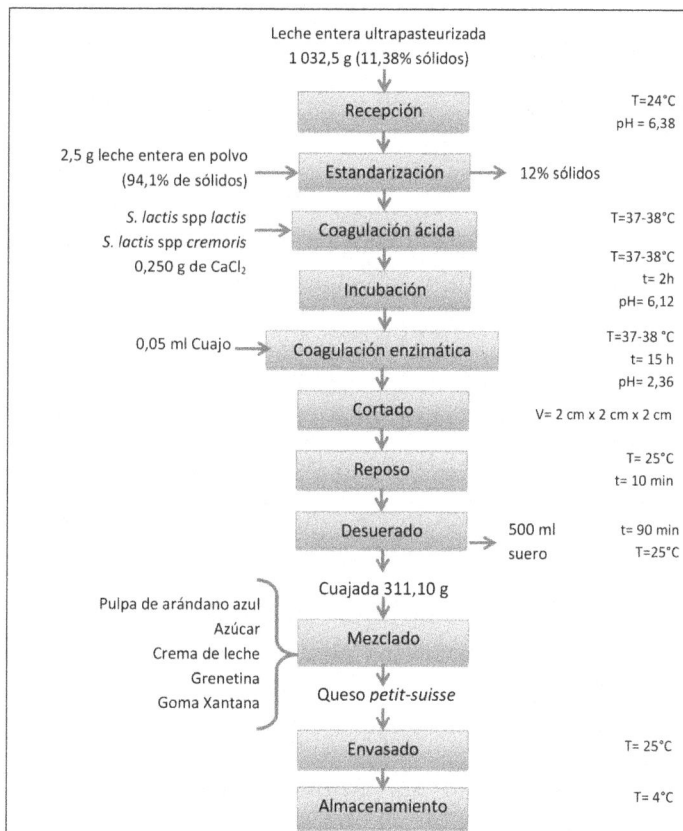

Figura 2. Diagrama de proceso para la elaboración de queso Petit-Suisse

En su recepción la leche entera se sometió a pruebas rápidas de calidad determinando su acidez titulable y densidad. Se adicionaron 2.0095 g de leche entera en polvo a fin de aumentar el porcentaje de sólidos a un 12%.

Para lograr la coagulación ácida se precipitaron las caseínas por acidificación biológica con ayuda de fermentos lácticos agregados al proceso a una temperatura de 37-38°C. Posteriormente se adicionaron 0.25 g de $CaCl_2$ por litro de leche como fuente de iones calcio (Ca^{++}), los cuales se hallan involucrados en la formación de la red caseínica (Villegas de Gante, 2004).

Se dejó reposar en incubación durante 120 min a 37°C. Posteriormente, se dosifica cuajo líquido según su fuerza y se deja reposar de 15 a 18 horas a temperatura de 37°C. Tras la formación del gel, se realiza un corte en cubos de 2 cm de largo del coágulo buscando incrementar el cociente área/volumen de la masa cuajada para facilitar la deshidratación. Se deja reposar a temperatura ambiente durante 10-20 min, para posteriormente desuerar a temperatura ambiente durante 90 min eliminando una parte importante del lactosuero utilizando una tela de algodón esterilizada.

La base de queso obtenida en el desuerado se mezcló con el resto de los ingredientes de acuerdo a las formulaciones propuestas en la Tabla 1 utilizando una batidora clásica Kitchen Aid a la velocidad 8 durante 5 min. Se prepararon tres prototipos con la mezcla prebiótica FOS: Inulina en porcentajes 100:0, 50:50 y 0:100, estos porcentajes se establecieron de acuerdo a las cantidades necesarias de consumo diario para que los FOS y la inulina presenten sus propiedades funcionales según Cardarelli, Buriti, Castro y Saad (2008).

Para seleccionar un prototipo se aplicó una prueba de evaluación sensorial empleando la prueba discriminativa de comparaciones múltiples a 37 jueces semi-entrenados, los cuales debían evaluar la cremosidad de cada prototipo con respecto a la muestra control. La diferencia con respecto al control se calificó en una escala del 1 al 10, en donde los valores menores que 5 indicaron que es menos cremoso que el control. Para el análisis de los resultados se aplicó el método no paramétrico de Friedman y una prueba de comparación múltiple de las medianas. El análisis se realizó con el paquete de cómputo gratuito R (R Core Team, 2013), utilizando el código de R de Tal Galili publicado en r-statistics.com (Galili, 2010; Hothorn, Bretz, Westfall, Heiberger & Schuetzanmeinster, 2015).

Tabla 1. Formulaciones de los prototipos y la muestra patrón

	Control (%)	Prototipos (%)
Base de queso	62,80	56,62
Pulpa de fruta	10,81	9,74
Sacarosa	11,72	10,57
Crema de leche	13,76	12,40
Grenetina	0,49	0,44
Goma Xantana	0,42	0,38
Mezcla prebiótica	0,00	9,85

Dos prototipos presentaron una calificación mediana de cremosidad igual que la del control. Los prototipos con proporciones FOS:inulina 100:0 y 50:50 tuvieron una calificación mediana de cremosidad de 5, un poco mayor, pero significativa estadísticamente ($p < 0.05$) que la del prototipo con proporción 0:100 que tuvo una calificación mediana de 4. Se seleccionó el prototipo que contenía la mezcla de prebióticos ya que los FOS tienen un precio más elevado y la utilización exclusiva de ellos elevaría el costo de producción.

3.3. Determinación de la Calidad Sanitaria

Se realizó la determinación de coliformes totales en el prototipo seleccionado (NOM-113-SSA1-1994) y en caso de formación de colonias se planteó realizar las determinaciones de *Salmonella* spp, *Escherichia coli* y *Listeria Monocytogens*. También se realizó la determinación de mohos y levaduras (NOM-111-SSA1-1994).

Los resultados del análisis de coliformes totales y mohos y levaduras aplicadas al producto indicaron que se trata de un producto inocuo para su consumo realizado bajo las Buenas Prácticas de Manufactura (BPM's), al no presentar colonias en ninguna de las determinaciones realizadas.

3.4 Determinación de la Composición Química

Al prototipo seleccionado se le determinó su contenido de azúcares reductores totales, directos y sacarosa por el método volumétrico de Lane y Eynon (NMX-F-312-1978). El porcentaje de cenizas se determinó por el método general o de Klemm (NMX-F-066-S-1978), el contenido de humedad por tratamiento térmico usando arena (NOM-116-SSA1-1994); la cantidad de proteína por micro-Kjeldahl (NOM-155-SCFI-2012) y la cantidad de lípidos por Roese-Gottlieb (NMX-F-311-1977). Cada determinación se realizó por triplicado.

La Tabla 3 muestra la comparación entre la composición química en extracto seco (EST) y el porcentaje de humedad del prototipo con respecto a un queso *Petit-Suisse* comercial. Los datos de este último fueron tomados de los indicados en la etiqueta.

Cabe resaltar la presencia de fibra en el prototipo que es atribuida a la adición de prebióticos y a la utilización de fruta natural de arándano azul.

Tabla 2. Comparación de la humedad y composición química (EST) del prototipo con un producto comercial

COMPONENTE	Producto Comercial %	Prototipo %
Proteína	23,42	12,65 ± 0,11
Grasa	12,16	32,10 ± 0,43
ART	64,41	44,96 ±0,27
ARD	57,66	13,85 ± 0,18
Sacarosa	0,00	11,76 ± 0,37
Fibra cruda	0,00	8,40 ± 0,03
Cenizas	1,00	1,88
Humedad	75,33	71,61 ± 3,11

3.5. Determinación de Propiedades Texturales

La determinación de las propiedades texturales del prototipo y de un queso *Petit-Suisse* del mercado se realizó mediante un análisis de perfil de textura (TPA) utilizando un texturómetro Texture Analyser TA500 a 25°C empleando la placa cilíndrica de 2,5cm. Se realizaron tres réplicas tanto para el prototipo como para el producto comercial y se compararon las medias mediante una prueba t Student para muestras independientes.

La diferencia en las formulaciones y por lo tanto en la composición química del producto comercial y del prototipo se refleja en las propiedades texturales de ambos productos, los promedios de las cuales se muestran en la Tabla 3. De acuerdo a estos datos, no existe diferencia estadísticamente significativa para los parámetros de dureza, cohesividad y elasticidad (p > 0,05) entre el prototipo y el producto comercial. Sin embargo, la fuerza adhesiva y la adhesividad del prototipo fueron significativamente mayores al comercial (p < 0,05).

Tabla 3. Comparación de los promedios de las propiedades texturales del prototipo con el producto comercial

Propiedad Textural	Promedio del Prototipo	Promedio del Comercial	Valor P
Dureza (N)	0,2392	0,1598	0,07834
Cohesividad	0.8243	0,8942	0,6519
Elasticidad (mm)	4,2667	4,0660	0,267
Fuerza adhesiva (N)	0,1154	0,0788	0,04221
Adhesividad (J)	0,4316	0,2548	0,001171

Debido a que el queso es un material viscoelástico que está compuesto por una red continua de caseína, en la cual los glóbulos grasos y el agua están intercalados, cuando se reduce la cantidad de grasa, la microestructura de la red es alterada y la adhesividad disminuye (Gwartney, Foegeding & Larick, 2002). Por ello debido a su menor contenido de grasa, el producto comercial presenta una menor adhesividad.

3.6. Pruebas Afectivas a Consumidores

Se realizaron pruebas sensoriales a niños de entre 4 y 15 años de edad a los cuales se les dieron a probar dos muestras, la primera correspondiente al prototipo seleccionado y la otra al producto comercial. Cada consumidor debía indicar en la hoja de respuesta si le gustaba o no le gustaba la muestra.

Los resultados de las pruebas afectivas mostrados en la Figura 3 muestran que el prototipo le agradó al 67% de los consumidores (64% indicaron que les gustaron ambos productos y 3% indicaron que preferían el prototipo), mientras que el producto comercial fue del agrado de un 94% (64% indicaron que les gustaron ambos productos y 30% indicaron que preferían el comercial). Esto nos muestra que aunque el comercial es más aceptado que el prototipo, éste tiene buena aceptación por parte de los consumidores.

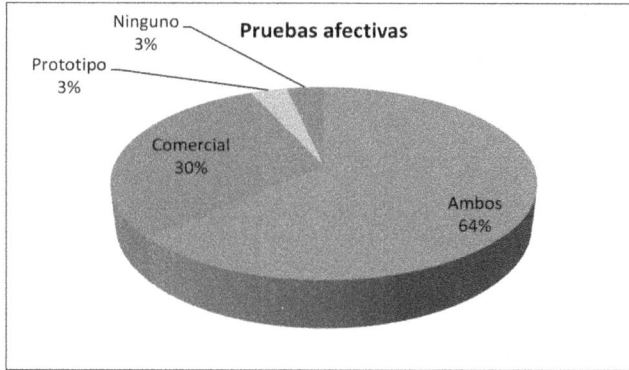

Figura 3. Resultados de la prueba afectiva con consumidores al prototipo seleccionado y al producto comercial

3.7. Selección del Envase

Para el desarrollo del envase se siguió la metodología propuesta por Guzmán (2011), de acuerdo al diagrama de la Figura 4.

Las características de este envase se resumen en la Tabla 4 y su representación gráfica se muestra en la Figura 5.

Tabla 4. Características del envase

Características	Especificaciones
Material	Polipropileno
Capacidad	50 g
Cierre	Tapa a presión
Marca	Reyma

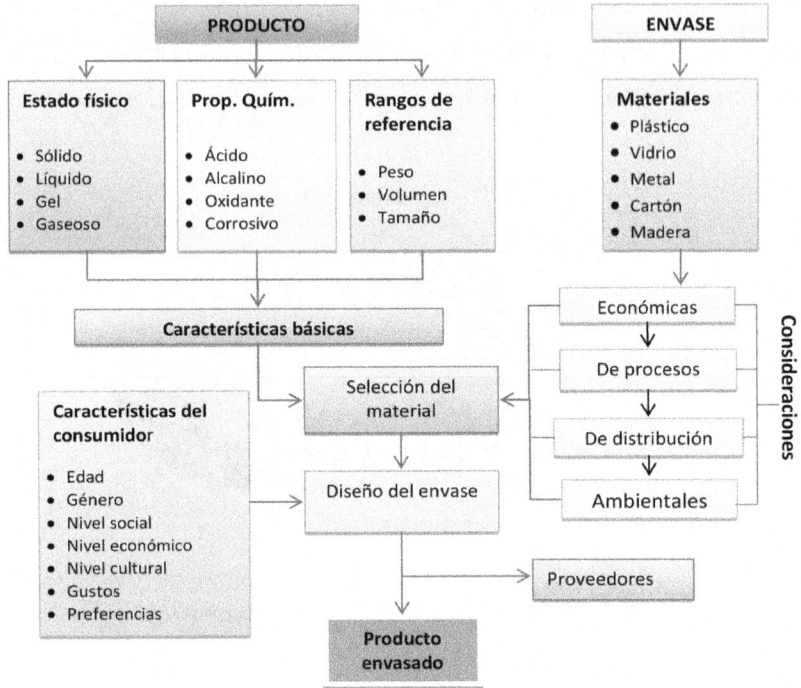

Figura 4. Diagrama para el diseño de un envase (Guzmán, 2011)

Figura 5. Envase para queso Petit-Suisse de arándano azul con prebióticos

3.8. Diseño de la Etiqueta

Se diseñó la etiqueta de acuerdo a las especificaciones de la Norma (NOM-051-SCFI/SSA1-2010) y se tomaron en cuenta las consideraciones respecto al diseño gráfico de la marca y la etiqueta señaladas por la literatura (Vidales-Giovannetti, 1997; Murphy & Rowe, 1992).

En la Figura 6 se presenta la propuesta de etiqueta para la presentación comercial del producto.

Se trata de una etiqueta lateral impresa en hoja de PVC termoencogible, que envuelve completamente los laterales del envase cerrado, incluyendo los bordes de la tapa.

Figura 6. Etiqueta lateral

En la parte superior se incluye una línea de apertura que al presionar hacia el envase divide la etiqueta en dos, la parte superior se retira del envase y la parte inferior permanece en él. Este mecanismo asegura al consumidor que el producto no ha sido abierto desde su envasado, por lo cual la etiqueta se debe colocar una vez que el producto ha sido envasado y se ha colocado la tapa a presión sobre el envase. Las características de la etiqueta se presentan en la Tabla 5.

Tabla 5. Características de la etiqueta lateral

Características	Especificaciones
Tamaño	173 x 50 mm
Tipo	Lateral termoencogible
Material	PVC termoencogible
Elementos legales (NOM-051-SCFI/ SSA1-2010)	• Denominación del producto: Queso *Petit-Suisse* con prebióticos • Marca: Arandanito[TM] • Lista de ingredientes: ◦ Encabezado por el término ingredientes ◦ Numerados en orden cuantitativo decreciente (m/m) ◦ Utilización de la denominación específica excepto: azúcar y cultivos lácticos • Contenido neto (NOM-030-SCFI-2006) • Nombre y domicilio: Calle, número, código postal y entidad federativa • País de origen • Condiciones de conservación: "Manténgase en refrigeración" • Información nutrimental: Contenido energético y cantidad de proteínas, carbohidratos, grasas y fibra por envase (50g)
Elementos gráficos	• Logotipo • Mascota
Otros elementos	• Código de barras en código EAN-8 • Símbolo "Deposite el envase vacío en la basura" • Indicativos: "Con prebióticos" , "Con pulpa 100% natural" • Sabor del producto: Arándano azul (con imagen de la fruta) • Línea recortable para abrir el producto

En la Figura 7 se presenta el diseño de la etiqueta frontal, la cual se coloca en la tapa del producto. La impresión de esta etiqueta es sobre papel con protección contra la humedad y sus características se encuentran contenidas en la Tabla 6.

Figura 7. Etiqueta frontal

Tabla 6. Características de la etiqueta frontal

Características	Especificaciones
Tamaño	50 mm diámetro
Tipo	Frontal pegada a presión (uso de adhesivos)
Material	Papel con protección contra humedad

Elementos legales (NOM-051-SCFI/ SSA1-2010)	• Denominación del producto: Queso *Petit-Suisse* con prebióticos
	• Marca: Arandanito™
	• Lote
	   ◦ Se marcará una clave indeleble y permanente frente al rótulo "Lote" que permita la rastreabilidad del producto
	• Consumo preferente
	   ◦ Se marcará una fecha correspondiente al día y mes de consumo preferente después del rótulo "Cons. Pref."

Elementos gráficos	• Color azul • Fondo con figura de arándano azul

3.9. Estimación de la Vida Útil

Se elaboraron siete lotes del prototipo seleccionado de acuerdo a un diseño escalonado, el cual consiste en almacenar diferentes lotes de producción en las condiciones seleccionadas a diferentes tiempos, para obtener en un mismo día todas las muestras con los diferentes grados de deterioro y en ese día analizarlas (Hough & Fiszman, 2005). De este modo se tuvieron muestras del producto almacenado durante 0, 3, 7, 10, 16, 20 y 25 días a 5 ± 2°C.

Para la determinación de vida la vida útil se utilizaron dos descriptores críticos: el porcentaje de ácido láctico y la evaluación sensorial. De igual forma se realizaron los análisis para la determinación de coliformes totales (NOM-113-SSA1-1994) y mohos y levaduras (NOM-111-SSA1-1994) por duplicado para cada tiempo de almacenamiento evaluando su calidad sanitaria.

A cada muestra se le determinó el porcentaje de ácido láctico por medio de una titulación volumétrica (NOM-155-SCFI-2012). Se realizaron tres réplicas para cada tiempo de almacenamiento. Se realizó un análisis de regresión para caracterizar la cinética de deterioro. La Figura 8 muestra el comportamiento del porcentaje de acidez con respecto al tiempo. La relación lineal no fue significativa ($R^2 = 0.54$ y $p = 0.1$) lo que nos indica que en el intervalo de tiempo estudiado la acidez del producto permanece constante quizá debido a que las condiciones de almacenamiento (T = 5°C) detienen los procesos fermentativos de los Estreptococos.

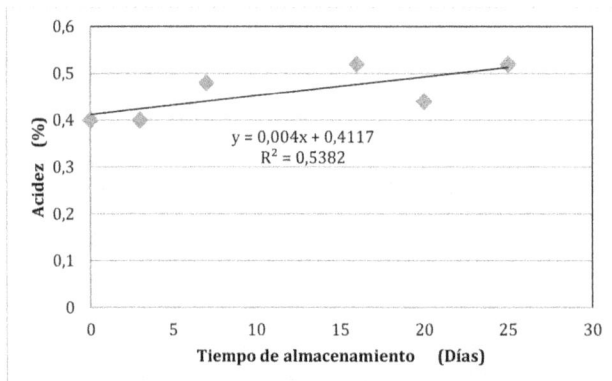

Figura 8. Medición de la acidez con el tiempo

En la determinación de coliformes totales se encontró que después de 24 y 48 horas de incubación a 35°C, no se desarrollaron colonias de microorganismos coliformes en ninguno de los lotes con diferentes tiempos de almacenamiento. En cuanto a la presencia de mohos y levaduras únicamente la muestra con un tiempo de almacenamiento de 16 días presentó una cantidad por arriba de la norma (500UFC/g, NOM-243-SSA1-2010) por lo que se descartó de la evaluación sensorial de vida útil.

Para la estimación de la vida útil sensorial del producto, se aplicó una evaluación sensorial utilizando 30 jueces semi-entrenados, a cada uno de los cuales se les presentaron las seis muestras de queso *Petit-Suisse* de arándano azul con prebióticos con diferentes tiempos de almacenamiento. Cada juez debía evaluar la aceptación del producto en general así como la de cada uno de sus atributos sensoriales (color, olor, textura y sabor). Los datos se analizaron mediante un análisis de supervivencia utilizando el programa estadístico R (R Core Team, 2013), el paquete estadístico R commander (Fox, 2005) y la función "sslife" para R de Hough (2010).

Los datos de la evaluación sensorial se dice que son censurados por intervalo porque no se puede determinar el tiempo exacto en el que se produce el rechazo del producto pero sí el intervalo de tiempo en el que ocurre este rechazo. Se realizó una censura de los datos indicando para cada juez el intervalo en el que se presenta el rechazo del producto. Cuando el juez no rechazó ninguna de las muestras se asume que el tiempo de rechazo es mayor al máximo tiempo de almacenamiento estudiado (censura por la derecha); cuando el juez rechaza el producto en dos tiempos de almacenamiento dados se asume que el tiempo de rechazo se encuentra entre estos dos tiempos (censura de intervalo); cuando el juez rechaza el producto entre el día cero y el siguiente día de almacenamiento evaluado, se tiene una censura por la izquierda. Los resultados de los jueces que rechazaron el producto fresco (día cero) no fueron tomados en cuenta para el análisis ya que se asume que al juez no le gusta el producto en sí (censura a la izquierda). La censura de los datos se hizo con la función "sslife" para R de Hough (2010).

Los datos censurados de aceptación del producto y sus atributos se ajustaron a modelos paramétricos (Weibull, Logístico, Gaussiano). Se determinó cuál de los modelos evaluados se ajustaron razonablemente mejor a los datos, mediante el criterio del valor logarítmico de la verosimilitud menor (Hough, 2010). Una vez seleccionado el modelo más adecuado, se pudieron estimar los días de vida útil del producto y determinar cuál de los atributos evaluados influye más en el rechazo del producto.

La Tabla 7 resume los valores logarítmicos de la verosimilitud de los diferentes modelos evaluados con los datos censurados de aceptación. En ella se puede observar que el modelo Gaussiano obtuvo el valor logarítmico de la verosimilitud menor, por lo que los datos se ajustaron a este modelo para la estimación de la vida útil. Este mismo criterio se aplicó para ajustar a modelos paramétricos los datos censurados de los atributos sensoriales evaluados.

Tabla 7. Valores de logverosimilitud para los modelos paramétricos evaluados de los datos censurados de aceptación general

Modelo	Verosimilitud
Weibull	22,89
Gaussiano (normal)	23,32
Logístico	23,70

En la Tabla 8 se presenta la estimación de la vida útil en días del producto y cada uno de sus atributos evaluados sensorialmente con 50% de aceptación calculado de acuerdo al ajuste de los datos al modelo paramétrico indicado.

La vida útil sensorial del producto fue de 26 días (almacenado a 5°C) con un intervalo de ± 2 días según el modelo Gaussiano, como se puede observar en la Tabla 8, el sabor y la textura fueron los atributos sensoriales con menor deterioro, presentando una vida útil superior a la del producto en general con 31 y 28 días respectivamente (almacenado a 5°C). Por otro lado, el olor fue el atributo con mayor deterioro presentando una vida útil menor a la del producto en general con un estimado de 25 días (a 5°C).

Tabla 8. Estimación de la vida útil sensorial para un porcentaje de aceptación del 50%

Atributo	Estimación de la vida útil (días)	Modelo
Aceptación general	$26{,}62 \pm 2{,}68$	Normal
Color	$26{,}65 \pm 7{,}72$	Weibull
Olor	$25{,}41 \pm 5{,}54$	Weibull
Textura	$28{,}86 \pm 4{,}24$	Weibull
Sabor	$31{,}91 \pm 4{,}63$	Logístico

4. Conclusiones

Los resultados nos muestran que el desarrollo de un queso *Petit-Suisse* con pulpa natural de arándano azul y prebióticos es factible, ya que 82% de la muestra de personas encuestadas para el estudio de mercado estaría dispuesto a comprar el producto para probarlo. Sin embargo, debido a su alto costo sería necesario enfocar su comercialización hacia personas de un sector económico medio a alto, o hacer una reformulación del producto para disminuir el costo unitario de producción.

También es importante señalar que debido a que la determinación del costo unitario del producto se realizó como parte de un ejercicio académico, éste se determinó mediante el costo al menudeo al que se obtuvo cada material. En el caso de una producción industrial, la estimación del costo se tendría que ajustar a las nuevas condiciones de compra de materias primas, por lo que el costo real del producto sería menor.

Los prototipos que contenían FOS presentaron mayor cremosidad que aquel que sólo contenía inulina ($p < 0.05$), por lo que se optó por seleccionar el prototipo que contenía una mezcla de ambos (50% inulina y 50% FOS) ya que el costo de los FOS es más elevado que el de la inulina.

Los resultados de las determinaciones microbiológicas (coliformes totales y mohos y levaduras) demostraron que se trata de un producto inocuo para su consumo siempre y cuando se apliquen las buenas prácticas de manufactura en su elaboración.

Al comparar el prototipo con un producto comercial se encontró, en cuanto a su composición química, que el prototipo tiene un mayor porcentaje de lípidos debido a la cantidad de crema de leche adicionada para cumplir con lo establecido en la normatividad para un queso *Petit-Suisse*, así mismo, el prototipo contiene 8,40% (EST) de fibra, mientras que en el comercial no está presente este componente, atribuyendo esto a la presencia de los agentes prebióticos y la utilización de pulpa natural de arándano azul, lo que representa una ventaja funcional del prototipo respecto al comercial.

En cuanto a sus parámetros texturales se encontró que en la mayoría de ellos no existía diferencia entre ambos productos, sin embargo, la adhesividad y la fuerza adhesiva resultaron ser mayores en el prototipo, lo cual es atribuido a la diferencia en el porcentaje de grasa siendo menor la adhesividad en el producto comercial por el menor contenido de lípidos y su mayor contenido de humedad y carbohidratos.

El nivel de agrado del prototipo resultó ser de 67% contra un 93% de agrado del comercial.

Se seleccionó un envase con capacidad de 50 g de polipropileno por su bajo costo, facilidad de obtención, facilidad de reciclado, y por sus propiedades para proteger el producto presentando una buena barrera contra gases, vapor de agua y grasa.

El diseño de la etiqueta se enfocó en atraer la atención de niños, principalmente entre 4 y 6 años de edad, a la vez que se ubicaron tanto en la etiqueta frontal como en la lateral los requisitos establecidos en la normatividad mexicana para etiquetado de productos alimenticios.

Finalmente se estableció una vida útil sensorial de 26 días para el producto almacenado a temperaturas de refrigeración (5°C). Se encontró también que los atributos que presentaron una mayor degradación fueron el color y el olor.

Agradecimientos

Trabajo realizado con el apoyo del Programa UNAM-DGAPA-PAPIME PE205314.

Referencias

Aranceta, J., & Gil, Á. (2010). *Alimentos funcionales y salud en las etapas infantil y juvenil.* Madrid: Médica Panamericana.

Cadaval, A., Garín, U., Artiach, E., Pérez, C., & Aranceta, J. (2005). *Alimentos Funcionales para una alimentación más saludable.* España: SENC.

Cardarelli, H.R., Buriti, F.C., Castro, I.A., & Saad, S.M. (2008). Inulin and Oligofrutose improve sensory quality and increase the probiotic viable count in potentially synbiotic petit-suisse cheese. *LWT Food Science and Technology,* 41, 1037-1046. http://dx.doi.org/10.1016/j.lwt.2007.07.001

Cenzano, I. (1992). *Los quesos.* Madrid: AMV Ediciones: Mundi-Prensa.

De Alba, M.V., Ramírez, Z.R.M., & Pérez, B.J.A. (2015). *Alimentos Funcionales. Principios y nuevos productos.* Editorial Trillas.

Fox, J. (2005). The R Commander: A Basic Statistics Graphical User Interface to R. *Journal of Statistical Software,* 14(9), 1-42. http://dx.doi.org/10.18637/jss.v014.i09

Galili, T. (2010). *R-statistics blog.* Disponible en:

http://www.r-statistics.com/2010/02/post-hoc-analysis-for-friedmans-test-r-code

Guzmán, C. (2011). *7 pasos para el desarrollo y/o evaluación de envases. Diseño, optimización y pruebas.* Monterrey: Brújula.

Gwartney, E., Foegeding, E., & Larick, D. (2002). The texture of comercial full-fat and reduced-fat cheeses. *Journal of food science,* 67(2), 812-816.

Highbush Blueberry Council (2011). *History of Blueberries.* Disponible en:

http://www.blueberrycouncil.org

Hothorn, T., Bretz, F., Westfall, P., Heiberger, R.M., & Schuetzanmeinster, A. (2015). Multcomp. Disponible en: http://multcom.R-forge.R-projet.org

Hough, G. (2010). *Sensory Shelf life Estimation of Food Products.* Boca Raton: CRC Press.

Hough, G., & Fiszman, S. (2005). *Estimación de la vida útil sensorial de alimentos.* Madrid: CYTED.

INEGI (2011). *Mortlidad.* http://cuentame.inegi.org.mx (Fecha último acceso: Septiembre 2013).

Lerma, A. (2002). *Guía para el desarrollo de nuevos productos.* México: ECAFSA.

Lutz, M., & León, A.E. (2009). *Aspectos nutricionales y saludables de los productos de panificación*. Chile: Universidad de Valparaíso.

Madrigal, L., & Sangronis, E. (2007). La inulina y derivados como ingredientes clave en alimentos funcionales. *Archivos Latinoamericanos de Nutrición*, 387-396.

Mahaut, M., Jeantet, R., & Brulé, G. (2003). *Introducción quesera*. Zaragoza:Acribia.

Mazza, G. (2000). *Alimentos funcionales: aspectos bioquímicos y de procesado*. Zaragoza: Acribia.

Murphy, J., & Rowe, M. (1992). Como diseñar marcas y logotipos (3ra Ed.). Gustavo Gili de México, S.A.

NMX-F-066-S-1978. (s.f.). *Determinación de cenizas en alimentos*. Disponible en:
http://www.colpos.mx/bancodenormas/nmexicanas/NMX-F-066-S-1978.PDF

NMX-F-311-1977. (s.f.). *Determinación de extracto etéreo en leche en polvo y productos lácteos*. Disponible en:
http://www.colpos.mx/bancodenormas/nmexicanas/NMX-F-311-1977.PDF

NMX-F-312-1978. (s.f.). *Determinación de reductores directos y totales en alimentos*. Disponible en:
http://www.colpos.mx/bancodenormas/nmexicanas/NMX-F-312-1978.PDF

NOM-051-SCFI/SSA1-2010. (s.f.). *Especificaciones generales de etiquetado para alimentos y bebidas no alcohólicas preenvasados. Información comercial y sanitaria*. Disponible en:
http://www.dof.gob.mx/nota_detalle.php?codigo=5356328&fecha=14/08/2014

NOM-111-SSA1-1994. (s.f.). *Bienes y servicios. Método para la cuenta de mohos y levaduras en alimentos*. Disponible en:
http://www.salud.gob.mx/unidades/cdi/nom/111ssa14.html

NOM-113-SSA1-1994. (s.f.). *Bienes y servicios. Método para la cuenta de microorganismos coliformes totales en placa*. Disponible en:
http://www.salud.gob.mx/unidades/cdi/nom/113ssa14.html

NOM-116-SSA1-1994. (s.f.). *Bienes y servicios. Determinación de Humedad en alimentos por tratamiento térmico. Método por arena o gasa*. Disponible en:
http://www.salud.gob.mx/unidades/cdi/nom/116ssa14.html

NOM-155-SCFI-2012. (S.f.). *Leche-Denominaciones, especificaciones fisicoquímicas, información comercial y métodos de prueba*. Disponible en:
http://www.dof.gob.mx/normasOficiales/4692/seeco/seeco.htm

NOM-243-SSSA1-2010. (s.f.). *Productos y servicios. Leche, fórmula láctea, producto lácteo combinado y derivados lácteos. Disposiciones y especificaciones sanitarias. Métodos de prueba*. Disponible en:
http://dof.gob.mx/nota_detalle_popup.php?codigo=5160755

Olganero, G., Abad, A., Bendersky, S., Genovois, C., Granzella, L., & Montonati, M. (2007). Alimentos funcionales: fibra, prebióticos, probióticos y simbióticos. *DIAETA,* 25(121).

Pérez, D., & Mazzone, L. (2006). *Arándano; Mercados internacionales, comercio argentino, aspectos económicos y productivos del cultivo en Tucamán.* Argentina: EEAOC.

R Core Team (2013). *R: A Languaje and Environment for Statistical Computing.* R Foundation for Statistical Computing, Vienna, Austria.
http://www.R-project.org/

Reyes, A. (2010). *Evaluación de un prebiótico inulina sobre el comportamiento productivo y las características de la canal en pollo de engorda.* México: Tesis. UNAM.

Silveira-Rodríguez, M.B., Moreno-Megías, S., & Molina-Baena, B. (2003). Alimentos funcionales y nutrición óptima ¿cerca o lejos? *Revista Española de Salud Pública,* 3, 317-331.

Sinha, N. (2007). *Handbook of Food Products Manufacturing.* Vol. 2. U.S.: John Wiley & Sons.

U.S. Highbush Blueberry Council (2002). *Composition and Specifics.*
http://www.blueberry.org/ (Fecha último acceso: Marzo 2013).

Vidales-Giovannetti, M.D. (1997). *El mundo del envase. Manual para el diseño y producción de envases y embalajes.* México: Gustavo Gili de México, S.A.

Villegas de Gante, A. (2004). *Tecnología quesera.* México: Trillas.

OmniaScience

Capítulo 6

Estrategias de Comercialización

Edgar Francisco Arechavaleta Vázquez

Facultad de Estudios Superiores Cuautitlán-UNAM, Departamento de Ingeniería y Tecnología, Av. 1° de Mayo S/N, Col. Sta. María las Torres, Cuautitlán Izcalli, Edo. de México, CP 54760.

edgar.arechavaleta@yahoo.com

Doi: http://dx.doi.org/10.3926/oms.292

Referenciar este capítulo

Arechavaleta Vázquez, E.F. (2015). *Estrategias de comercialización*. En Ramírez-Ortiz, M.E. (Ed.). *Tendencias de Innovación en la Ingeniería de Alimentos*. Barcelona, España: OmniaScience. 169-195.

Resumen

La globalización y la creciente competitividad que hoy dia enfrentan las empresas en todos los niveles, ya sean locales, regionales o transnacionales, han ocasionado que para poder posicionarse y mantenerse en las preferencias de los mercados, las organizaciones no puedan escatimar esfuerzos y recursos para asegurar un crecimiento sostenido que les permita garantizar los niveles de rentabilidad exigidos por sus inversionistas o dueños.

Por lo anterior, el análisis, la investigación y entendimiento de los complejos y cambiantes procesos que determinan las preferencias de los consumidores, así como la formulación, diseño y sobre todo la exitosa implementación de estrategias innovadoras de comercialización que puedan anticiparse a las necesidades del consumidor para ganar su preferencia, son una prioridad total en las empresas de consumo.

Por otra parte las grandes transformaciones tanto en las cadenas de valor como en los hábitos y preferencias de los consumidores que ocurren constantemente en la actualidad, ocasiona que las estrategias de comercialización que hoy día podrían considerarse innovadoras y exitosas, muy probablemente serán obsoletas en el futuro cercano, impactando negativamente los resultados de las empresas e incluso poniendo en riesgo su permanencia.

Sin duda alguna la única manera de poder asegurar la continuidad de cualquier empresa en el actual y muy competido mercado de consumo, es a través de la implantación de una cultura orientada a la continua generación de estrategias de comercialización donde el factor de éxito definitivamente es la innovación, tema de este capítulo.

Palabras clave

4P, 7P, BoP, Canal de Distribución, Producto, Precio, Punto de Venta, Promoción, Personal, Procesos, Presentación, Estrategia de Comercialización, Consumidor Final, Innovación, Estudios de Mercado, Relación con Clientes, Desarrollo de Talento.

1. Introducción

La mejor manera de predecir el futuro es crearlo, y crear cosas nuevas que además sean exitosas no es algo sencillo, además que nunca se puede asegurar el éxito de una innovación, ya sea en productos, en servicios, o en estrategias de comercialización. El comportamiento del consumidor es demasiado complejo para ser analizado porque muchas variables influyen en él y tienden a interactuar entre sí en la decisión de compra de los consumidores (Astuti, Ramadhan-Silalahi & Paramita-Wijaya, 2015).

Las estrategias de comercialización, también conocidas como estrategias de mercadeo, consisten en acciones estructuradas y completamente planeadas que se llevan a cabo para alcanzar determinados objetivos relacionados con la mercadotecnia, tales como dar a conocer un nuevo producto, aumentar las ventas o lograr una mayor participación en el mercado.

La comercialización mezclada (marketing mix) es uno de los factores que influyen en las decisiones de compra de los consumidores. Es un conjunto de herramientas de comercialización utilizadas por las empresas para la consecución de sus objetivos de venta. La comercialización mezclada 7P se incorpora en un sistema de comercialización moderno, es decir, Producto, Precio, Punto de venta, Promoción, Personal, Presentación y Proceso (Lovelock, Wirtz & Chew, 2011).

Uno de los primeros modelos, AIDA (Atención → Interés → Deseo → Acción) sigue impregnando creencias acerca de la publicidad como una secuencia invariante de pasos, una "jerarquía de efectos" (Barry, 2002). Para ser eficaces, las comunicaciones de una estrategia de comercialización deben primero romper el ambiente de medios desordenados y obligar a los consumidores a sintonizar con el mensaje publicitario. El mensaje que se desee transmitir en un anuncio comercial debe desde luego generar suficiente interés y el deseo de motivar a los consumidores a actuar o comprar el producto.

Por citar un ejemplo, las estrategias publicitarias utilizadas por las industrias de aperitivos de alimentos y bebidas han sido eficaces en la construcción de marcas fuertes y la generación de la demanda de los productos que venden. Sin embargo, los modelos jerárquicos han sido criticados porque parecen asumir que la mente de un consumidor es una "hoja de información esperando en blanco" sin conocimiento previo de una marca (Weilbacher, 2001: página 22).

1.1. Caso Real

Recuerdo que a pocos días de haber terminado mi carrera como Ingeniero en Alimentos, con admiración observé que algunos compañeros de generación inmediatamente se asociaron con el objetivo de producir a una escala respetable una mermelada elaborada a base de un fruto poco común para esta categoría de alimentos; dado que fue objeto de estudio en un proyecto de desarrollo de nuevos productos que tuvieron en la carrera, estimaban que tendría mucho éxito.

De alguna manera consiguieron recursos económicos para adquirir el equipo necesario para la producción industrial a pequeña escala de la mermelada, e incluso rentaron un local donde instalaron su pequeña fábrica contando con todos los servicios requeridos.

Me consta que se aseguraron de cuidar todos aquellos aspectos de tecnología, calidad, microbiología, procesos y buenas prácticas de manufactura que estudiamos en la carrera, y después de las necesarias pruebas, ensayos y corridas para encontrar las condiciones óptimas, lograron obtener el producto que deseaban.

Inmediatamente iniciaron la producción a su máxima capacidad y todo les estaba saliendo de acuerdo a lo planeado, por lo que rápidamente llenaron la pequeña bodega destinada para almacenar el producto terminado, y...

Desafortunadamente el producto simplemente se quedó ahí hasta que se echó a perder; nunca lo pudieron vender ni colocar en el mercado. Llegó el momento que tuvieron que tirarlo y no tardaron en presentarse conflictos entre ellos culpándose del fracaso; lo que había iniciado como un proyecto lleno de las mejores intenciones, muchas ideas, mucho trabajo y más esfuerzo, desafortunadamente no acabó bien. Los activos fijos terminaron por malbaratarse perdiéndose la inversión y también la amistad.

1.2. ¿Qué Falló?

El gran error fue que nunca se visualizó de manera integral la cadena de valor del producto, es decir, desde la materia prima hasta la distribución del producto terminado al consumidor final; se limitaron a producir y al no tener el conocimiento de las demás etapas de la cadena nunca se construyó una estrategia de comercialización diseñada en función al consumidor final al que este producto estaba dirigido para asegurar poder venderlo.

Lo anterior significa que desconocían como vender el producto, a quien venderlo, como promocionarlo e incluso a qué precio venderlo; adicionalmente en los pocos intentos de venta que hicieron, el producto no tuvo aceptación ya que no era el sabor típico de las mermeladas que se comercializan normalmente; posiblemente si hubieran aplicado algunos estudios de mercado al consumidor, para evaluar el nivel de agrado y aceptación del producto, además del valor percibido, se podría haber identificado que no era un proyecto viable y sin muchas posibilidades de éxito.

El principal aprendizaje de este ejemplo real es que se puede elaborar un producto inmejorable desde el punto de vista nutricional, pero si no se cuenta con una estrategia perfectamente definida para su comercialización, considerando toda la cadena de valor e incluyendo la aceptación del consumidor, nadie lo comprará y nuestro producto estará destinado al fracaso.

1.3. Conclusión

Para formular o diseñar estrategias de comercialización, además de tomar en cuenta nuestros objetivos, recursos y capacidad, debemos previamente analizar nuestro mercado objetivo o target, de tal manera que en base a dicho análisis podamos, por ejemplo, diseñar estrategias que nos permitan satisfacer sus necesidades o deseos, o que tomen en cuenta sus hábitos o costumbres.

Y además de analizar nuestro público objetivo, también debemos previamente analizar la competencia, de tal manera que en base a dicho análisis podamos diseñar estrategias que nos permita tomar ventaja de sus debilidades, o incluso aprender de las estrategias que estén utilizando y que mejores resultados les estén dando.

2. Situación Actual

Desde la perspectiva de la gestión moderna en las empresas de consumo, las propuestas de valor en los productos que se ofrecen al cliente son la clave para sobrevivir a la feroz competencia en el mundo de los negocios. Diferenciar los clientes más rentables de los clientes menos rentables y el evitar estrategias al corto plazo, así como establecer sólidas relaciones con los clientes son estrategias clave de negocio para la supervivencia en el mercado competitivo de hoy. Como resultado de ello, la construcción de la lealtad del consumidor a largo plazo es fundamental para la sostenibilidad del negocio. (Cuadros & Domínguez, 2014).

2.1. Desarrollo de Estrategias de Comercialización

El desarrollo de una estrategia de mercado suele dividirse en 5 aspectos esenciales:

2.1.1. Análisis del Consumidor

Una vez que el mercado de operación se ha identificado, es necesario analizar en profundidad el mercado objetivo o target del producto; la recolección precisa de datos y una segmentación del mercado permiten un mejor entendimiento de las necesidades, comportamientos y preferencias del consumidor. Esta información y el posterior análisis de datos nos darán elementos a considerar para el desarrollo de la estrategia de comercialización y se podrá proyectar de manera más confiable la demanda a corto y largo plazo del producto y estimar la rentabilidad del negocio.

Por citar un ejemplo, algunas estrategias de comercialización continúan empleando técnicas multifacéticas e integradas que son muy interesantes y atractivas para los niños. Hay promociones "atacando" a los niños como consumidores con derecho a decidir, y como intermediarios que pueden influir en otros consumidores especialmente sus padres y compañeros. Las estrategias de comercialización y técnicas utilizadas en las economías desarrolladas se despliegan de manera similar en los países de ingresos más bajos (Cairns, Angus, Hastings & Caraher, 2013).

2.1.2. Desarrollo del Producto

Con los avances en materiales y tecnologías que se tienen en la actualidad, el ciclo de vida de los productos se acorta cada vez más. Para mantenerse entre los mejores del mercado, una empresa necesita constantemente mejorar los productos existentes pero también desarrollar otros nuevos.

2.1.3. Fijación de Precios

Asignar un precio óptimo para el producto muchas veces se interpreta como indicador de la calidad. Basando la decisión de fijación de precios en puntos de referencia de la industria y expectativas de ingresos, es esencial para atraer clientes y a la vez maximizar el margen de utilidad sobre las ventas.

2.1.4. Branding

Este término se refiere al proceso de construir y posicionar una marca a través de vincular el producto a un nombre, a un logotipo, a una imagen e incluso a un concepto o estilo de vida. La marca será el vínculo entre los valores de la empresa y el consumidor. Una imagen de marca significa reconocimiento, un vínculo sentimental con el usuario, lealtad y menores costos de retención.

2.1.5. Ventas y Distribución

La marca y el producto no serán suficientes si no está definido como llegar al consumidor. El desarrollo de una extensa red de representantes, agentes, distribuidores, mayoristas y minoristas puede ser un gran desafío, sobre todo para pequeñas y medianas empresas en una fase inicial. Crear una red de distribución eficiente y gestionar los canales de distribución a fin de aumentar su participación en el mercado y mejorar la calidad del servicio es clave para el éxito de una organización y sus productos.

2.2. ¿Qué Determina una Estrategia de Comercialización?

Una buena estrategia de comercialización aumentará radicalmente la posibilidad de que los productos tengan mayor aceptación por parte del consumidor final.

Utilizar una estrategia de comercialización es la manera que tiene una compañía de poner la atención en sus productos y servicios. En lugar de apoyarse en publicidad aleatoria que puede costar más de lo que la compañía produce, las empresas visionarias saben que hay ciertos factores que determinan la forma apropiada de hacer publicidad. Estos factores determinantes pueden ayudar a diseñar una estrategia efectiva de comercialización que puede dar a sus productos la mejor atención posible de parte del público.

2.2.1. Mercado Objetivo

El mercado objetivo es uno de los factores más importantes que determinará cómo comercializar los productos de una empresa. Entre las múltiples consideraciones que se deben tener en cuenta son edad, nivel de ingresos, nivel socioeconómico, área en que viven las personas del mercado objetivo y cómo éstas emplean la mayor parte de su tiempo. Muchas compañías emplean agencias que se especializan en recolectar datos de los consumidores y los usan para planear una campaña de comercialización que se ajusta a dicha información. Esto permite promover tanto a la compañía como sus productos con campañas publicitarias que probablemente sean mejor percibidas por la audiencia objetivo.

Mulhern (1999) propuso que el valor del cliente basado en el beneficio que se obtiene es una base importante para la segmentación de comportamiento, debido a la importancia central de beneficios. Proyectando mantener a los clientes, que generan el mayor beneficio, así como maximizar sus ganancias, las empresas comienzan la gestión de su cartera de clientes como activo fundamental para lograr una ventaja competitiva sostenible en el tiempo, esto requirió la modificación de la filosofía de marketing-transaccional al marketing-relación.

Tomando como ejemplo lo anterior, no es una sorpresa que los consumidores "BoP" (base of the pyramid) tengan diferentes patrones de consumo que los consumidores "no BoP". Los consumidores en contextos BoP tienden a ser altamente conscientes del valor, y teniendo ingresos limitados, las decisiones de compra se hacen más complejas y se consideran con más cuidado (Beninger & Robson, 2015).

2.2.2. Presupuesto

Otro importante factor para determinar la estrategia de comercialización es el presupuesto disponible. Hay muchas maneras de publicitar productos, pero algunas son más costosas que otras. Una compañía con poco presupuesto para la publicidad probablemente no considerará que la radio o televisión sean los canales más convenientes para su estrategia de comercialización. Los presupuestos más ajustados pueden encontrar mejores alternativas de difusión en los periódicos y publicidad local gráfica.

2.2.3. Productos y Servicios

Los productos y servicios de una compañía deben considerarse para determinar si la campaña de comercialización deberá enfocarse en un mercado objetivo local, nacional o regional. Una compañía que produzca un producto local, por ejemplo, querrá una estrategia de comercialización más orientada a los clientes locales.

Tomando como ejemplo el ramo de alimentos, los factores que inciden en la elección del producto por los consumidores están influidos por cuestiones diversas que incluyen: las representaciones internas; las tradiciones culinarias; los valores, sentidos y simbolismos que habitan en las personas y los contextos en los que ellas actúan; la información que circula a través de medios masivos de comunicación como, por ejemplo, materiales gráficos presentes en los canales de comercialización de alimentos y el intercambio en esos espacios entre las personas a través de interacciones directas (diálogos) o mediatizadas (folletería y promoción gráfica de productos (Lema, Vazquez, Antun, Giai, Graciano, Fraga et al., 2010)).

La Figura 1 muestra los resultados de un estudio con respecto a la preferencia por comida rápida en función de la raza o etnia de los consumidores.

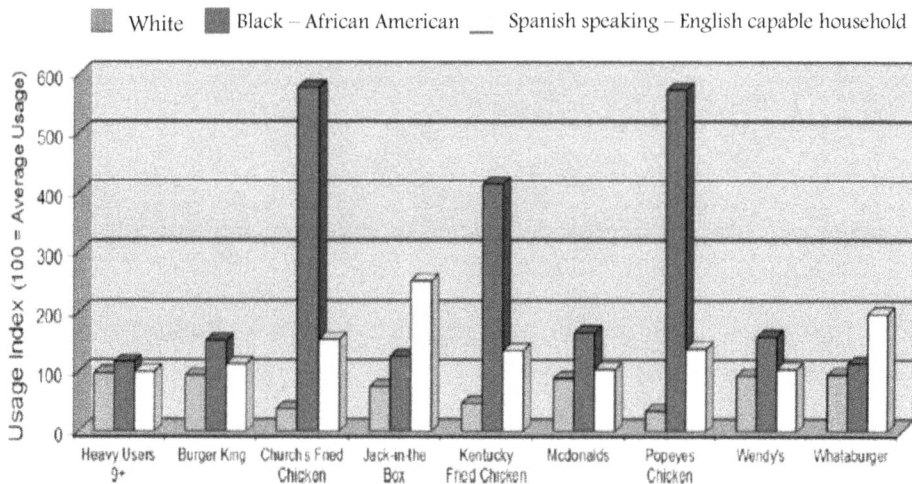

Figura 1. Preferencia de la comida rápida según raza/etnia, 2010 (Williams, Crockett, Harrison & Thomas, 2012)

2.2.4. Competencia

La competencia que hoy día toda compañía enfrenta el enfoque a utilizar en la comercialización. Si se compite contra muchas compañías con el mismo tipo de productos o servicios que el que se ofrece, la estrategia de mercado probablemente sea similar a la de los competidores, debido a que apuntan a quedarse con el mismo mercado. La clave será crear una estrategia diferenciada que alcance la misma audiencia objetivo, pero con algún aspecto que haga que tu campaña se destaque de la de tus competidores.

Un anuncio titulado "Disfrute" cuenta con una mujer atractiva en vestido de noche de seda negra que dibuja lentamente con una zanahoria baby en sus labios. Mientras que la música sensual suena suavemente en el fondo, una voz masculina anuncia que el producto tiene "insinuación abiertamente sexual", empleando el atractivo sexual y el humor para vender zanahorias. Este mimetismo *over-the-top* de anuncios de comida chatarra impulsó el intercambio viral de este anuncio en YouTube y ha contribuido a un aumento de 10 a 12% en Bolthouse Farms en sus ventas de zanahoria baby (McGray, 2011).

2.3. Canales de Distribución

Los canales de distribución se dividen esencialmente en dos grandes rubros:

1. Canales para Productos de Consumo, mismos que son adquiridos por el consumidor final para su consumo personal.

2. Canales para Productos industriales, que son adquiridos para un procesamiento posterior o para usarse en un negocio intermediario antes de llegar al consumidor final.

2.3.1. Canales de Distribución Para Productos de Consumo

Este tipo de canal, se divide a su vez, en cuatro tipos de canales:

a) Canal Directo

No tiene ningún intermediario, por lo que el productor es el responsable de funciones como la comercialización, el transporte, el almacenaje y la aceptación de riesgos sin la ayuda de ningún intermediario.

Ejemplos de estrategias de comercialización de este canal son por ejemplo las ventas al cambaceo, por teléfono, a través de catálogos y formas de ventas electrónicas al detalle, como las compras en línea y las redes de televisión para la compra desde el hogar.

b) Canal Detalle

Contiene un nivel de intermediarios, los clientes detallistas o minoristas como lo son tiendas especializadas, almacenes, supermercados, hipermercados y tiendas de conveniencia, entre otros ejemplos.

En este canal, el productor o fabricante cuenta generalmente con una fuerza de ventas que se encarga de hacer contacto con los clientes detallistas que a su vez venden los productos al consumidor final y se surten a través de pedidos.

c) Canal Mayorista

Este tipo de canal de distribución contiene dos niveles de intermediarios:

- Los clientes mayoristas, que son los intermediarios que realizan habitualmente actividades de venta al por mayor a otros clientes como lo son detallistas que los adquieren para revenderlos.

- Los detallistas, clientes intermediarios cuya actividad consiste en la venta al detalle al consumidor final.

Este canal se utiliza para distribuir productos de gran demanda en localidades donde los fabricantes no tienen la capacidad de hacer llegar sus productos a todo el mercado del consumidor final.

2.3.2. Canales Para Productos Industriales o de Negocio a Negocio

Este tipo de canal tiene usualmente los siguientes canales de distribución:

a) Canal Directo

Este tipo de canal es el más usual para productos de uso industrial, ya que es el más corto y el más directo. Por ejemplo, los fabricantes que compran grandes cantidades de materia prima, equipo mayor, materiales procesados y suministros, lo hacen directamente a otros fabricantes, especialmente cuando sus requerimientos tienen detalladas especificaciones técnicas.

En este canal, los productores o fabricantes utilizan su propia fuerza de ventas para ofrecer y vender sus productos a los clientes industriales.

b) Distribuidor Industrial

Este tipo de canal es utilizado con frecuencia por productores o fabricantes que no tienen la capacidad de contratar su propio personal de ventas.

Los distribuidores industriales realizan las mismas funciones de los mayoristas. Compran y obtienen el derecho a los productos y en algunas ocasiones realizan las funciones de fuerzas de ventas de los fabricantes.

c) Canal Agente Intermediario

En este tipo de canal, los agentes intermediarios facilitan las ventas a los productores o fabricantes encontrando clientes industriales y ayudando a establecer tratos comerciales.

Este canal se utiliza por ejemplo, en el caso de productos agrícolas.

2.4. Consideraciones a Tomar en Cuenta

Toda empresa al momento de elegir o diseñar el canal de distribución más adecuado para hacer llegar sus productos al consumidor final, debe tomar en cuenta algunas consideraciones, como las siguientes:

- Los canales de distribución pueden sumarse, combinarse e incluso adaptarse a las características del mercado, el producto y los recursos de la empresa.

- Se debe tomar en cuenta que entre más intermediarios, esto implica menor control y mayor complejidad del canal, además que cuanto más corto sea el canal y menores los pasos entre el fabricante y el consumidor tanto mayor es la carga económica sobre el productor.

Por otro lado, cuando se tienen canales más complicados de comercialización la carga económica se aplica al consumirdor, por ejemplo, los consumidores BoP no sólo gastan dinero en productos caros, también a menudo terminan pagando precios más altos por los productos – a veces hasta 100 veces más que los consumidores que no corresponden a esta categoría (Prahalad & Hammond, 2002). Esto puede ser debido a factores como la imposibilidad de acceder a los minoristas con precios más bajos, escaso tiempo de comparar precios, o la distribución reducida o ineficientes a los barrios más pobres (Beninger & Robson, 2015).

3. Las 4'P de la Mercadotecnia

El término ***marketing mix,*** fue acuñado por primera vez por Neil Borden, el presidente de la American Marketing Association en 1953. Todavía se utiliza hoy en día para tomar decisiones importantes que conducen a la ejecución de un plan de marketing. Los diferentes enfoques que se utilizan han evolucionado con el tiempo, sobre todo con el aumento del uso de la tecnología. Por lo general se refiere a la clasificación 4P de E. Jerome McCarthy para el desarrollo de una estrategia efectiva de comercialización, que se compone de: Producto, Precio, Promoción y Punto de venta; las estrategias que son exitosas en la comercialización de productos y servicios son las que generalmente se enfocan en estas 4P. Cuando se trata de un *marketing mix* centrado en el consumidor; se ha ampliado para incluir tres P más: Personal, Procesos y Presentación, y tres C: Costo, Consumidor y Competencia. Dependiendo de la industria y el objetivo del plan de marketing, se pueden tener diferentes enfoques de cada una de las cuatro P (Investopedia, 2015).

Antes de plantear una estrategia de mercado hay que conocer cada uno de los elementos de las cuatro P, para así tener la información pertinente la cual ayude a comprender mejor cada uno ellos.

3.1. 1ª P – Producto

Es todo aquello (tangible o intangible) que se ofrece a un mercado para su adquisición, uso o consumo y que puede satisfacer una necesidad o un deseo. Puede llamarse producto a objetos materiales o bienes, servicios, personas, lugares, organizaciones o ideas.

Algunas preguntas que pueden servir para definir a detalle un producto son:

- ¿Qué vendo?
- ¿Qué características tiene el producto?
- ¿Cuáles son los beneficios que se obtiene este producto?
- ¿Qué necesidades satisface mi producto?
- ¿Qué valor agregado proporciona mi producto?

3.1.1. Ejemplos de estrategias para el producto

- Agregar al producto nuevas características, atributos, beneficios, mejoras, funciones, utilidades, usos.

- Cambiar al producto el diseño, la presentación, el empaque, la etiqueta, los colores, el logotipo.

- Lanzar una nueva línea de producto complementaria a la que ya se tiene.

- Ampliar la línea de producto.

- Lanzar una nueva marca (sin necesidad de retirar del mercado la que ya se tiene); por ejemplo, una nueva marca para el mismo tipo de producto pero dedicada a un público con mayor poder adquisitivo.

- Adicionar al producto servicios complementarios.; por ejemplo, la entrega del producto a domicilio, garantías, políticas de devoluciones.

3.2. 2ª P – Precio

Es principalmente el monto monetario de intercambio asociado al valor de la transacción. Incluye: forma de pago (efectivo, cheque, tarjeta, etc.), crédito (directo, con documento, plazo, etc.), descuentos (por pronto pago, volumen, etc.) y recargos (devoluciones, sanciones, etc.). Este a su vez, es el que se plantea por medio de análisis de costos y de investigaciones de mercados previas, las cuales, definirán el precio que se le asignará al entrar al mercado.

Hay que destacar que el precio es el único elemento del *marketing mix* que proporciona ingresos, pues los otros componentes producen costos. Por otro lado, se debe saber que el precio va íntimamente ligado a la sensación de calidad del producto (así como su exclusividad).

- ¿Cuánto estarían dispuestos a pagar por él?
- ¿Qué utilidad es la que se desea obtener?
- ¿Cuáles son los costos de producto, plaza y promoción?
- ¿Cuánto cuestan los productos de la competencia?

- ¿El precio deseado está por encima o por debajo del precio de la competencia?

3.2.1. *Ejemplos de estrategias para el precio*

- Lanzar al mercado un nuevo producto con un precio bajo con el fin de lograr una rápida penetración, una rápida acogida o hacerlo rápidamente conocido.

- Lanzar al mercado un nuevo producto con un precio alto con el fin de aprovechar las compras hechas como producto de la novedad del producto.
- Reducir precios con el fin de atraer una mayor clientela o incentivar las ventas.
- Aumentar precios con el fin de lograr un mayor margen de ganancia.
- Reducir precios por debajo de los de la competencia con el fin de bloquearla y ganarle mercado.
- Aumentar precios por encima de los de la competencia con el fin de crear en nuestros productos una sensación de mayor calidad.
- Ofrecer descuentos por pronto pago, por volumen o por temporada.

3.3. 3ª P – Punto de Venta

Es definir dónde comercializar el producto o el servicio que se ofrece (elemento imprescindible para que el producto sea accesible para el consumidor). Considera el manejo efectivo del canal de distribución, debiendo lograrse que el producto llegue al lugar adecuado, en el momento adecuado y en las condiciones adecuadas. Inicialmente, dependía de los fabricantes y ahora depende de ella misma.

- ¿Cómo se hará llegar el producto a los clientes?
- ¿Se utilizará venta directa o distribuidores?
- ¿Dónde se ubica el local comercial?
- ¿Es fácil acceder a él?
- ¿Se realizará venta en línea?

3.3.1. Ejemplos de estrategias para el Punto de Venta

- Hacer uso de intermediarios (por ejemplo, agentes, distribuidores, minoristas) con el fin de lograr una mayor cobertura del producto.

- Abrir un nuevo local comercial.

- Crear una página web o una tienda virtual para el producto.

- Ofrecer o vender el producto a través de llamadas telefónicas, envío de correos electrónicos o visitas a domicilio.

- Ubicar los productos en todos los puntos de venta posibles (estrategia de distribución intensiva).

- Ubicar los productos solamente en los puntos de venta que sean convenientes para el tipo de producto que se vende (estrategia de distribución selectiva).

- Ubicar los productos solamente en un punto de venta exclusivo (estrategia de distribución exclusiva).

- Aumentar el número de vehículos distribuidores o de reparto.

3.4. 4ª P – Promoción

Es comunicar, informar y persuadir al cliente y otros interesados sobre la empresa, sus productos, y ofertas, para el logro de los objetivos organizacionales. La mezcla de promoción está constituida por promoción de ventas, fuerza de venta o venta personal, publicidad y relaciones públicas, y comunicación interactiva (mercadeo directo por email, redes sociales, catálogos, webs, telemarketing, etc.).

- ¿Cómo lo conocerán y comprarán los clientes?

- ¿Qué medios utiliza más el mercado objetivo?

- ¿Qué medios no son rentables para darlo a conocer?

- ¿Convendrá contratar una empresa especialista?

- ¿Qué impacto podrían tener las redes sociales?

3.4.1. Ejemplos de estrategias para la Promoción

- Ofertar la adquisición de dos productos por el precio de uno.

- Ofertar la adquisición de un segundo producto a mitad de precio por la compra del primero.

- Trabajar con cupones o vales de descuentos.

- Brindar descuentos especiales en productos y fechas determinadas.

- Crear un sorteo o un concurso entre los clientes.

- Darle pequeños obsequios a los clientes principales.

- Anunciar en diarios o revistas especializadas.

- Publicitar en sitios de anuncios clasificados en Internet.

- Participar en una feria o exposición de negocios.

- Habilitar un puesto de degustación.

- Organizar algún evento o actividad.

- Colocar carteles o afiches publicitarios en la fachada del local de nuestra empresa.

- Colocar láminas publicitarias en los exteriores de los vehículos de nuestra empresa.

- Alquilar espacios publicitarios en letreros o paneles ubicados en la vía pública.

- Imprimir y repartir folletos, volantes, tarjetas de presentación.

Por ejemplo, los tipos de mensajes que aparecen principalmente en las promociones de marketing BoP tienen características de accesibilidad/precio bajo, producto o servicio/atributos y emocional/aspiracional. Dada la sensibilidad al precio de los consumidores BoP, el enfoque en la asequibilidad y el precio no es de extrañar. Sin embargo, se advirtió que aunque el precio es un aspecto clave, no sería necesariamente un criterio decisivo principal, como la calidad y provocar una respuesta emocional también eran importantes (Beninger & Robson, 2015).

Mientras que los efectos de la publicidad a través de nuevas formas de medios de comunicación aún no se han analizado extensamente, es probable que su influencia en la compra y el consumo sea igualmente notable. Como los jóvenes tienden a ser ávidos usuarios de los nuevos medios, estos efectos de marketing contribuirán de manera significativa a las preferencias alimentarias de los niños, así como sostener el mensaje de marca promovida en formas de publicidad más tradicionales (Boyland & Halford, 2013).

4. Las Tres Nuevas P de la Mercadotecnia

Situaciones reales y cambios recientes han hecho ver a las 4p's insuficientes para ámbitos como los sociales o dentro de la industria de servicio, es por eso que muchos autores han coincidido en agregar 3p's más las cuales son:

4.1. 5ª P – Personal

El personal (empleados directos e indirectos) son importantes en todas las organizaciones, pero son especialmente importantes en aquellas circunstancias en que, no existiendo las evidencias de los productos tangibles, el cliente se forma la impresión de la empresa con base en el comportamiento, actitudes e imagen de su personal. Las personas son esenciales tanto en la producción como en la entrega de la mayoría de los servicios. De manera creciente, las personas forman parte de la diferenciación en la cual las compañías de servicio crean valor agregado y ganan ventaja competitiva.

Ontiveros y Dorantes (2006) exponen que la estrategia comercial se deriva de la alta dirección de las Organizaciones y que existe un aprendizaje organizacional derivado de la experiencia acumulada por la gente en la implementación de la estrategia.

4.2. 6ª P – Procesos

Los procesos son todos los procedimientos, documentación, sistemas, mecanismos e indicadores estandarizados por medio de los cuales se entrega el producto o servicio a clientes y consumidores garantizando el mismo nivel de calidad.

4.3. 7ª P – Presentación

Los clientes se forman impresiones en parte a través de evidencias físicas como edificios, camionetas de reparto, disposición, color y bienes asociados con el servicio como etiquetas, folletos, rótulos, etc. Esto ayuda a crear el "ambiente" y la "atmósfera" en que se compra o realiza un servicio y a darle forma a las percepciones que los clientes tengan del servicio.

4.4. Casos reales

4.4.1. ¿Qué hago si tengo un producto de baja calidad?

Si se tiene un producto que, en comparación a la competencia, no es de gran calidad, la estrategia y esfuerzo de ventas no debe basarse en la calidad; se puede ofrecer un precio menor que el que los otros ofrecen, vender el producto o servicio en la mayor cantidad de lugares posibles y comunicar en nuestra publicidad los beneficios de pagar menos; por ejemplo, la posibilidad de ahorrar.

4.4.2. Precio Elevado con Relación a la Competencia

Algunas veces el precio elevado puede ser una oportunidad de ventas ya que, por lo regular, lo caro tiene la imagen de ser bueno. Si el producto o servicio es de muy buena calidad (en todos sus aspectos, desde el producto mismo hasta su empaque) y posee un precio elevado, hay que perfeccionar los canales de distribución a tiendas especializadas que vendan productos selectos. Se puede diseñar una estrategia basada en dos puntos: producto y precio, haciendo uso de la publicidad y no tanto de la promoción, ya que lo selecto no lleva regalos para que sea comprado, es comprado por el hecho mismo de ser caro y fino (elegante, selecto). La publicidad debe manejarse en un tono de clase alta y comunicando características del producto que avalen el porqué de su precio elevado.

Una marca de whisky, que efectivamente es de excelente calidad, pero al momento de su lanzamiento en Estados Unidos, competía contra empresas que llevaban años en el mercado de las bebidas y poseían procesos de producción que ayudaban a vender el producto a un precio accesible.

¿Qué hizo esa marca? Comunicó en su publicidad de manera sencilla y persuasiva, que su producto era caro. ¿Qué dijo? *"Parece caro... lo es".*

4.4.3. *Insuficientes Canales de Distribución*

Si se posee un buen producto, su precio es competitivo y se tiene la capacidad de hacer publicidad, sin embargo, los canales de distribución con los que se cuenta son insuficientes, hay un problema. Cuando lo que se vende es ofrecido en pocos lugares, el problema es mayúsculo, ya que si un consumidor desea algo y no lo encuentra, decidirá comprar otro semejante. Además, cuando efectivamente el lugar donde está el comprador ofrece nuestro producto, también cabe la posibilidad de que escoja el de la competencia.

¿Qué debemos hacer? Fijar una estrategia basada en publicidad a través de la cual se comunique dónde se vende el producto, así como la oportunidad que representa poder adquirir lo que se ofrece, aun cuando no se necesite.

Hacer que la mayor cantidad de personas se entere de que existe nuestro producto; que es muy bueno y que lo pueden adquirir en determinados lugares.

Hace algún tiempo una marca de ron se enfrentó con ese problema temporal y lo que hizo fue decirlo; nos comunicó en su publicidad que ese producto era tan bueno, que conseguirlo se convertía en algo muy difícil: "Si no lo encuentras, imagínate qué bueno es".

4.4.4. *Publicidad Nula o con Muy Baja Pauta*

Para que un producto se venda o un servicio sea contratado, el consumidor debe saber que existe, y eso se consigue principalmente con publicidad; sin embargo, una campaña fuerte en medios exige también mucha inversión, un capital que, en un principio muchas veces no poseemos.

¿Qué debemos hacer? Fijar la estrategia y mezcla en otros puntos, los que sean considerados fuertes en el proceso de mercadotecnia, por ejemplo:

Estrategia Precio-Producto

Hacer degustaciones o pruebas de producto, con lo que se demuestra la calidad excelente que el producto posee; enfocar la atención en el empaque, que sea de buena calidad, que refleje que el producto es bueno, y ofrezca un precio competitivo, incluso bajo, comparado con la competencia. Esto puede ayudar a que el producto o servicio que se ofrece sea consumido y recomendado por quienes ya lo han adquirido.

Estrategia Punto de Venta-Precio

Si nuestro producto se encuentra en todas partes, en cualquier almacén o tienda, y su precio es accesible, lo más seguro es que, tarde o temprano, el consumidor se anime a adquirirlo.

¿Por qué? Porque el producto que se vende en la mayoría de los lugares que frecuentamos para hacer nuestras compras, es un producto semejante a lo que siempre compramos, que ofrece garantías de calidad, y porque la tienda o establecimiento que lo ofrece, jamás se arriesgaría a tener en su inventario algo que pudiese atentar contra su imagen o reputación. Es un producto que se vende en muchos establecimientos y a buen precio, por lo tanto, es un buen producto que no es caro.

Cada estrategia depende de la creatividad de quien la implemente, lo cierto es que la mezcla perfecta es aquella en la que todos los puntos de la mercadotecnia son excelentes: producto, precio competitivo, de venta en muchas plazas y con publicidad apoyada por esfuerzos promocionales. Qué hacer depende 100 por ciento en lo que se ofrece y de cómo se ofrece, la magia está en el producto, es el producto el que será comprado o no, por lo tanto, la P principal es Producto.

Si nuestro producto es invisible para los ojos de los consumidores, entonces no puede esperarse que sea adquirido por nadie. La magia está en el producto, porque la ecuación que se realice para el *marketing mix* se hará con base en éste.

5. Conclusión

Para concluir este capítulo, y en base a la experiencia adquirida al colaborar por más de 20 años con empresas trasnacionales dedicadas a la producción, distribución y comercialización de productos de consumo, me permito hacer la siguiente recomendación a quienes están por asumir el reto de aumentar las posibilidades de tener éxito de sus productos utilizando las estrategias de comercialización:

La clave es simple: generar de manera constante ventajas competitivas sobre los competidores y más que aspirar, comprometerse a ser la Compañía, la Marca o los Productos favoritos del consumidor.

Para lograr esto podemos apoyarnos de:

- **Estudios de Mercado**: Aprovechar al máximo las herramientas, metodologías, sistemas y/o consultoraías disponibles, que brindan muchísima información que nos dará visibilidad, entendimiento y conocimiento de las preferencias de los Consumidores, permitiéndonos hacer proyecciones y predicciones sumamente certeras a si un producto tendrá posibilidades de éxito en el mercado.

- **Relación con Clientes**: Construir, mantener y robustecer día a día la relación con el Cliente, buscando siempre negociar con una actitud ganar-ganar, lo que da como resultado una relación de Socios de Negocio y no simplemente ser Cliente-Proveedor. Esta relación nos permitirá diferenciarnos de la competencia y definitivamente derivara en condiciones más favorables en todos los sentidos para nuestra Compañía.

- **Innovación**: Generar una cultura permanente orientada a identificar oportunidades que deriven en la introducción de nuevos productos, nuevos servicios, nuevos procesos, nuevas formas de hacer negocios o bien, la modificación significativa de lo actual para mantener competitiva a la organización. Cualquier integrante de la compañía, e incluso clientes y consumidores pueden generar ideas muy innovadoras que podrían ser de alto impacto para la Organización.

- **Desarrollo de Talento**: Finalmente y no menos importante, garantizar la adecuada selección, constante capacitación, motivación, compensación y desarrollo de los empleados de la Compañía para que cuenten con las competencias necesarias que les permitan entender, actuar y contribuir en sus tramos de control de acuerdo a las estrategias del negocio, serán fundamentales para mantener competitiva a la organización ante el complejo y cambiante mercado actual.

"El secreto en el mundo de los negocios está en detectar hacia donde va el mundo y llegar ahí primero"

Bill Gates

Referencias

Astuti, R., Ramadhan-Silalahi, R.L., & Paramita-Wijaya, G.D. (2015). Marketing Strategy Based on Marketing Mix Influence on Purchasing Decisions of Malang Apples Consumers at Giant Olympic Garden Mall (MOG), Malang City, East Java Province, Indonesia. *Agriculture and Agricultural Science Procedia, 3*, 67-71. http://dx.doi.org/10.1016/j.aaspro.2015.01.015

Barry, T.E. (2002). In defense of the hierarchy of effects: A rejoinder to Weilbacher. *Journal of Advertising Research, 42*(3), 44-47.

Beninger, S., & Robson, K. (2015). Marketing at the base of the pyramid: Perspectives for practitioners and academics. *Business Horizons, 58*, 509-516. http://dx.doi.org/10.1016/j.bushor.2015.05.004

Boyland, E.J., & Halford, J.C.G. (2013). Television advertising and branding. Effects on eating behaviour and food preferences in children. *Appetite, 62*, 236-241. http://dx.doi.org/10.1016/j.appet.2012.01.032

Cairns, G., Angus, K., Hastings, G., & Caraher, M. (2013). Systematic reviews of the evidence on the nature, extent and effects of food marketing to children. A retrospective summary. *Appetite,* 62, 209-215. http://dx.doi.org/10.1016/j.appet.2012.04.017

Cuadros, A.J., & Domínguez, V.E. (2014). Customer segmentation model based on value generation for marketing strategies formulation. *Estudios Gerenciales,* 30, 25-30. http://dx.doi.org/10.1016/j.estger.2014.02.005

Investopedia (2015). *Marketing Mix.* Disponible en: http://www.investopedia.com/terms/m/marketing-mix.asp

Lema, S., Vázquez, N., Antun, C., Giai, M., Graciano, A., Fraga, C. et al. (2010). Factores que inciden en la compra de alimentos en distintos ámbitos de comercialización y su relación con la implementación de Educación Alimentaria Nutricional (EAN). *Diaeta (B.Aires),* 28(133), 32-37.

Lovelock, C., Wirtz, J., & Chew, P. (2011) *Essentials of Services Marketing.* 2ª Edición. Singapore: Prentice Hall.

McGray, D. (2011). How carrots became the new junk food. *Fast Company,* 154. http://www.fastcompany.com/1739774/how-carrotsbecame-new-junk-food (Fecha último acceso: Septiembre 2015).

Mulhern, F. (1999). Customer profitability analysis: Measurement, concentration, and research directions. *Journal of Interactive Marketing,* 13, 25-40. http://dx.doi.org/10.1002/(SICI)1520-6653(199924)13:1<25::AID-DIR3>3.0.CO;2-L

Ontiveros, H.J., & Dorantes, P. (2006). Análisis de las estrategias gerenciales implementadas por empresas comerciales ubicadas en México. *Administración y Organizaciones,* 17, 153-171.

Prahalad, V.C. & Hammond, A. (2002). Serving the World's Poor, Profitably. *Harvard Bussiness Review,* 4-11.

Weilbacher, W. (2001). Does Advertising Cause a 'Hierarchy of Effects'?. *Journal of Advertising Research,* 41(6), 19-26.

Williams, J.D., Crockett, D., Harrison, R.L., & Thomas, K.D. (2012). The role of food culture and marketing activity in health disparities. *Preventive Medicine,* 55, 382-386. http://dx.doi.org/10.1016/j.ypmed.2011.12.021

Capítulo 7

La Certificación de la Enseñanza Experimental

Dulce María Oliver-Hernández

Facultad de Estudios Superiores Cuautitlán, Universidad Nacional Autónoma de México, México.

dulcemoliver@yahoo.com

Doi: http://dx.doi.org/10.3926/oms.293

Referenciar este capítulo

Oliver-Hernández, D.M. (2015). *Certificación de la enseñanza experimental*. En Ramírez-Ortiz, M.E. (Ed.). *Tendencias de innovación en la ingeniería de alimentos*. Barcelona, España: OmniaScience. 197-213.

Resumen

Ante el fenómeno de la globalización y lo que con él conlleva, cambios en los ámbitos, económico, político, social, científico-tecnológico y productivo, las instituciones educativas ahora se enfrentan al compromiso de desafiar los antiguos modos de trabajo para hacer más eficaz la educación y de acorde con el ámbito social.

Frente a estos cambios y la urgente necesidad de que las universidades sean vistas como organizaciones que tienden a administrar el conocimiento, registrar y documentar su quehacer sustantivo en busca de la eficacia de su misión, la eficiencia de sus procesos, la pertinencia de su compromiso social, pasando de la organización enseñante a la organización aprendiente, se sugiere estandarizar procesos con la aplicación de normas nacionales e internacionales.

La norma ISO 9001 Sistema de Gestión de la Calidad (SGC), es una herramienta que puede coadyuvar a mejorar la calidad del servicio educativo, ya que ésta establece la identificación, desarrollo, control y mejora de los procesos sustantivos y de soporte de una organización. La Gestión de Sistemas de Calidad es un enfoque para administrar los recursos de la organización en términos de los procesos para agregar valor a los clientes.

Una educación de calidad es aquella que ofrece al estudiante un adecuado contexto físico para el aprendizaje, un cuerpo docente mejor preparado y materiales adecuados para su formación. Tomando en cuenta lo antes mencionado, la Universidad Nacional Autónoma de México busco la certificación de sus laboratorios, por esta razón la Facultad de Estudios Superiores Cuautitlán entidad de esta máxima casa de estudios considero durante 2006 un programa integral de calidad dirigido a la certificación corporativa ISO 9001, el proceso de implementación se inicio en colaboración de los académicos, lo cual permitió que en el 2009 se certificarán 64 laboratorios del proceso de Enseñanza Experimental a Nivel Licenciatura (DEX), el trabajo continuo permitió que en 2011 se incorporaran otros 9 laboratorios experimentales, estos laboratorios actualmente están certificados bajo la ISO 9001:2008.

De los laboratorios experimentales certificados el 10.95% corresponde a tres Laboratorios de Ciencias Básicas (LCB) y cinco Laboratorios Experimentales Multidisciplinarios (LEM) en los cuales se imparten clases a los alumnos de la licenciatura de Ingeniería en Alimentos, desde la creación de esta licenciatura (1977) y la reestructuración del plan de estudios se ha buscado que la formación de los ingenieros sea integral ya que se tiene un laboratorio único por semestre.

En estos laboratorios certificados se busca: dar cumplimiento puntual al programa de la asignatura del plan de estudios vigente, que el alumno mejore día con día, el docente está comprometido a dar un continuo seguimiento a través de la revisión de los avances obtenidos en cada etapa del curso experimental (Introducción, Información, Planeación Experimentación, Análisis de Resultados y Evaluación del curso), con esto se busca es que los alumnos aprobados hayan adquirido los conocimientos necesarios para resolver su problema experimental en los laboratorios y que las habilidades y competencias adquiridas le permitirán desarrollarse de manera profesional y exitosa.

Palabras clave

ISO 9001:2008, ingeniería en alimentos, enseñanza experimental, educación superior.

1. La Norma ISO 9001:2008 Aplicada a la Educación Superior

1.1. La Calidad Educativa

La definición de calidad es compleja, ya que su significado es muy general, existen varios conceptos dependiendo del autor, sin embargo, estos conceptos se han desarrollado y han evolucionado a lo largo de los años, el término calidad es definido por el Diccionario de la Real Academia de la Lengua como "propiedad o conjunto de propiedades inherentes a algo, que permiten juzgar su valor" (Allendez, 2013). La calidad es el juicio que el cliente tiene sobre el producto o servicio, resultado del grado con el cual un conjunto de características inherentes al producto cumple con sus requerimientos (Gutiérrez-Pulido, 2005).

En este caso se tomara con mayor relevancia la definición aportada por la norma de consulta ISO 9000-2005, "Conjunto de propiedades y características de un producto, proceso o servicio que le confieren su aptitud para satisfacer las necesidades establecidas o implícitas".

Cuando se habla de calidad educativa se trata de un término muy complejo que refiere a la funcionalidad, la eficacia y la eficiencia de una institución y este puede hacer referencia a la educación teórica o práctica.

La calidad educativa también se basa en la conformación de un estándar, a través del establecimiento de medidas que nos determinen las características del servicio educativo, es el cumplimiento de metas institucionales y por ende de la satisfacción del cliente, entendiéndose como cliente al alumno.

1.2. Surgimiento de las Normas ISO

ISO (International Standardization Organization) es el organismo desarrollador de estándares internacionales más grande a nivel mundial. La organización se fundó en 1947 cuando 64 delegados de 25 países (véase Figura 1) se reunieron en el Instituto de Ingenieros Civiles en Londres y decidieron crear una organización internacional que "facilitara la coordinación internacional y unificación de las normas industriales" y desde entonces ha publicado más de 19,500 estándares internacionales cubriendo casi todos los aspectos de diversos sectores desde tecnología, industria, seguridad alimentaria, salud y los negocios. Hoy cuenta con miembros de 162 países y con una Secretaría General en Ginebra Suiza (ISO, 2015).

Figura 1. Fundadores de la ISO Londres 1946 (ISO, 2015)

Después de este suceso, en el año 1959 en EEUU se usó un programa de requisitos de calidad en los abastecimientos militares. En 1968, la Asociación de Aseguramiento de Procedimientos de Calidad (Allied Quality Assurance Procedures, AQAP) estableció un sistema para garantizar la calidad de los consumos militares.

Ya en el año 1971, la norma se desvinculó del ámbito militar y el Instituto de Estandarización Británico creó la BS 9000, una norma de calidad en la industria electrónica que años más tarde, en 1970, se calificó como la BS 5750 que agrupaba más sectores por lo que era más aplicable (ISO, 2015).

A principios de 1980, la norma ISO selecciono una serie de Comités Técnicos para que trabajaran en la mejora de normas comunes para la gestión de la calidad que fueran reconocidas internacionalmente. El resultado de ello se publicó 7 años más tarde por medio de la familia de normas ISO 9000.

La BS 5750 fue predecesora de la familia de normas ISO 9000 que se constituyó en 1987. Esta utilizaba los modelos de la BS 5750 para los Sistemas de Administración de la Calidad.

El conjunto de los estándares ISO 9000:1987 proporcionó un modelo para la garantía de la calidad que centraba este aspecto en el cumplimiento de los requerimientos del producto. No obstante, se abordaba un aspecto de la calidad "limitado" aunque, por el contrario, supuso un papel importante en el asentamiento de una sólida base para siguientes y posteriores mejoras para la implementación de Sistemas de Gestión de la Calidad más perfeccionados. Se aseguran tres modelos: ISO 9001, ISO 9002 e ISO 9003 (ISO, 2015).

Ya en el año 1994 vio la luz la siguiente revisión que no cambió susceptiblemente los tres modelos con los requerimientos.

Tras la revisión del 94 y dentro del comité ISO/TC 176 que gestionaba el desarrollo y mejora de la serie ISO 9000, se planteó realizar una encuesta general y universal entre los clientes y usuarios de las normas ISO 9000. Después de este análisis se creó la versión del año 2000 que conllevó importantes cambios en relación a la adopción de un *"enfoque de procesos"*, introducción de los ochos principios de la gestión de la calidad; así como la conciliación con otros estándares de Sistema de Gestión o la mejora continua, entre otros. Una de las modificaciones más características de esta versión fue el afianzamiento de los tres modelos de aseguramiento de la calidad que existían en uno solo (ISO 9001, ISO 9002 e ISO 9003).

Ocho años después, en 2008, se publicó la última verificación de la ISO 9001 y que está en vigor hoy en día. En ella se ha intentado clarificar alguno de los requerimientos aunque no trajo consigo cambios muy significativos ni de forma ni de fondo respecto a la anterior (ISO, 2015).

1.2.1. Finalidad de la Norma 9001

Esta norma específica los requisitos para un sistema de gestión de la calidad, cuando una organización (ISO 9001-2008);

a) necesita demostrar su capacidad para proporcionar de forma coherente productos que satisfagan los requisitos del cliente y los reglamentos aplicables; y

b) aspira a aumentar la satisfacción del cliente a través de la aplicación eficaz del sistema, incluidos los procesos para la mejora continua del sistema y el aseguramiento de la conformidad con los requisitos del cliente y los reglamentos aplicables.

1.2.2. Aplicación de la Norma 9001 en la Educación Superior

Ante el fenómeno de la globalización y lo que con él conlleva, cambios en los ámbitos, económico, político, social, científico-tecnológico y productivo, las instituciones educativas ahora se enfrentan al compromiso de desafiar los antiguos modos de trabajo para hacer más eficaz la educación y de acorde con el ámbito social.

Frente a estos cambios y la urgente necesidad de que las universidades sean vistas como organizaciones que tienden a administrar el conocimiento, registrar y documentar su quehacer sustantivo en busca de la eficacia de su misión, la eficiencia de sus procesos, la pertinencia de su compromiso social, pasando de la organización enseñante a la organización aprendiente, se sugiere estandarizar procesos con la aplicación de normas nacionales e internacionales.

La norma ISO 9001, es una herramienta que puede coadyuvar a mejorar la calidad del servicio educativo, ya que ésta establece la identificación, desarrollo, control y mejora de los procesos sustantivos y de soporte de una organización. La Gestión de Sistemas de Calidad es un enfoque para administrar los recursos de la organización en términos de los procesos para agregar valor a los clientes (Negrete, 2006)

La norma ISO 9001 permite considerar a la educación como un producto, el que resulta de un proceso llevado a cabo por una institución educativa (Allendez, 2013), donde la finalidad es formar alumnos con habilidades, competencias y aptitudes que faciliten su inserción en el ámbito laboral.

De acuerdo al Informe General del Estado de la Ciencia y la Tecnología, en México para finales de la década de los 90's no se contaba con instituciones de nivel superior que contaran con la certificación en ISO, sin embargo la aplicación de esta norma en el ámbito educativo provocó que para 2006, 240 instituciones de educación nacional, se certificaran bajo los estándares de la ISO, destacando la participación de universidades públicas y privadas (CONACYT, 2006).

Actualmente universidades, institutos de nivel superior garantizan la calidad de la educación a través de estándares de la calidad. Siendo entre estos la Universidad Nacional Autónoma de México una institución con certificaciones en normas ISO que permiten brindar mejores servicios en laboratorios de enseñanza experimental, de investigación y procesos administrativos.

2. La Certificación de Procesos Educativos

2.1. La Certificación

La certificación es el proceso mediante el que una tercera parte independiente da garantía escrita de que un producto, proceso o servicio es conforme a una norma de referencia o documento normativo determinado.

Existen dos ámbitos de Certificación:

Voluntario: Es llevada a cabo por organismos independientes, manifiesta que se dispone de la confianza adecuada en que un producto, proceso o servicio debidamente identificado, es conforme con una norma u otro documento normativo especificado. Las empresas recurren a esta certificación de modo voluntario para diferenciarse de la competencia y/o para ofrecer a sus clientes una mayor confianza en sus productos o servicios (Miranda-Rios, 2015).

Obligatorio: La administración debe asegurar que los productos que circulen sean seguros y no dañen la salud de los usuarios, ni el medio ambiente. La certificación obligatoria es la actividad por la que se establece la conformidad con respecto a reglamentos técnicos y es llevada a cabo por la propia administración, o por los organismos de control autorizados por esta (Miranda-Rios, 2015).

2.2. Proceso de Certificación

La certificación se realiza en dos etapas:

La **implementación** que consiste en el compromiso y participación del personal de la organización y la asesoría de expertos de organismos certificadores, esta implementación se puede realizar de acuerdo a lo que se describe en la Tabla 1.

La etapa subsecuente a la implementación es la **certificación** que se realiza bajo las condiciones y lineamientos de un organismo certificador nacional e internacional el cual verificará el cumplimiento de la norma ISO 9001 y el marco legal que la organización declare como aplicable.

Tabla 1. *Proceso de implementación de un SGC*

Ciclo de Deming	Actividad	Descripción de la actividad
Planear	Elaborar un plan estratégico	• Analizar la situación de la organización, se sugiere realizar un diagnóstico de todas las áreas a involucrar, se puede emplear como metodología el FODA (Fortalezas, Oportunidades, Debilidades y Amenazas)
	Conformación del equipo de trabajo	• Proponer un equipo de trabajo este define sus responsabilidades y funciones; también debe definir un plan de acción para la implementación del SGC. • El equipo debe: ○ Contar con la formación pertinente, debe conocer la terminología de la norma ISO 9000, la norma ISO 9001; así como la regulación aplicable. ○ Determinar los procesos con la finalidad de delimitar el alcance del SGC. ○ Determinar cuál es su producto y/o servicio ○ Identificar y determinar el marco legal y regulatorio aplicable a la organización.
Hacer	Capacitación e Implementación del SGC	• El equipo de trabajo deberá: ○ Elaborar la documentación requerida por la norma, así como aquella que determina necesaria para la organización. ○ Realizar pláticas de sensibilización a todo el personal involucrado con el fin de lograr una cultura de la calidad. • Todos los involucrados deberán aplicar la documentación y registros, lo que se busca es que se cumplan los procedimientos establecidos por la organización y se demuestre la eficacia del SGC.

Ciclo de Deming	Actividad	Descripción de la actividad
Verificar	Evaluación de la implementación	• Realización de auditorías internas o se puede optar por una auditoría de tercera, ambas consistirían en verificar el grado de cumplimiento de los requisitos de la ISO 9001, además de detectar las áreas de oportunidad, las cuales se pueden corregir antes de iniciar el proceso de certificación • Realizar una revisión de la alta dirección, lo que permitirá la comunicación y dará la posibilidad a la organización de verificar el grado de avance frente a la implementación realizada.
Actuar	Mejora	• Se analizan los resultados de la primera auditoría interna, a través del empleo de técnicas estadísticas • Realizar los ajustes pertinentes a la documentación

2.3. Experiencia de FES-Cuautitlán-UNAM

La Facultad de Estudios Superiores Cuautitlán es una es una entidad de la Universidad Nacional Autónoma de México, ubicada al norte de la zona metropolitana del Valle de México que ha logrado consolidarse como la mejor opción educativa de la región (MGC-FESC, 2015).

A principios de la década de los setenta, tras una explosión en la matrícula de estudiantes de Licenciatura, las autoridades universitarias decidieron crear nuevas unidades en la periferia de la Ciudad de México, surgiendo así entre otras, la Escuela Nacional de Estudios Profesionales (ENEP) en Cuautitlán Izcalli. Posteriormente, el 22 de julio de 1980, fecha en la que el Consejo Universitario aprobó el plan de estudios del doctorado de Microbiología, la ENEP Cuautitlán se convirtió en la Facultad de Estudios Superiores Cuautitlán (FESC), con nuevas opciones educativas tanto en licenciatura como en posgrado (MGC-FESC, 2015).

Actualmente en la FESC se imparten 17 licenciaturas en el sistema presencial de Ciencias Físico-Matemáticas y las Ingenierías, Ciencias Biológicas y de la Salud, Ciencias Sociales y Humanidades y las Artes y una carrera en la modalidad de distancia. También se imparten posgrados y especialidades destacando en el área veterinaria.

Se cuenta con la acreditación de las licenciaturas, de Contaduría, Administración, Informática, Ingeniería en Alimentos, Ingeniería Química y Medicina Veterinaria y Zootecnia (Cuéllar-Ordáz, 2014).

2.3.1. El Sistema de Gestión de la Calidad Corporativo de la FES-Cuautitlán

2.3.1.1. Historia del SGC-C-FESC

De 2005-2009, se desarrolló un programa integral de calidad dirigido a la certificación corporativa ISO 9001 de los laboratorios y unidades de apoyo a la docencia y la investigación, como una vía para fortalecer organizacional y normativamente estas actividades, mejorar su eficacia y eficiencia, y contribuir, de esta forma, a la elevación progresiva de la calidad de la formación de nuestros estudiantes (MGC-FESC, 2015)

La implementación del Sistema de Gestión de la Calidad Corporativo se efectuó durante 2006 con el trabajo de un grupo de profesores entusiastas que iniciaron el trabajo para la certificación de 64 laboratorios experimentales del proceso de Enseñanza Experimental a Nivel Licenciatura (DEX), lo cual concluyo en 2009 con la certificación otorgada por el Instituto Mexicano de Certificación y Normalización (IMNC) bajo la ISO 9001:2000.

En 2010 la FESC es la primer entidad de la UNAM que aplicó la versión más reciente de la ISO 9001 (Rodríguez-Romo, 2010)

Para el 2011 se logró que otros 9 laboratorios experimentales se incorporaran, además de tres procesos de realización.

En 2012 el IMNC realizó una auditoría externa y otorgó la recertificación y certificación de los procesos bajo la ISO 9001:2008 con una vigencia al 2015;

este último certificado cuenta con validez internacional, la cual es reconocida por la Red Internacional de Certificación (IQNet, por sus siglas en inglés)

2.3.1.2. Conformación del SGC-C-FESC

El sistema de Gestión de la Calidad Corporativo de la Facultad de Estudios Superiores Cuautitlán (SGC-C-FESC) está conformado por cuatro procesos que se han denominado de realización:

- Servicio educativo de "Enseñanza Experimental a Nivel Licenciatura (DEX)" que se aplica a 73 laboratorios experimentales pertenecientes a las Ciencias Biológicas y de la Salud y las Ciencias Físico-Matemáticas y las Ingenierías.

- Servicio educativo de "Formación de Recursos Humanos en Laboratorios de Investigación (FRH-LI)" se aplica a 12 laboratorios de investigación del posgrado con el que cuenta esta Facultad.

- Servicio de Apoyo a la Docencia Agropecuaria en 10 módulos del área pecuaria y 5 módulos del área agrícola, este servicio lo ofrece el Centro de Enseñanza Agropecuaria (CEA).

- Servicio de Apoyo a la Docencia para la Gestión de las Prácticas de Campo del Departamento de Ciencias Pecuarias conformado por tres secciones académicas.

La Universidad Nacional Autónoma de México cuenta con certificaciones bajo la norma ISO 9001 en otras entidades que la conforman, sin embargo este Sistema de Gestión de la Calidad implementado en FES-Cuautitlán cuenta con 103 áreas certificadas arriba descritas, por lo que se le considera el SGC más grande con el que cuenta esta máxima casa de estudios.

2.3.2. Los Laboratorios Experimentales de Ingeniería en Alimentos

La certificación de 73 laboratorios ha permitido que los alumnos de las diversas licenciaturas que se imparten en esta Facultad adquieran conocimientos, habilidades y competencias. De los laboratorios experimentales certificados el 10.95% corresponde a tres Laboratorios de Ciencias Básicas

(LCB) y cinco Laboratorios Experimentales Multidisciplinarios (LEM) en los cuales se imparten clases a los alumnos de la licenciatura de Ingeniería en Alimentos, desde la creación de esta licenciatura (1977) y la reestructuración del plan de estudios se ha buscado que la formación de los ingenieros sea integral ya que se tiene un laboratorio único por semestre.

La enseñanza experimental de estos laboratorios está basada en *el método científico* que tiene la finalidad de permitir al alumno el aprendizaje puntual a través de la resolución de problemas con un aspecto multidisciplinario, esto es porque la asignatura permite conjuntar conocimientos previos y de otras asignaturas relacionadas a la misma.

El método científico se conforma de 7 etapas fundamentales: Definición del problema, hipótesis de trabajo, diseño del experimento, la realización de este, análisis de resultados, obtención de conclusiones y elaboración del informe (Riveros & Rosas, 1996)

El diseño del experimento se realiza a través del empleo de un cuadro metodológico que permite visualizar a los alumnos el problema y resolverlo de manera integral, dando a la enseñanza un valor agregado.

La formación de los Ingenieros en Alimentos se lleva a cabo en dos etapas:

- La primera etapa de formación se realiza en los LCB, donde los dos primeros permiten la formación en las áreas física, química y fisicoquímica, a través de la resolución de experimentos propuestos y la aplicación *método científico*

  El último LCB permite al alumno aplicar la metodología científica de los LCB anteriores; así como adquisición de conocimientos en el área alimentaria (Programa de la asignatura LCB III, 2004); a través del desarrollo de un proyecto experimental que le permita integrar los conocimientos previos y los que adquirirá durante este semestre.

  Lo que se busca en esta etapa es estimular la capacidad autodidacta de los alumnos.

- La segunda etapa de formación es en los LEM, estos cursos experimentales se estructuran considerando tres aspectos esenciales:

a) La enseñanza contempla la integración de conocimientos de varias disciplinas a través del planteamiento de un problema y su resolución, todo esto basado en el *método científico como base filosófica para el desarrollo del proceso.*

b) *El proceso investigativo como elemento de funcionalidad del proceso.*

c) *El constructivismo como base del desarrollo didáctico para la enseñanza experimental por proyecto* (Programa de la asignatura LEM IV, 2004)

Esta etapa de formación se promueve la capacidad crítica, la integración y adquisición de conocimientos, habilidades para resolver problemáticas durante la experimentación, capacidad para trabajar en equipo, etc.

2.3.3. Beneficios y Retos de la Certificación de los Laboratorios Experimentales de Ingeniería en Alimentos

La certificación en el ámbito educativo permite que la enseñanza-aprendizaje sea de calidad, la formación en los laboratorios que brindan servicio a la licenciatura de Ingeniería en Alimentos ha permitido:

- El cumplimiento puntual de los programas de las asignaturas, debido a que se realiza la planeación de actividades previas al inicio del periodo escolar permite dar.

- Identificar si el alumno alcanza un aprovechamiento de los conceptos proporcionados durante el periodo escolar, mediante resultados de indicadores del producto educativo, que permiten evaluar el grado de competencias, habilidades y aptitudes adquiridas.

- Que el control de la evaluación del alumno sea más objetiva.

- Un mayor involucramiento del personal, están más comprometidos y dispuestos a prepararse para impartir sus cátedras, lo que genera una reducción de inasistencias a las labores académicas.

- Detectar oportunidades de mejora a través de los resultados obtenidos de las encuestas que se realizan en el periodo escolar a los clientes (alumnos) y partes interesadas (académicos)

- Mejorar el aprovechamiento de los recursos económicos de acuerdo a las necesidades del área y de los resultados a encuestas y buzón de quejas y sugerencias.

- La creación de una cultura de calidad, cumpliendo estándares de seguridad e higiene dentro de los laboratorios experimentales.

Los retos que presenta la certificación de la educación a nivel superior es que los egresados tengan una formación integral durante su estancia en la Facultad y que puedan insertarse de forma casi inmediata al sector industrial.

La certificación debe ser considerada en el sector educativo como una herramienta que permita coadyuvar a la mejora significativa de la educación, a través de la detección de problemáticas y que estas se vean disminuidas en la medida que se tomen acciones que permitan la mejora continua.

Referencias

Allendez, S.P. (2013). Alcanzando la calidad educativa con la norma IRAM 30000. *Consultora de Ciencias de la Educación*, 044, 1-14. Disponible en:

http://www.ccinfo.com.ar/documentos_trabajo/DT_044.pdf

CONACYT (2006). *Informe general del estado de ciencia y tecnología*. Disponible en:

http://www.conacyt.gob.mx/siicyt/index.php/publicaciones/informe-general-del-estado-de-la-ciencia-y-la-tecnologia-2006/2101--335/file

Cuéllar-Ordaz, J.A. (2014). *Informe de Actividades*. FESC-UNAM. Disponible en:

http://www.cuautitlan.unam.mx/Informe_2014.pdf

Gutiérrez-Pulido, H. (2005). *Calidad total y productividad*. México: McGraw Hill Iberoamericana.

International Organization for Standardization (2015). Disponible en:

http://www.iso.org

MGC-FESC (2015). *Manual de Gestión de la Calidad.* Facultad de Estudios Superiores – Cuautitlán-UNAM.

Miranda-Ríos, F.J. (2015). *Evolución de la Norma ISO 9001 y su importancia en la Gestión de Calidad de Ingeniería Química.* Tesis de Licenciatura. Universidad Nacional Autónoma de México. Facultad de Estudios Superiores Cuautitlán.

Negrete, R.G. (2006). *La misión, la visión y valores educativos, ejes de implementación de un SGC.* México: Instituto Politécnico Nacional.

Programas de las asignaturas de los Laboratorios Experimentales Multidisciplinarios (LEM) (2004). I, II, III, IV y V. Disponibles en:

http://www.cuautitlan.unam.mx/licenciaturas/alimentos/plandeestudios.html

Riveros, G.H., & Rosas, L. (1996). Método científico experimental. En *El método científico aplicado a las ciencias experimentales.* México, ed. Trillas. 53-82.

Rodríguez-Romo, S. (2010), *Memoria UNAM 2010.* Facultad de Estudios Superiores Cuautitlán (FESC). Disponible en:

http://www.planeacion.unam.mx/unam40/2010/PDF/4.9-FESC.pdf

OmniaScience

Capítulo 8

Liposomas como Nanotransportadores de Antioxidantes y Estudio de Tasa de Liberación

Matilde Villa-García[1], Eduardo San Martin-Martinez[1], Ruth Pedroza-Islas[2]

[1]Centro de Investigación en Ciencia Aplicada y Tecnología Avanzada del IPN, México.

[2]Universidad Iberoamericana, México.

maty_vg@yahoo.com.mx, sanmartinedu@hotmail.com, ruth.pedroza@uia.mx

Doi: http://dx.doi.org/10.3926/oms.294

Referenciar este capítulo

Villa-García, M., San Martin-Martinez, E., & Pedroza-Islas, R. (2015). *Liposomas como Nanotransportadores de Antioxidantes y Estudio de Tasa de Liberación*. En Ramírez-Ortiz, M.E. (Ed.). *Tendencias de innovación en la ingeniería de alimentos*. Barcelona, España: OmniaScience. 215-254.

M. Villa-García, E. San Martín-Martínez, R. Pedroza-Islas

Resumen

Actualmente, se ha visualizado que los complementos alimenticios del futuro seguirán la tendencia de la nanoencapsulación aplicada, generándose productos nuevos, con características determinadas como por ejemplo, erradicación de incompatibilidades, solubilización o enmascaramiento de sabores u olores desagradables y protección de compuestos activos sensibles a condiciones físicas y químicas adversas. Con respecto a los compuestos activos aplicables en alimentos, los retos a enfrentar son la inclusión, osmolaridad, biodisponibilidad, estrés térmico y oxidativo durante el procesamiento y almacenamiento, insolubilidad de compuestos liposolubles, degradación enzimática y condiciones de acidez durante el tracto gastrointestinal.

Los alimentos funcionales donde se incorporan los nanoencapsulados pueden proporcionar un efecto benéfico para la salud además de contribuir a la nutrición, ejemplo de ellos son aquellos que contienen de manera natural o a los que se les ha adicionado un ingrediente funcional nanoencapsulado como los ácidos grasos, carotenoides, flavonoides, isotiacianatos, fenoles, polioles, fitoestrógenos, minerales, vitaminas, sustancias biológicamente activas como probióticos, fitoquímicos y antioxidantes.

Los antioxidantes al ser sustancias capaces de neutralizar a los radicales libres causantes de los procesos de envejecimiento y de algunas otras enfermedades, que por la incapacidad del cuerpo de neutralizarlos obliga a recurrir a alimentos que los contengan para tratar de contrarrestar sus efectos negativos.

Podemos encontrar antioxidantes y disponer de ellos en frutas, verduras u hortalizas las cuales son ricas en betacarotenos, vitamina C, licopeno, glutatión, clorofila, vitamina E, ácido linolénico (ω-3) y flavonoides. Sin embargo estos compuestos son sensibles a factores físicos, químicos y/o enzimáticos por lo cual sus propiedades pueden minimizarse e incluso anularse.

Ante ello se han desarrollado y usado nuevos sistemas de estabilización que permiten proteger y prolongar el tiempo de vida de una sustancia con el objetivo de mejorar su eficacia, los sistemas más utilizados para proteger y controlar la liberación de compuestos activos son los sistemas de secuestro matricial y sistemas de encapsulación.

Los liposomas pertenecen al sistema de encapsulación y han demostrado ser eficientes en la captación, protección y biodisponibilidad de una gran variedad de sustancias activas hidrosolubles, liposolubles o anfifílicas. Estos sistemas pueden desarrollarse dependiendo de la naturaleza y uso del compuesto activo a través de diversos métodos, entre los más comunes se encuentran: evaporación en fase reversa (REVs) e hidratación de película – Bangham, los cuales generan liposomas unilamelares o plurilamelares respectivamente a escala micro o nanométrica.

Así, las investigaciones sobre encapsulación a escala micro y nano están desarrollando estudios de compatibilidad con los nutrientes a encapsular, pruebas de estabilidad y capacidad de atrapamiento así como su vectorización dentro de nuestro organismo. Estas investigaciones se han incrementado en los últimos años generándose oportunidades de innovación en el área de alimentos.

En este capítulo se describirán las características, eficiencia de atrapamiento, estabilidad y liberación de compuestos activos,

M. Villa-García, E. San Martín-Martínez, R. Pedroza-Islas

antioxidantes oleosos (β-caroteno) y acuosos (antocianinas de zarzamora), en liposomas elaborados por REVs en comparación con los obtenidos por el método de Bangham.

Palabras clave

Nanoencapsulación, liposomas, antioxidantes, β-caroteno y antocianinas.

1. Introducción

Actualmente se ha visualizado que los complementos alimenticios del futuro seguirán la tendencia de la nano encapsulación aplicada, generándose productos nuevos, con características determinadas como por ejemplo, erradicación de incompatibilidades, solubilización o enmascaramiento de sabores u olores desagradables y protección de compuestos activos (CA) sensibles a condiciones físicas y químicas adversas, (Fathi, Mozafari & Mohebbi, 2012; Mangematin & Walsh, 2012). Con respecto a los CA aplicables en alimentos, los retos a enfrentar son la inclusión, osmolaridad, estrés térmico y oxidativo durante el procesamiento y almacenamiento, insolubilidad de compuestos liposolubles, degradación enzimática, condiciones de acidez durante su paso a través del tracto gastrointestinal y su biodisponibilidad (BA) (Shimoni, 2009).

Con respecto a la BA y la absorción de nutrimentos la eficiencia es mayor cuando son transportados por vehículos lipídicos como los liposomas, los cuales son vesículas compuestas por fosfolípidos organizados en bicapas. Estas vesículas poseen una fase acuosa interna y están suspendidas en una fase acuosa externa, pueden encapsular en su estructura moléculas o CA de carácter hidrosoluble, liposoluble o anfifílicos ya sea de forma conjunta o separada (Sharma-Vijay, Mishra, Sharma & Srivastava, 2010). Son de gran ayuda como protectores y transportadores de sustancias y CA que presentan problemas de solubilidad o son sensibles a factores físicos, químicos, degradativos y de desactivación (sistema inmunológico) (Drulis-Kawa & Dorotkiewicz-Jach, 2010; Fathi et al., 2012; Hollmann, Delfederico, Glikmann, De Antoni, Semorile & Disalvo, 2007). Además presentan biocompatibilidad, biodegrabilidad y no toxicidad (Luzardo, Martínez, Calderón, Álvarez, Alonso, Disalvo et al., 2002).

Si bien estos sistemas han sido extensamente estudiados y usados en el área farmacéutica, actualmente sus fundamentos y resultados han servido como plataforma para los tecnólogos de alimentos que han empezado a utilizarlos (Murillo, Espuelas, Prior, Vitas, Renedo, Goñi-Leza et al., 2001; Yañez,

Salazar, Chaires, Jimenez, Marquez & Ramos, 2002), siendo el diseño y la innovación un reto para aplicaciones específicas como por ejemplo:

- Mejoramiento notorio en el sabor amargo y/o ácido de productos alimenticios mejorando su palatabilidad.

- Distribución uniforme de sustancias solubles en grasa, tales como ciertas vitaminas y antioxidantes, que generalmente no son compatibles con productos a base de agua.

- Protección de nutrimentos de la oxidación prematura y de la degradación ácida o enzimática en el estómago e intestino (Parra, 2010; Suñe, 2002).

- Liberación de contenido cuando los liposomas hayan alcanzado una temperatura predeterminada o valor de pH.

- Marcadores de ciertos tejidos o tipos de células utilizando lípidos para formar la doble capa de un liposoma.

- Aumento de la absorción intestinal cubriendo los liposomas con elementos complementarios externos.

- Entrega de nutrimentos a células, sin embargo, esto es un desarrollo relativamente reciente (Murillo et al., 2001; Sharma-Vijay et al., 2010).

2. Liposomas en el Área de Alimentos

En los alimentos existen naturalmente muchos componentes nutritivos, y a menudo en mínimas cantidades ejercen un efecto benéfico sobre nuestro organismo. En muchos casos el alcanzar los beneficios, depende de la bioaccesibilidad y la biodisponibilidad por lo que las investigaciones en alimentos están realizando un esfuerzo por aumentar o mantener sus contenidos (Shimoni, 2009). Los liposomas, como sistemas de encapsulación, pueden ayudar a este reto. Algunas de las aplicaciones de estos sistemas lipídicos en alimentos han sido reportados por Taylor, Weiss, Davison y Bruce (2005) en el cual citan estudios como:

- Encapsulación de lactoferrina, nisina y un polipéptido antimicrobiano para incrementar la vida de anaquel de productos lácteos.

- Fosvitina atrapada en liposomas para inhibir la oxidación de lípidos en una variedad de productos lácteos y carne molida de cerdo.

- Encapsulación de vitamina C, donde el liposoma mantiene el 50% de su actividad después de 50 días de almacenamiento refrigerado mientras que la no encapsulada perdió su actividad después de 19 días.

Por otro lado Santiago (2005) empleando liposomas, logró encapsular hierro para la fortificación de Téjate deshidratado (Bebida refrescante de Oaxaca, Méx.) para evitar enfermedades como la anemia ferropénica la cual es originada por la deficiencia de hierro en la dieta o por su baja biodisponibilidad.

En maduración de quesos (manchegos), se han empleado liposomas con diferentes enzimas para obtener una característica específica por ejemplo, quesos blandos y menos elásticos (liposomas con quimosina), quesos firmes y elásticos (liposomas con proteinasa de *B. subtilis*) o quesos con sabor intenso (liposomas con cinarasas) (Picon, 1994).

También, se ha estudiado, la estabilidad de los liposomas cubiertos con proteínas de capa-S (PCS) provenientes de *Lactobacillus* utilizados en alimentos lácteos. Estos sistemas fueron expuestos con y sin la presencia de PCS a factores del tracto gastrointestinal (TGI) y los resultados obtenidos indicaron que los liposomas cubiertos con la proteína tienen mayor protección durante su trayecto por el TGI (Hollmann et al., 2007).

Puede entonces afirmarse que los liposomas tienen un gran potencial como vehículos y sistemas de liberación de CA incorporados en materiales alimenticios (Takahashi, Uechi, Takara, Asikin & Wada, 2009), lo cual significa un renacimiento prometedor de la investigación de los liposomas, en este caso en aplicaciones en diversos productos alimenticios, lo que mejorará las propiedades nutritivas, sensoriales y fisicoquímicas, en un futuro cercano (Sharma-Vijay et al., 2010).

3. Liposomas como Nanotransportadores de Compuestos Activos (CA)

La nanotecnología es una área interdisciplinaria de investigación y desarrollo de sustancias o dispositivos en rangos nanométricos (Reza-Mozafari, Johnson, Hatziantoniou & Demetzos, 2008), es un campo relativamente nuevo de investigación, sin embargo, avanza rápidamente en áreas de ciencia y tecnología creando nanomateriales para tratamientos médicos, investigación agrícola, restauración ambiental, aplicaciones energéticas y alimentación (Molins, 2008). En esta última se están realizando diversas investigaciones, entre las que se encuentran el estudio de las características nanométricas sobre la estructura, textura y calidad de los alimentos, desarrollo de nano sensores para monitoreo (transporte, almacenamiento y trazabilidad), envases con propiedades antimicrobianas, liberación de fármacos en puntos específicos y nanoencapsulación de componentes de alimentos (Chaudhry, Scotter, Blackburn, Ross, Boxall, Castle et al., 2008).

Con respecto a las aplicaciones, la nanoencapsulación se ha hecho presente en la incorporación, absorción o dispersión de compuestos bioactivos (Bouwmeester, Dekkers, Noordam, Hagens, Bulder, de Heer et al., 2009), los cuales pueden depositarse en interfaces de emulsiones para mejorar su estabilidad (Prestidge & Simovic, 2006), de esta manera se obtienen sistemas transportadores para encapsulación de compuestos de sabor-aroma, nutracéuticos o sistemas elásticos para el empaque de alimentos (Sozer & Kokini, 2009). La ventaja de estas aplicaciones han tenido impacto sobre la estabilidad del material encapsulado a condiciones ambientales, enzimáticas, químicas, temperatura, fuerza iónicas, enmascaramiento de olores o sabores no deseados (Yurdugul & Mozafari, 2004).

Los nanotraportadores desarrollados en la industria alimentaria son elaborados a base de hidratos de carbono, proteínas o lípidos. Sin embargo, los primeros no tienen un gran potencial a escala debido a que es necesario aplicar diferentes productos químicos o tratamientos de calor que no son del todo controlados. Por otra parte, los vehículos basados en lípidos tienen una mayor posibilidad de producción industrial así como una mayor eficiencia de encapsulación y baja toxicidad. Entre los sistemas lipídicos encapsulantes más prometedores se encuentran nanopartículas lipídicas solidas (SLNs), transportadores lipídicos nanoestructurados (NLCs), nanoemulsiones y nanoliposomas (Fathi et al., 2012), en los cuales se han logrado encapsular compuestos activos insolubles (Cheong, Tan, Man & Misran, 2008; Jafari, Assadpoor, Bhandari & He, 2008), enzimas (Rao, Chawan & Veeramachaneni, 1994), vitaminas (Gonnet, Lethuaut & Boury, 2010), antimicrobianos (Malheiros, Daroit & Brandelli, 2010) y minerales (Arnaud, 1995).

En específico, a los nanoliposomas y liposomas, se les han atribuido ventajas tales como la biocompatibilidad, biodegradabilidad, posibilidad de producción a gran escala, eficacia de atrapamiento, facilidad de entrega y liberación de fármacos, genes de diagnóstico, ingredientes hidrosolubles, liposolubles, anfifílicos (Drulis-Kawa & Dorotkiewicz-Jach, 2010; Fathi et al., 2012; Hollmann et al., 2007), además de su capacidad de direccionamiento, lo que significa que puede adaptarse, entregar y liberar su carga en un sitio específico dentro y fuera de sistemas *in vivo* (Fricker, Kromp, Wendel, Blume, Zirkel, Rebmann et al., 2010; Navarro, Cabral, Malanga & Savio, 2008). Si bien los liposomas han demostrado ser eficientes en diversos procesos, las futuras investigaciones deberán enfocarse a su producción segura y escalada a bajo costo, así como demostrar el verdadero potencial de liposomas y nanoliposomas para mejorar la calidad y la seguridad de una amplia variedad de productos alimenticios (Reza-Mozafari et al., 2008).

4. Biodisponibilidad y Entrega Liposomal de Nutrimentos

La biodisponibilidad (BA) la cual se define como la fracción y la velocidad en que se absorbe un ingrediente activo o fracción activa de un fármaco y se hace disponible en el sitio de acción (FDA, 2000; Gaete, Solís, Venegas, Carrillo, Schatloff & Saavedra, 2003). En específico para alimentos, la BA considera el efecto de los alimentos en la liberación y absorción de la sustancia, realizando un comparativo entre los productos a estudio y los de referencia, considerando la concentración y actividad de los compuestos activos más importantes y viables analíticamente, evaluados por métodos *in vitro* o *in vivo*. La liberación del CA de los sistemas coloidales a las células puede darse por cuatro mecanismos principales (Figura 1), los cuales son:

1. **Absorción:** Adherirse a la superficie de la pared celular y posteriormente difundirse lentamente al interior de las células y liberando los compuestos activos.

2. **Fusión:** Se funde con la pared celular y liberar su contenido al interior de la célula.

3. **Endocitosis:** Paso de la vesícula (liposoma) al interior de la célula, una vez dentro se rompe el liposoma y el compuesto activo es liberado.

4. **Intercambio de lípidos:** Entre la pared celular y la bicapa lipídica del liposoma liberando los CA al interior.

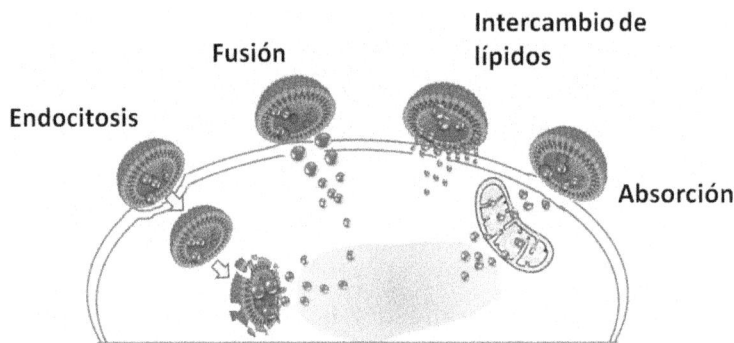

Figura 1. Liberación de los CA de los liposomas a las células

Las etapas que interfieren en la BA son: El desarrollo de un mecanismo de administración que encapsule al CA, insertarlo en el torrente sanguíneo y liberarlo en un punto de interés específico para un máximo efecto. En relación a cápsulas o recubrimientos, los liposomas pueden considerarse como buenos candidatos para mejorar la BA de sustancias activas, nutrimentos e ingredientes activos (hidrófilos, hidrófobos y anfifílicos) con baja solubilidad para su internalización en membranas celulares; estos sistemas coloidales son capaces de circular por la sangre, atravesar la piel, anclarse o traspasar mucosas para inducir una respuesta celular determinada o liberar un CA debido a la similitud que tienen con las células (Navarro et al., 2008). También pueden adherirse a la mucosa intestinal, prolongar tiempos de residencia, mejorar o potencializar características terapéuticas y proteger de la degradación enzimática del tracto gastrointestinal (Frézard, Schettini, Rocha & Demicheli, 2005). Ante esto último, se ha encontrado que la encapsulación en liposomas proporciona a los nutrimentos diversas ventajas de BA entre las que se encuentran:

- La transportación y distribución inmediatamente a través del sistema digestivo.

- Asimilación, sin necesidad de romperlos digestivamente.

- Absorción a través del intestino delgado y ser transportados de manera intacta a través del flujo sanguíneo para posteriormente ser metabolizados por las células que los necesitan sin ser sujetos a la degradación digestiva.

Por ejemplo, en estudios realizados con respecto a la BA de la Curcumina, un aditivo alimentario y especie con propiedades potenciales anti-metástasis fue evaluada, formulándose en liposomas los cuales fueron administrados en forma oral a ratas, los resultados mostraron que los sistemas tuvieron una evidente BA, rápida velocidad y gran extensión de absorción, además de una alta actividad antioxidante (Takahashi et al., 2009).

Los liposomas también han sido desarrollados para mejorar la BA oral de CA poco absorbibles mediante el uso de ácido fólico como mediador de captación. El acido fólico fue acoplado a la superficie del liposoma conteniendo cefotaxima, posteriormente se administró a ratas, obteniéndose un mejoramiento en su BA por lo cual podría considerarse que el acoplamiento de ácido fólico puede ser útil para la suplementación oral por medio de un sistema de liberación liposomal (Ling, Yuen, Magosso & Barker, 2009).

La BA también se ha medido en fosfolípidos a nivel plasma y suero en diversos individuos, donde los ácidos grasos contenidos en los eritrocitos son el mejor indicador de su BA en tejidos. En otro estudio, la suministración de aceites de pescado, oliva y de Krill antártico *(Euphausia superba)* a un grupo de personas, se observó que este último tiene mayor BA reportando altos niveles de EPA y DHA. Por otra parte, un estudio *in vitro* con células de pulmón de rata reportó una mayor respuesta de ácidos grasos en forma de fosfolípidos (García & Agüero, 2015).

5. Liposomas, Aspectos Generales

Los liposomas son vesículas esféricas que contienen una o varias bicapas fofolipídicas concéntricas con compartimientos acuosos alternados (Ball, 1995; De la Maza & Parra, 1993; Frézard et al., 2005; Lanio, Luzardo, Laborde, Sánchez, Cruz-Leal, Pazos et al., 2009). Su formación se produce de manera espontánea cuando moléculas anfifílicas (Figura 2a) como los fosfolípidos se mezclan con agua; su parte polar interacciona con el agua y las cadenas laterales (ácidos grasos) lo hacen con sus homólogos moleculares para formar bicapas (Figura 2b) en las cuales se pueden depositar sustancias lipofílicas y mientras que en la cavidad interna con característica polar, puede situarse agua o sustancias hidrofílicas (Castro, 1999; Clares, 2003; Navarro et al., 2008).

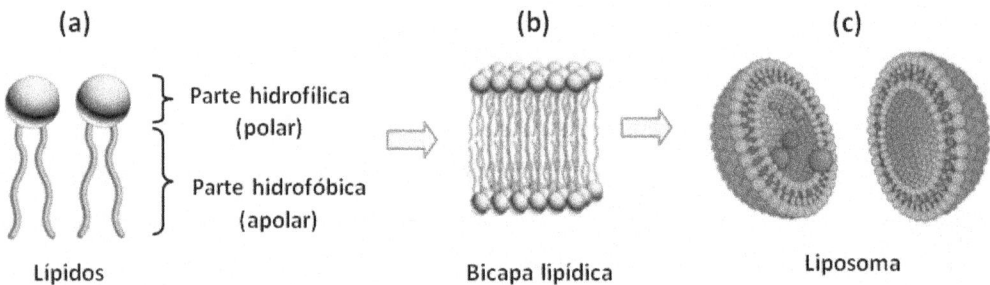

Figura 2. Molécula anfifílica (a), Formación de la bicapa (b), Liposoma (c)

Los liposomas convencionales, típicamente están constituidos de fosfolípidos y colesterol, los primeros son lípidos anfipáticos y presentan una estructura similar a los triglicéridos. Están compuestos por una molécula de glicerol a la que se ensamblan 2 ácidos grasos de diferente longitud y grado de instauración en las posiciones 1 y 2. En la posición 3 posee una molécula de ácido orto fosfórico al cual puede estar unida una, serina, etanol amina, ciclo inositol, cefalina o una colina, generándose estructuras específicas (García & Agüero, 2015).

Las lecitinas o fosfatidilcolinas pertenecen al grupo de los glicerofosfolípidos y son las comúnmente empleadas para la elaboración de liposomas por ser el principal lípido estructural en membranas biológicas y biomédicas, pueden ser obtenidas de manera sintética o de fuentes naturales: animales (yema de huevo) o vegetales (granos de soya) (Kotyńska & Figaszewski, 2007).

La lecitina de soya posee 21% de fosfatilcolina, 22% de fosfatidiletanoalmina y un 19% de fosfatidilinositol, su parte hidrofóbica se une a la cabeza polar hidrofílica que puede contener un grupo fosfato o algunas unidades de azúcares originando de esta manera la estructura de los liposomas (Lanio et al., 2009; Navarro et al., 2008). Es considerada como un agente tensoactivo no tóxico, aprobado por la FDA (Food and Drug Administration de los EEUU) para el consumo humano, con el estatus GRAS (Generally Recognized As Safe). Se utiliza comercialmente como emulsionante o como revestidor de productos farmacéuticos, además de ser ampliamente usada en el ámbito farmacéutico debido a que disminuye la concentración de colesterol y triglicéridos en el organismo (Iwata, Kimura, Tsutsumi, Furukawa & Kimura, 1993; Jimenez, Scarino, Vignolini & Mengheri, 1990).

Publicaciones recientes demuestran el potencial de los liposomas basados en fosfolípidos para mejorar la BA de CA poco solubles, incluyendo péptidos y proteínas (El-Nesr, Yahiya & El-Gazayerly, 2010; Navarro et al., 2008; Zou, Sun, Zhang & Xu, 2008). Liposomas compuestos de fosfatidilcolina de soya hidrogenada (HSPC), dipalmitoilfosfatidilcolina (DPPC), dimiristoilfosfatidilcolina (DMPC) y dimiristoilfosfatidilglicerol (DMPG), demostraron que son sistemas adecuados para la liberación de vacunas orales, además indican que su presencia en las formulaciones mejoran su estabilidad y las protegen de la descomposición enzimática, otros ejemplos, demuestran que la presencia de fosfolípidos en formulaciones orales pueden alterar la BA retardando su liberación (Fricker et al., 2010).

Por otra parte, el colesterol molécula de ciclopentanoperhidrofenantreno ($C_{27}H_{46}O/C_{27}H_{45}OH$), es un lípido esteroide, constituido por cuatro carbociclicos condensados o fundidos, posee una cabeza polar constituida por el grupo hidroxilo y una porción apolar formada por los anillos condensados y sustituyentes alifáticos, debido a esta característica es una molécula hidrófoba con una solubilidad en agua de 10^{-8} M y al igual que otros lípidos, es bastante soluble en disolventes apolares como el cloroformo.

Puede ser incluido en liposomas como un "aditivo" hasta una concentración molar del 50% para mejorar las características de las bicapas incrementar su microviscosidad, aumentar la rigidez de las membranas en "estado cristalino" (se inserta en las cadenas lipídicas, originando un aumento en el empaquetamiento y una disminución de la permeabilidad y fluidez) y reducir la rigidez de las membranas que no están en "estado gel" (se inserta junto a las cabezas polares, aumentando la permeabilidad y fluidez de las cadenas) (Elsayed, Abdallah, Naggar & Khalafallah, 2007; Frézard et al., 2005; Sharma-Vijay et al., 2010).

6. Métodos de Síntesis de Liposomas

6.1. Liposomas Plurilaminares – Método Bangham

Atendiendo a las características estructurales, en particular al número de bicapas y al tamaño, los liposomas pueden clasificarse en vesículas multilamelares o unilamelares (Ball, 1995; Frézard et al., 2005; Lanio et al., 2009; Navarro et al., 2008). Las vesículas multilamelares, consisten en varias lamelas concéntricas entre las cuales se encuentran volúmenes acuosos; son apropiadas para la incorporación de CA con características hidrofílicas. Los CA se depositan en el interior de las membranas y pueden ser lentamente liberados en el sitio específico (Navarro et al., 2008). Este tipo de liposomas pueden obtenerse mediante el método Bangham (Figura 3), el cual consiste en solubilizar lípidos en un disolvente orgánico y obtener una película delgada por rota-evaporación, la cual es posteriormente rehidratada.

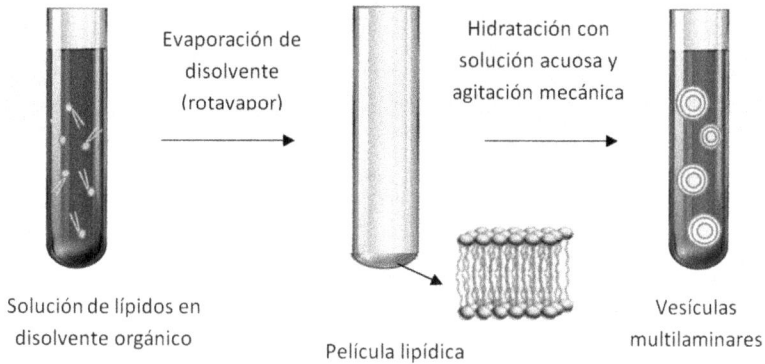

Figura 3. Método de preparación de liposomas tipo MLV (Bangham), basados en el proceso de hidratación de película lípidos

Para un mejor control de lamelaridad y homogeneidad del tamaño de los liposomas obtenidos por este método, es posible aplicar a la suspensión heterogénea un procedimiento de extrusión, el cual consiste en usar membranas de policarbonato para filtrar la solución; el número de veces que se repita esta operación, así como el diámetro de poro determina la lamelaridad y la dispersión de tamaños de la suspensión final de liposomas.

6.2. Liposomas Unilaminares – Método REVs

En 1978, Szoka y Papahadjopoulos desarrollaron un procedimiento de preparación de liposomas al que denominaron "evaporación en fase reversa", mediante el cual se pueden obtener vesículas con un espacio central acuoso más voluminoso. En este método se parte de una disolución de los fosfolípidos en un solvente orgánico los cuales se mezclan con una fase normalmente acuosa, esta mezcla se emulsifica obteniéndose una suspensión de micelas invertidas, posteriormente se elimina el solvente lo que produce, al mismo tiempo, una agregación de micelas que conduce a la formación de una estructura tipo gel, la cual se rompe cuando se incrementa el grado de vacío aplicado para lograr la completa eliminación del disolvente (Figura 4).

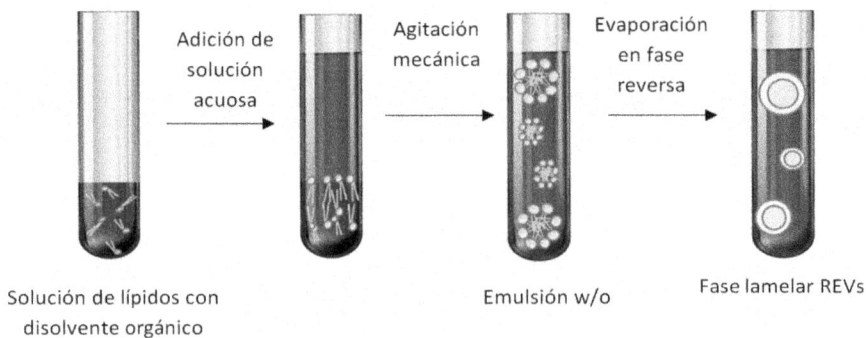

Figura 4. Método de preparación de liposomas del tipo REVs, basado en el proceso de evaporación en fase reversa

En este proceso las monocapas lipídicas que constituyen las micelas se sitúan lo suficientemente cerca unas de otras, como para dar lugar a las bicapas lipídicas que constituyen la pared de los liposomas. Las vesículas formadas de esta manera son de tipo uni u oligolaminar, con un tamaño medio alrededor 500 nm aunque bastante heterogéneo. Las vesículas formadas son adecuadas para moléculas hidrosolubles, donde la meta es lograr un alto valor en la relación del volumen de atrapamiento-lípido. Una desventaja es la debilidad mecánica de su única membrana, que puede llevar a su ruptura y pérdida parcial de material, así como representar una tenue barrera para compuestos hidrosolubles.

Ambos métodos se han utilizado para encapsular innumerables CA, con diferentes fines, entre los que se encuentran: transportadores de antimicrobianos, anticancerígenos, agentes quelantes, antibióticos, hormonas, antiinflamatorios, analgésicos, antifúngicos, antineoplásicos, inmunosupresores, así como para administraciones específicas: oral, tópica o respiratoria, además de usarse como marcadores de diagnóstico, o para terapias enzimáticas.

El factor común que persiguen estos sistemas transportadores, es la eficiencia de atrapamiento y estabilidad del CA, lo que puede ser afectado por el tipo de liposoma (convencional, niosoma, catiónicos, recubiertos, etc.), método de elaboración (formulación, procesos de homogenización) y condiciones de almacenamiento (Xia & Xu, 2005). Además debe destacarse, a fin de obtener un porcentaje de incorporación, estabilidad, biodistribución, estructura y liberación del principio activo el método de preparación debe ser diseñado y optimizado específicamente para cada tipo de sustancia activa (Navarro et al., 2008).

7. Compuestos Activos o Fitoquímicos

Los compuestos activos (CA) o fitoquímicos son definidos como: compuestos que tienen una actividad biológica dentro del organismo, traducida en un efecto benéfico para la salud, actualmente se están promoviendo para aliviar diversas enfermedades, en lugar de los productos farmacéuticos alópatas, tan así que la FDA ha publicado un documento orientado a "productos botánicos con ingredientes activos" con el fin de promover el desarrollo de productos derivados de fuentes naturales. En este ámbito solo dos productos se han registrado y en la actualidad hay muchos productos de origen natural en desarrollo clínico, que se encuentran en vía de registro del Producto Botánico, como fitofármacos que se emplearán para el tratamiento de cáncer, enfermedades inflamatorias y otros padecimientos (Dai, Gupte, Gates & Mumper, 2009).

Dentro de los compuestos activos se encuentran los antioxidantes, que estabilizan los radicales libres que el cuerpo humano produce, la presencia en exceso de estas especies reactivas pueden generar estrés oxidativo y con ello la degeneración del DNA, enfermedades cardiovasculares, disfunción de los procesos mentales, cataratas y la aparición de ciertos tipos de cáncer y tumores (Wang, Ishida & Kiwada, 2007). Como contraparte los efectos benéficos que ejercen los CA antioxidantes sobre la salud humana son: protección del sistema cardiocirculatorio, reducción de la presión sanguínea y riesgos de cáncer, regulación de índice glucémico y colesterolemia, mejoradores de la respuesta inmune, entre otros.

Podemos encontrarlos en proporciones abundantes en frutas, verduras, bacterias (ácido lácticas) y verduras fermentadas. Entre los más reconocidos por sus efectos terapéuticos se encuentran: los isotiocianantos, flavonoides, monoterpenos (D-limoneno, D-carvona), organosulforados (alildisulfuro), isoflavonas, lignanos, saponinas, polifenoles y carotenoides (Patras, Brunton, Da Pieve & Butler, 2009; Serraino, Dugo, Dugo, Mondello, Mazzon, Dugo et al., 2003; Tavares, Figueira, Macedo, McDougall, Leitão, Vieira et al., 2012). Un grupo importante de los polifenoles son los flavonoides, los cuales se caracterizan por ser solubles en agua; ejemplo de ellos son las chalconas, los taninos condensados, las flavonas, los flavonoles, los flavanoles y las antocianidinas (Bowen-Forbes, Zhang & Nair, 2010; Kaume, Gilbert, Brownmiller, Howard & Devareddy, 2012).

7.1. β-Caroteno – Antioxidante Lipofílico

El β-Caroteno, (Figura 5a), pertenece al grupo de los carotenoides, se encuentra fundamentalmente en vegetales (zanahoria, tomate, piña, cítricos), flores y semillas (achiote), este así como sus isómeros (α, γ) son compuestos del tipo polienos, con dobles enlaces conjugados (Respetro, 2007), presenta un espectro de absorción entre los 400 y 500 nm, su estructura posee un carácter extremadamente hidrofóbico y muestra una pobre BA en forma cristalina (Ribeiro & Cruz, 2004).

El β-caroteno, α-caroteno y β-criptoxantina, son precursores de la vitamina A y poseen actividad antioxidante lo cual provoca un interés creciente en estos compuestos para aplicaciones terapéuticas. Estudios epidemiológicos han demostrado una asociación entre niveles elevados de carotenoides en la dieta o en la sangre y un efecto protector contra el desarrollo de enfermedades crónicas como ciertos tipos de cáncer, enfermedades cardiovasculares, degenerativas de la mácula y cataratas (Macías, Schweigert, Serrano, Pita, Hurtienne, Reyes et al., 2002), aumentan la eficiencia del sistema inmune, inhiben la oftomutagénesis, actúan como protectores a la radiación ultravioleta y reducen las probabilidades de ataques cardíacos (Bjelakovic, Nikolova, Gluud, Simonetti & Gluud, 2007).

(a)

(b)

(c)

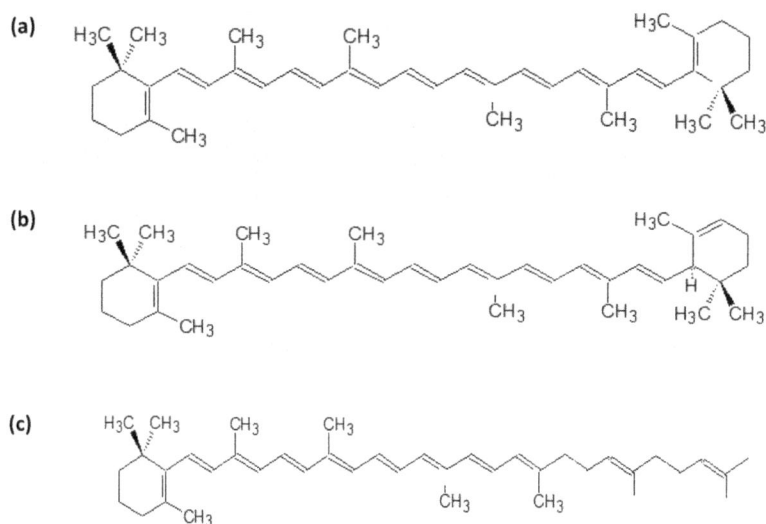

Figura 5. Estructuras del β-Caroteno (a) y sus isómeros α (b), γ (c)

7.2. Antocianinas de Zarzamora *(Rubus Fruticosus)* – Antioxidante Hidrofílico

Las antocianinas son el grupo más importante de compuestos hidrosolubles, responsables de los colores rosa, rojo, púrpura y azul que se aprecian en flores, frutas y verduras. Se localizan principalmente en la piel de las verduras (col y cebolla morada) y frutas tales como: manzanas, peras (Salinas, Rubio & Diaz, 2005) y bayas; estas últimas, han sido ampliamente reconocidas como una gran fuente de compuestos bioactivos fenólicos, entre los que se encuentran: taninos, ácidos fenólicos y flavonoides (Wu, Frei, Kennedy & Zhao, 2010).

Dentro de las bayas se encuentran las zarzamoras, que poseen una alta cantidad de antocianinas, siendo la cianidina-3-glucósido (Figura 6) la predominante (Bowen-Forbes et al., 2010; Kaume et al., 2012; Patras et al., 2009), comparada con las que poseen la grosella y la frambuesa (Pantelidis, Vasilakakis, Manganaris & Diamantidis, 2007; Wang & Lin,

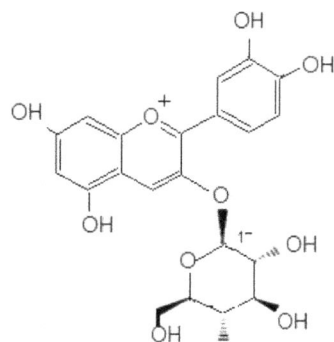

Figura 6. Cianidina-3-glucosido

2000). Por ello la zarzamora es considerada como una importante fuente de antioxidantes.

Como antioxidante o pro oxidante, las antocianinas de la zarzamora pueden ejercer efectos benéficos como antiinflamatorios o quimioprotectores. En un artículo publicado por Dai et al. (2009) se citan diversos estudios prometedores sobre el efecto de estas antocianinas, entre los que se encuentran, la protección de células CaCo-2 de la apoptosis inducida por radicales peróxido, generación de ciclos redox de especies de oxígeno reactivas para disminuir radicales libres, rompimiento oxidativo de la cadena de DNA, generación de sustancias peroxidantes, así como efectos antiproliferativos en células de cáncer (Kaume et al., 2012).

También han mostrado tener diversas bioactividades, tales como: efecto protector contra la disfunción endotelial e insuficiencia vascular en vitro (Serraino et al., 2003), inhibición de cáncer de colon, protector contra el aumento de peso e inflamación asociados con la menopausia (Dai et al., 2009; Kaume et al., 2012). Incluso el interés sobre ellas se ha intensificado debido a sus propiedades farmacológicas y terapéuticas. Por ejemplo, durante el paso del tracto digestivo al torrente sanguíneo, las antocianinas permanecen intactas y ejercen efectos terapéuticos entre los que se encuentran: reducción de la enfermedad coronaria, efectos anticancerígenos, antitumorales, antiinflamatorios y mejoramiento del comportamiento cognitivo (Garzon, 2008; Li, Lim, Lee, Kim, Kang, Kim et al., 2012; Miyazawa, Nakagawa, Kudo, Muraishi & Someya, 1999; Pedreschi & Cisneros-Zevallos, 2007). Sin embargo, a pesar de los grandes beneficios y su poder antioxidante las antocianinas en la dieta presentan una baja BA (Mazza, Kay, Cottrell & Holub, 2002; Wu, Cao & Prior, 2002).

Por lo anteriormente descrito los CA como el **β-caroteno** y las **antocianinas** presentan diversos beneficios en la salud para la prevención de enfermedades, sin embargo son sensibles a factores físicos y químicos originando que sus efectos sean mínimos o nulos. Estos compuestos pueden ser protegidos y potencializar sus efectos con el uso de técnicas de microencapsulación en liposomas, los cuales han demostrado su potencial como transportadores y protectores de moléculas de fármacos e ingredientes activos aumentando su estabilidad en condiciones deletéreas ambientales incluso las del tracto gastrointestinal. Estudios realizados por Villa, Pedroza y San Martin (2013) comparando dos métodos de elaboración de liposomas (Bangham y REVs) encapsulando las mismas sustancias activas y determinando su eficiencia de atrapamiento y tasa de liberación en fluidos gastrointestinales simulados, observaron que estos sistemas son viables para la conservación de las propiedades antioxidantes.

8. Evaluación de los Liposomas Conteniendo Antioxidantes

Se caracterizaron los CA (β-caroteno y antocianinas) por cromatografía de líquidos de Alta Resolución (HPLC). Los liposomas fueron elaborados por dos tipos de métodos: Bangham y REVs; fueron cargados de manera separada con los CA liposolubles e hidrosolubles, finalmente a las estructuras lipídicas generadas se les determinó la eficiencia de atrapamiento y la tasa de liberación en condiciones gastrointestinales simuladas. Para la dirección e interpretación de los liposomas obtenidos por ambos métodos se utilizo la siguiente nomenclatura, L: Liposoma, B: Método Bangham, R: Método REVs, β: Beta caroteno y A: Antocianinas.

8.1. Espectros de Absorción de los Compuestos Activos por HPLC

Estudios realizados por Villa et al. (2013) reporta que la señal espectral del β-caroteno obtenido por HPLC empleando una fase móvil compuesta por MeOH:Isopranol:Acetonitrilo (10:80:10 v/v), obtuvo un tiempo de retención (TR) de 4.34 minutos similar al que reportan Olives, Cámara, Sánchez, Fernández y López (2006). Para las antocianinas, extraídas de zarzamora purificas usando cromatografía preparativa obtuvo el compuesto puro de Cianidina-3-glucósido, su análisis en HPLC genero un TR de 2.37 minutos utilizando como fase móvil: Acetonitrilo: MeOH: Ac. Acético: Ac. Tricloro Acético (8.3: 3.3: 17.0: 0.06 v/v), el TR obtenido fue muy similar al reportado por Dóka, Ficzek, Bicanic, Spruijt, Luterotti, Tóth et al. (2011) con una señal a los 2.27 minutos. Para el cálculo de la concentración de los compuestos activos encapsulados en los liposomas, con el tiempo de retención de cada CA elaboro curvas en función de la variación de la concentración. El gráfico del modelo ajustado a los datos experimentales tienen un coeficiente de determinación de $R^2=0.998$ y $R^2=0.987$ para β-caroteno y antocianinas respectivamente.

8.2. Liposomas Sintetizados por el Método de Bangham con β-Caroteno y Antocianinas

El análisis por HPLC para determinar la concentración de encapsulación de las muestras con β-caroteno y del material no encapsulado en los liposomas se muestra en la Figura 7. Las diferentes concentraciones del β-caroteno encapsulado (0.6-3.0 mg/ml) en los liposomas, muestra que la cantidad retenida es proporcional a la concentración.

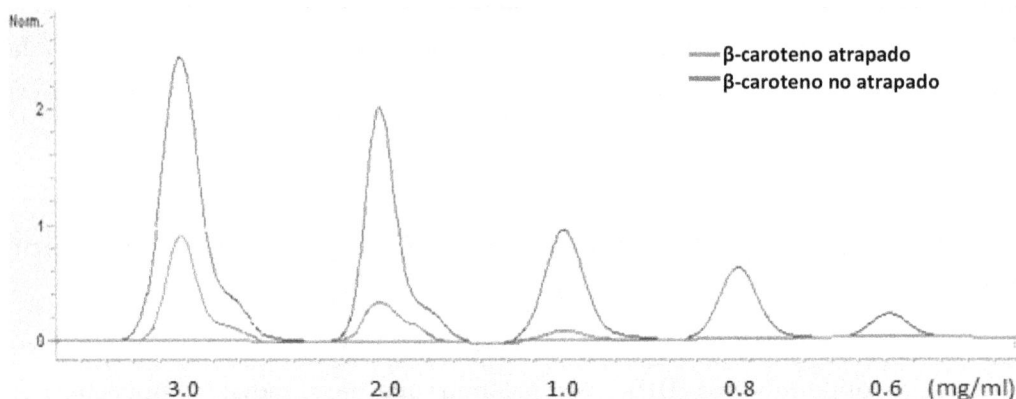

Figura 7. Espectros de eficiencia de atrapamiento del CA por HPL; β-caroteno atrapado (-), no atrapado (-)

Por el cálculo de las áreas de los espectros se observa que a concentraciones de 3.0-1.0 mg de β-caroteno existe una proporción de material que no fue capturado (49.11 – 46.27%). Por otra parte, a concentraciones de 0.8-0.6 mg de β-caroteno no se exhibieron espectros del material no atrapado sugiriendo que el β-caroteno fue capturado completamente (Tabla 1). Por lo anterior, se consideró que 0.8 mg de β-caroteno correspondía a la máxima cantidad de CA que el liposoma consiguió atrapar.

Tabla 1. Eficiencia de encapsulación de los liposomas

Concentración (mg)	β-caroteno (%)		Concentración (µl)	Antocianinas de Zarzamora (%)	
	Atrapado	No atrapado		Atrapado	No atrapado
0.6	100.00	0.00	20	98.54	1.456
0.8	100.00	0.00	40	99.37	0.622
1.0	50.89	49.11	60	99.85	0.150
2.0	51.46	48.54	80	99.59	0.410
3.0	53.73	46.27	–	–	–

Con respecto al atrapamiento de las antocianinas, los espectros por HPLC originados poseen un comportamiento similar a los de β-caroteno. La Tabla 1, muestra los porcentajes de antocianinas atrapado, puede observarse que las concentraciones 20, 40 y 80 µl de antocianinas presentaron los porcentajes más altos de material no atrapado y la concentración de 60 µl exhibió un porcentaje mayor de atrapamiento (99.85%) sobre un 0.150% del no capturado por lo cual se determinó que la adición de 60 µl de antocianinas era la máxima concentración que el liposoma podía atrapar.

8.2.1. Tamaño y Potencial Zeta de Liposomas con Los Compuestos Activos

Una vez determinada la concentración adecuada de β-caroteno y antocianinas que los liposomas podían soportar para cada sistema, los liposomas fueron caracterizados determinando el tamaño y potencial zeta a través de la movilidad electroforética por Zetasizer Nanoseries ZS90 (Malvern Instruments, Worcestershire, UK) a 20°C (Tabla 2).

Tabla 2. *Tamaño y potencial zeta de los liposomas cargados con β-caroteno*

Liposoma	Diámetro (nm)	Potencial Zeta (ζ-mV)
LBβ	95.40 ± 0.30	-42.4 ± 0.49
LBA	98.28 ± 0.27	-49.1 ± 0.37
LBCTROL	95.13 ± 0.51	-59.5 ± 0.29

LBβ = Liposoma con β-caroteno; LBA = Liposoma con antocianinas; LBCTROL = Liposoma sin CA.

Las mediciones derivadas por DLS (Barrido de Luz Dinámica) indican que existe similitud entre los tamaños de los liposomas cargados y el control (sin CA), puede observarse que la incorporación del CA en las vesículas aumenta el tamaño del liposoma, tal y como se muestra en la Tabla 2, el liposoma LBCTROL posee un diámetro menor (95.13 nm) comparado con LBβ y LBA (95.40 y 98.2 respectivamente). Entre estos últimos, LBA posee un mayor diámetro que LBβ, esta diferencia puede atribuirse a la naturaleza del núcleo (hidrofílico) el cual favorece la solubilidad de la antocianina generando una expansión en el tamaño del liposoma, además de la hidratación sucesiva de material lipídico para formar las multicapas. Por otra parte, comparando el tamaño del LBCTROL y LBβ, el CA se deposita en el interior de la capa lipídica provocando su "relajamiento" generándose de esta manera una ligera reducción en su estabilidad y aumento de tamaño. Este comportamiento es similar a lo reportado por Liu y Guo (2007) al elaborar niosomas para encapsular farmacos con diferente polaridad. Con respecto al potencial ζ, ambos CA de forma individual poseen carga positiva antes de su encapsulación en liposomas, siendo el β-caroteno el que ligeramente posee mayor valor en relación con el de la antocianina (2.93 mV y 2.57 mV respectivamente). Cuando los CA se incorporan en liposomas producen una reducción del potencial ζ, las antocianinas alcanzan un potencial de -49.1 mV y LBβ -42.4 $\pm$ 0.49 mV, debido a la interacción electrostática con los componentes del liposoma (fosfatidilcolina) tal y como lo indica Xia y Xu (2005) al cargar liposomas con sulfato ferroso.

8.2.2. Tasa de Liberación de los Compuestos Activos en Fluido Gástrico Simulado (FGS) y Fluido Intestinal Simulado (FIS)

Se comparó la digestibilidad de los liposomas con diferentes CA (Villa et al., 2013), los liposomas cargados con β-caroteno fueron sometidos a una digestión simulada de FGS durante 60 minutos (Figura 8a), puede observarse que los liposomas fueron afectados de forma inmediata al inicio de la simulación gástrica manteniéndose constante la concentración del CA durante los primeros 60 minutos. Posteriormente en presencia de fluido intestinal simulado (FIS) se observó una disminución de la concentración del CA en forma escalonada, este comportamiento sugiere que a medida que las capas del liposoma se encuentran en contacto con las enzimas, se degradan de manera secuencial y los CA son susceptibles al estrés intestinal disminuyendo su actividad.

El comportamiento inicial puede explicarse considerando las condiciones ácidas (pH 1.2) las cuales favorecen la transferencia del compuesto lipofílico (β-caroteno) de las micelas al medio acuoso tal y como lo reporta Wang, Liu, Mei, Nakajima y Yin (2012) al evaluar la transferencia de β-caroteno en un modelo de digestión *in vitro*. Con respeto al comportamiento escalonado después de los 60 minutos, este puede ser equiparable a lo reportado por Liu, Ye, Liu, Liu y Singh (2012) quienes observaron que a medida que los liposomas estaban en contacto con el FIS su bioaccesibilidad era marcadamente deteriorada, debido al incremento y decremento del tamaño de las vesículas que finalmente eran destruidas. Estos cambios son atribuidos a la hidrólisis de los fosfolípidos por las enzimas pancreáticas así como a la interacción de las sales biliares con los componentes de los liposomas. Específicamente, la lipasa pancreática cataliza la hidrólisis de un enlace de ácido graso del fosfolípido liberando ácidos grasos y 1-acil lisofosfolípido. Con respecto a la presencia de las sales biliares, estos funcionan como detergentes rompiendo la integridad liposomal y forma micelas después de un largo tiempo de exposición, dando por resultado la disminución del tamaño (Hu, Li, Decker, Xiao & McClements, 2011; Liu et al., 2012).

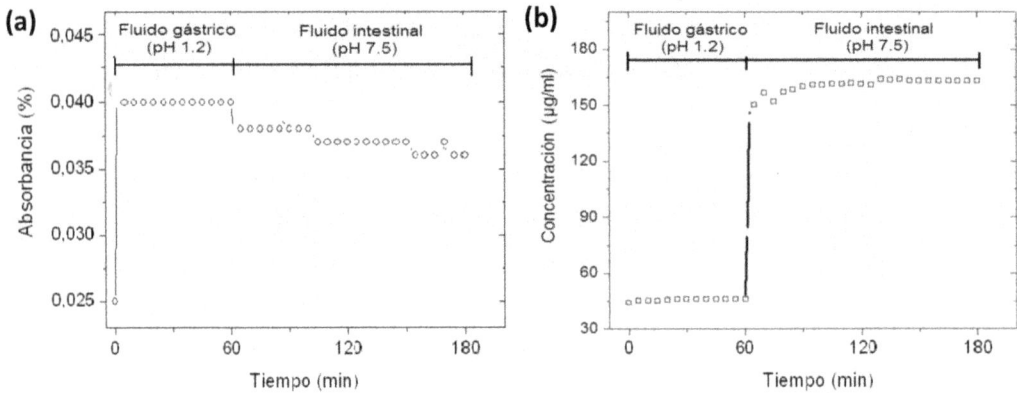

Figura 8. Liberación del β-caroteno (a) y antocianinas (b) a condiciones gastrointestinales simuladas

Por otra parte los resultados obtenidos de los liposomas con antocianinas (Figura 8b) indicaron que los liposomas fueron estables durante la exposición a FGS ya que no mostraron presencia de la concentración del CA, este comportamiento es equiparable a las antocianinas de col morada expuestas a condiciones gástricas por McDougall, Fyffe, Dobson y Stewart (2007). Posteriormente para continuar con el proceso digestivo simulado se adicionó el FIS. Los resultados derivados mostraron la susceptibilidad del lípido a la enzima (lipasa) dando como resultado la repentina y notable presencia de CA manteniéndose estable hasta el final de la prueba intestinal, este comportamiento fue ligeramente similar en los estudios realizados por Hu et al. (2011). La estabilidad del compuesto cianidina-3-glucósido en condiciones intestinales es respaldado por la investigación de Felgines, Texier, Besson, Fraisse, Lamaison y Rémésy (2002) al encontrar restos de este compuesto en su forma glucósido metilado y ácidos fenólicos en heces de ratones suplementados con extracto de zarzamora liofilizado.

8.3. Liposomas REVs con β-Caroteno y Antocianinas

Los liposomas se cargaron a diferentes concentraciones de CA, el análisis espectral por HPLC (Figura 9) sugiere que 0.8-0.6 mg de CA representan la máxima cantidad de β-caroteno que el liposoma puede atrapar (Villa et al., 2013).

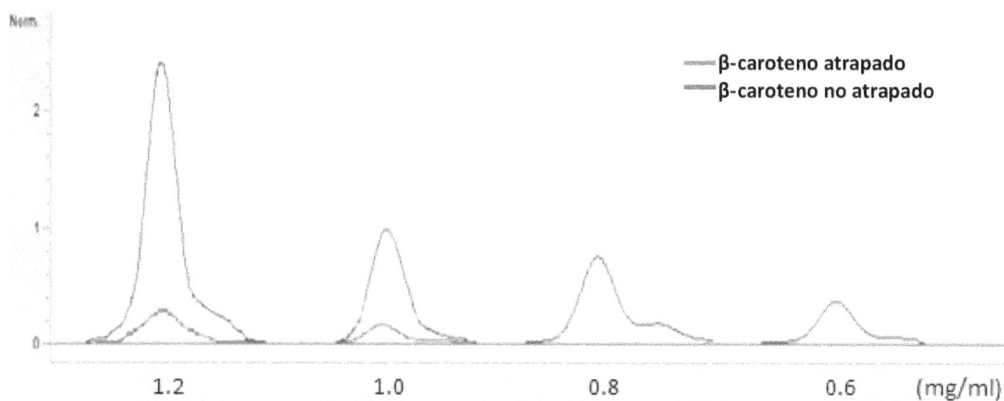

Figura 9. Espectros de eficiencia de atrapamiento del CA por HPLC; β-caroteno atrapado (-), no atrapado (-)

Por otra parte, a concentraciones de 1.0-1.2 mg de CA no se exhibieron espectros del material no atrapado sugiriendo que el β-caroteno está presente en mínimas concentraciones o cantidades despreciables (Tabla 3). Por lo anterior, se consideró que 0.8 mg de β-caroteno representó la máxima cantidad de CA que el liposoma consiguió atrapar al igual que el método de Bangham.

Con respecto a las antocianinas, las señales originadas mostraron que la concentración de 80 µl presentó un 29.10% de material no encapsulado, por otra parte, la adición de 60 µl de antocianinas al liposoma fue la máxima proporción que el sistema lipídico pudo atrapar (77.32%), esto se dedujo porque en la porción eluida de las columnas con sefadex-25 existía una cantidad menor de CA que el sistema no capturó (22.68%), por lo tanto esta concentración se consideró como la adecuada para cargar a los liposomas que posteriormente fueron caracterizados.

Tabla 3. Eficiencia de encapsulación de los liposomas

Concentración (mg)	β-caroteno (%)		Concentración (µl)	Antocianinas de Zarzamora (%)	
	Atrapado	No atrapado		Atrapado	No atrapado
0.6	100.00	0.00	20	25.43	74.56
0.8	100.00	0.00	40	41.80	58.19
1.0	50.45	49.55	60	77.32	22.68
2.0	60.07	39.93	80	70.90	29.10
3.0	66.17	33.83	–	–	–

8.3.1. Tamaño y Potencial Zeta de Liposomas con los Compuestos Activos

Una vez determinada la concentración adecuada de β-caroteno y antocianinas que los liposoma podían soportar para cada sistema por el método REVS, los liposomas generados se caracterizaron determinando el tamaño y potencial zeta, los resultados se muestran en la Tabla 4. Puede observarse que LRA presentó un aumento de tamaño (147.6 nm) con respecto al control (98.52 nm) debido a la presencia del compuesto hidrofílico que se aloja en el núcleo del liposoma (Navarro et al., 2008). Por otra parte la muestra LRβ fue la que más aumentó de volumen (225.7 ± 0.30) con respecto al LRCTROL (98.52 ± 0.51). Posiblemente el incremento se debe a que una vez formada la bicapa principal la fosfatidilcolina libre forman multicapas y el CA se deposita en su interior provocando un relajamiento y aumento de tamaño (Liu & Guo, 2007).

Tabla 4. Tamaño y potencial zeta de los liposomas cargados con β-caroteno, método REVS

Liposoma	Diámetro (nm)	Potencial Zeta (ζ-mV)
LRβ	225.7 ± 0.30	-28.6 ± 0.17
LRA	147.6 ± 0.27	-25.9 ± 0.22
LCTROL	98.52 ± 0.51	-36.5 ± 0.04

Con respecto al potencial ζ, el comportamiento fue similar al de los liposomas Bangham. Puede observarse que ambos liposomas, LRβ y LRA (-28.6 y -25.9 mV) disminuyeron su potencial con respecto al control (-36.5 mV). Esta disminución se deriva de la influencia del compuesto activo (carga positiva en ambos CA) en el interior del sistema lipídico.

8.3.2. Tasa de Liberación de los Compuestos Activos en Fluidos Gastricos e Intestinales Simulados

La liberación del compuesto hidrofóbico, β-caroteno, de los liposomas durante la exposición a fluidos gastrointestinales simulados, se estudió exponiendo al sistema primero a los FGS con pH 1.2 durante 60 minutos; puede observarse en la Figura 10a que la el FGS no tuvo un efecto significativo sobre los liposomas ya que no se tuvo un aumento de la concentración del CA, sin embargo después de exponerlos al FIS la respuesta de liberación se mostró repentinamente, durante los primeros 30 minutos a pH 7.5. La liberación fue paulatina y después de 40 minutos el CA liberado mostró una ligera disminución manteniéndose constante hasta el final del monitoreo.

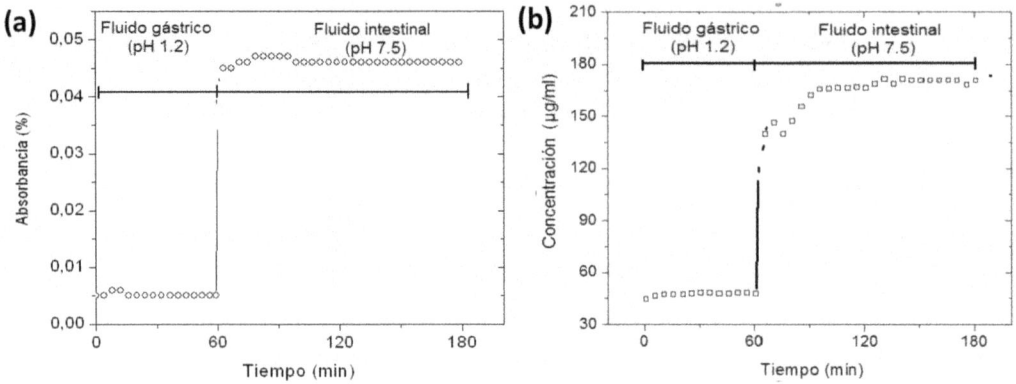

Figura 10. Liberación del β-caroteno (a) y antocianinas (b) en condiciones gastrointestinales simuladas

Este comportamiento sugiere que las sales de biliares facilitan la emulsificación de los lípidos adsorbiéndose en la superficie de los glóbulos y reduciendo la tensión superficial favoreciendo la BA del CA que estaba dentro de membrana lipídica tal como lo indica Wang et al. (2012), posteriormente, debido a la exposición a pH neutros el CA mantiene su actividad reflejado por la estabilidad de la absorbancia del compuesto.

Por otra parte, los liposomas con antocianinas expuestos a los fluidos gastrointestinales (Figura 10b) mostraron una baja liberación durante los primeros 60 minutos en FGS (pH 1.2) y también de forma repentina expresa un aumento en la absorbancia al exponer los liposomas a FIS. Este comportamiento sugiere la fuerte actividad de la lipasa la cual rompió las cadenas de la fosfatidilcolina favoreciendo la liberación del ingrediente activo. Un comportamiento similar reportan Kim y Park (2004) al exponer a fluidos gastrointestinales emulsiones con ciclosporina.

8.4. Biodisponibilidad *In Vitro* del Compuesto Activo

El perfil de liberación de los compuestos activos usando una membrana de diálisis se muestra en la Figura 11. Puede observarse que ambos liposomas no mostraron una liberación significativa dentro de las primeras 25 horas, posteriormente la fórmula LBA exhibió un aumento progresivo de la absorbancia alcanzando un máximo a las 50 horas, después de este tiempo la concentración del CA disminuyó considerablemente en las horas restantes.

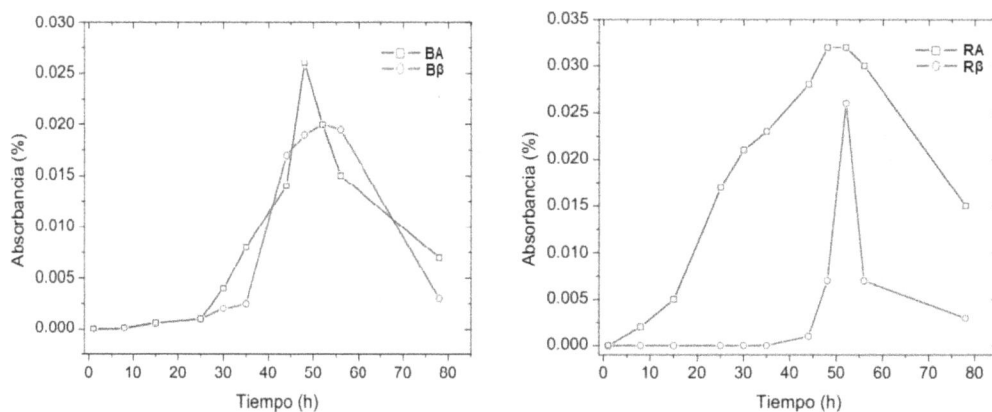

Figura 11. Biodisponibilidad in vitro *de antocianinas y β-caroteno usando membranas de diálisis, para ambos métodos de elaboración de liposomas*

Con respecto al comportamiento de liberación de la fórmula Bβ, el inicio de la liberación del CA ocurrió a partir de las 25 horas, posteriormente su liberación fue paulatina alcanzando un máximo a las 53 horas, para finalmente encontrar un descenso en la actividad a partir de las 57 horas. Como puede observarse ambos sistemas presentaron comportamientos similares de liberación, sin embargo el liposoma Bβ alcanzó su máximo de forma paulatina sugiriendo que debido a la característica hidrófoba del CA había más interacción con las membranas lipídicas y por tanto su solubilidad era menor (Liu & Guo, 2007). Por otra parte el comportamiento de la fórmula BA, puede explicarse debido a que el CA ubicado en el núcleo migraba de la membrana lipídica aumentado su tamaño haciendo que esta creciera favoreciendo su desestabilización generando una señal repentina. En general, puede observarse que la liberación *in vitro* de los compuestos presentó tiempos tardíos esto podría sugerir que durante las condiciones del experimento los CA se mantienen estables y es necesario un tiempo prolongado alrededor de 25 horas para después iniciarse la liberación sin la presencia de las enzimas del FGS y FIS.

Además, puede observarse que los liposomas LRA tuvieron una actividad de liberación dentro de las primeras 10 horas, la cual fue progresiva hasta alcanzar un máximo dentro de las 50 horas para posteriormente disminuir su actividad. Con respecto a los liposomas LRβ iniciaron su liberación dentro de las primeras 35 horas mostrando su máxima liberación a 50 horas con una caída repentina después de 55 horas. La respuesta de liberación dentro de las primeras 10 horas, de las antocianinas sugiere que las vesículas en contacto con los buffer se desestabilizaban por el intercambio de iones y el CA migraba lentamente desde el centro de las vesículas hasta traspasar la membrana de diálisis. Por otra parte en los liposomas LRβ, como el CA está alojado en la membrana su estabilidad es mayor disminuyendo su disponibilidad y cuando existe una alta concentración de iones buffer (50 horas) la membrana se desestabiliza haciendo que el CA salga repentinamente. Estos comportamientos pueden explicarse por la teoría de difusión de la doble capa propuesta por Goury-Chanpman (Xia & Xu, 2005).

Finalmente Villa et al. (2013), con base en los resultados obtenidos pudo concluir que, la técnica de HPLC fue una herramienta analítica que permitió conocer el porcentaje de atrapamiento de CA por las vesículas lipídicas, 0.8 mg de β-caroteno y 60 µl de antocianinas de zarzamora por ambos métodos de preparación de los liposomas. La incorporación β-caroteno y antocianinas de zarzamora cuya carga es positiva influye en el tamaño y potencial ζ de los sistemas coloidales.

La presencia de enzimas específicas en los fluidos gastrointestinales simulados y el área superficial de contacto influyen en la hidrolisis de la membrana lipídica favoreciendo la liberación y disponibilidad de los CA. La liberación *in vitro* de los compuestos se presentó en tiempos tardíos porque no se llegó a la temperatura de transición del fosfolípido, las vesículas no presentaban la permeabilidad máxima lo cual minimiza la pérdida del material encapsulado. Los liposomas Bangham y REVs con la adición de extracto de antocianinas de zarzamora fueron los que mostraron mayor resistencia a condiciones de fluidos gastrointestinales y liberación *in vitro*. Ante lo anterior puede sugerirse que los sistemas lipídicos liposomales pueden funcionar como nanotransportadores y protectores de compuestos activos para la administración *in vivo*.

Agradecimientos

Los autores agradecen a CONACYT México, por las becas otorgadas en la realización de esta investigación. También agradecen a la SIP y COFAA del IPN de México, por el apoyo económico y becas PIFI.

Referencias

Arnaud, J. (1995). Pro-liposomes for the food industry. *Food Technology in Europe, 2,* 30-34.

Ball, E. (1995). *Liposomas en dermatología.* Dermatología Venezolana, 33(1).

Bjelakovic, G., Nikolova, D., Gluud, L., Simonetti, R.G., & Gluud, C. (2007). Mortality in randomized trials of antioxidant supplements for primary and secondary prevention: Systematic review and meta analysis. *JAMA,* 297(8), 842-857.
    http://dx.doi.org/10.1001/jama.297.8.842

Bouwmeester, H., Dekkers, S., Noordam, M.Y., Hagens, W.I., Bulder, A.S., de Heer, C. et al. (2009). Review of health safety aspects of nanotechnologies in food production. *Regulatory Toxicology and Pharmacology,* 53(1), 52-62.
    http://dx.doi.org/10.1016/j.yrtph.2008.10.008

Bowen-Forbes, C.S., Zhang, Y., & Nair, M.G. (2010). Anthocyanin content, antioxidant, anti-inflammatory and anticancer properties of blackberry and raspberry fruits. *Journal of Food Composition and Analysis,* 23(6), 554-560.
    http://dx.doi.org/10.1016/j.jfca.2009.08.012

Castro, E.A. (1999). Las drogas liposomales. *Rev. Academica Colombiana de Ciencias,* 23(89), 625-634.

Clares, B. (2003). *Sistemas de transporte y liberacion de fparmacos de aplicacion tópica: Liposomas multilamerales portadores de acetónido de triamcinolona.* Tesis Doctoral. Universidad de Farmacia, Granada, España.

Chaudhry, Q., Scotter, M., Blackburn, J., Ross, B., Boxall, A., Castle, L. et al. (2008). Applications and implications of nanotechnologies for the food sector. *Food Additives & Contaminants: Part A,* 25(3), 241-258.

http://dx.doi.org/10.1080/02652030701744538

Cheong, J.N., Tan, C.P., Man, Y.B.C., & Misran, M. (2008). α-Tocopherol nanodispersions: Preparation, characterization and stability evaluation. *Journal of Food Engineering,* 89(2), 204-209.

http://dx.doi.org/10.1016/j.jfoodeng.2008.04.018

Dai, J., Gupte, A., Gates, L., & Mumper, R. (2009). A comprehensive study of anthocyanin-containing extracts from selected blackberry cultivars: extraction methods, stability, anticancer properties and mechanisms. *Food and chemical toxicology,* 47(4), 837-847.

De la Maza, A., & Parra, J.L. (1993). Permeability alterations in unilamellar liposomes due to betaine-type zwitterionic and anionic surfactant mixed systems. *Journal of the American Oil Chemists' Society,* 70(7), 685-691.

http://dx.doi.org/10.1007/bf02641004

Dóka, O., Ficzek, G., Bicanic, D., Spruijt, R., Luterotti, S., Tóth, M. et al. (2011). Direct photothermal techniques for rapid quantification of total anthocyanin content in sour cherry cultivars. *Talanta, 84*(2), 341-346.

http://dx.doi.org/10.1016/j.talanta.2011.01.007

Drulis-Kawa, Z., & Dorotkiewicz-Jach, A. (2010). Liposomes as delivery systems for antibiotics. *International Journal of Pharmaceutics,* 387(1-2), 187-198.

http://dx.doi.org/10.1016/j.ijpharm.2009.11.033

El-Nesr, O.H., Yahiya, S.A., & El-Gazayerly, O.N. (2010). Effect of formulation design and freeze-drying on properties of fluconazole multilamellar liposomes. *Saudi Pharmaceutical Journal,* 18(4), 217-224.

http://dx.doi.org/10.1016/j.jsps.2010.07.003

Elsayed, M.M.A., Abdallah, O.Y., Naggar, V.F., & Khalafallah, N.M. (2007). Lipid vesicles for skin delivery of drugs: Reviewing three decades of research. *International Journal of Pharmaceutics,* 332(1-2), 1-16.

http://dx.doi.org/10.1016/j.ijpharm.2006.12.005

Fathi, M., Mozafari, M.R., & Mohebbi, M. (2012). Nanoencapsulation of food ingredients using lipid based delivery systems. *Trends in Food Science & Technology,* 23(1), 13-27.

http://dx.doi.org/10.1016/j.tifs.2011.08.003

FDA (2000). *Food and Drugs Administration.* Disponible en:

http://www.fda.gov/Drug/GuidanceComplianceRegulatoryInformation (Fecha último acceso: Julio 2014).

Felgines, C., Texier, O., Besson, C., Fraisse, D., Lamaison, J.-L., & Rémésy, C. (2002). Blackberry Anthocyanins Are Slightly Bioavailable in Rats. *The Journal of Nutrition, 132*(6), 1249-1253.

Frézard, F., Schettini, D.A., Rocha, O.G.F., & Demicheli, C. (2005). Lipossomas: propriedades físico-químicas e farmacológicas, aplicações na quimioterapia à base de antimônio. *Química Nova,* 28, 511-518.

Fricker, G., Kromp, T., Wendel, A., Blume, A., Zirkel, J., Rebmann, H. et al. (2010). Phospholipids and Lipid-Based Formulations in Oral Drug Delivery. *Pharmaceutical Research,* 27(8), 1469-1486.

http://dx.doi.org/10.1007/s11095-010-0130-x

Gaete, L.E., Solís, G.J., Venegas, F.P., Carrillo, C.M.J., Schatloff, B.O., & Saavedra, S.I. (2003). Estudio de biodisponibilidad comparativa de dos formulaciones de risperidona existentes en el mercado chileno. *Revista médica de Chile,* 131, 527-534.

García, J., & Agüero, S. (2015). Revisión: Fosfolípidos: Propiedades y efectos sobre la salud. *Nutrición Hospitalaria,* 31(1), 76-83.

Garzon, G.A. (2008). Las antocianinas como colorantes naturales y compuestos biactivos: Revisión. *Acta Biológica Colombiana,* 13, 27-36.

Gonnet, M., Lethuaut, L., & Boury, F. (2010). New trends in encapsulation of liposoluble vitamins. *Journal of Controlled Release,* 146(3), 276-290.

http://dx.doi.org/10.1016/j.jconrel.2010.01.037

Hollmann, A., Delfederico, L., Glikmann, G., De Antoni, G., Semorile, L., & Disalvo, E.A. (2007). Characterization of liposomes coated with S-layer proteins from lactobacilli. *Biochimica et Biophysica Acta (BBA) - Biomembranes,* 1768(3), 393-400.

http://dx.doi.org/10.1016/j.bbamem.2006.09.009

Hu, M., Li, Y., Decker, E., Xiao, H., & McClements, D. (2011). Impact of layer structure on physical stability and lipase digestibility of lipid droplets coated by biopolymer nanolaminated coatings. *Food Biophysics,* 6(1), 37-48.

http://dx.doi.org/10.1007/s11483-010-9173-0

Iwata, T., Kimura, Y., Tsutsumi, K., Furukawa, Y., & Kimura, S. (1993). The Effect of Various Phospholipids on Plasma Lipoproteins and Liver Lipids in Hypercholesterolemic Rats. *Journal of Nutritional Science and Vitaminology,* 39(1), 63-71.

http://dx.doi.org/10.3177/jnsv.39.63

Jafari, S.M., Assadpoor, E., Bhandari, B., & He, Y. (2008). Nano-particle encapsulation of fish oil by spray drying. *Food Research International,* 41(2), 172-183.

http://dx.doi.org/10.1016/j.foodres.2007.11.002

Jimenez, M.A., Scarino, M.L., Vignolini, F., & Mengheri, E. (1990). Evidence that Polyunsaturated Lecithin Induces a Reduction in Plasma Cholesterol Level and Favorable Changes in Lipoprotein Composition in Hypercholesterolemic Rats. *The Journal of Nutrition,* 120(7), 659-667.

Kaume, L., Gilbert, W.C., Brownmiller, C., Howard, L.R., & Devareddy, L. (2012). Cyanidin 3-O-β-d-glucoside-rich blackberries modulate hepatic gene expression, and anti-obesity effects in ovariectomized rats. *Journal of Functional Foods*, 4(2), 480-488.
http://dx.doi.org/10.1016/j.jff.2012.02.008

Kim, C.K., & Park, J.S. (2004). Solubility enhancers for oral drug delivery. *American Journal of Drug Delivery*, 2(2), 113-130.
http://dx.doi.org/10.2165/00137696-200402020-00004

Kotyńska, J., & Figaszewski, Z. A. (2007). Adsorption equilibria at interface separating electrolyte solution and phosphatidylcholine-stearylamine liposome membrane. *Biophysical Chemistry*, 127(1-2), 84-90.
http://dx.doi.org/10.1016/j.bpc.2006.12.008

Lanio, M., Luzardo, M., Laborde, R., Sánchez, O., Cruz-Leal, Y., Pazos, F. et al. (2009). Las vesículas liposomales: obtención, propiedades y aplicaciones potenciales en la biomedicina. *Revista Cubana de Física*, 2(1), 23-30.

Li, J., Lim, S.S., Lee, J.-Y., Kim, J.-K., Kang, S.-W., Kim, J.-L. et al. (2012). Purple corn anthocyanins dampened high-glucose-induced mesangial fibrosis and inflammation: possible renoprotective role in diabetic nephropathy. *The Journal of Nutritional Biochemistry*, 23(4), 320-331.
http://dx.doi.org/10.1016/j.jnutbio.2010.12.008

Ling, S.S.N., Yuen, K.H., Magosso, E., & Barker, S.A. (2009). Oral bioavailability enhancement of a hydrophilic drug delivered via folic acid-coupled liposomes in rats. *Journal of Pharmacy and Pharmacology*, 61(4), 445-449.
http://dx.doi.org/10.1211/jpp.61.04.0005

Liu, T., & Guo, R. (2007). Structure and transformation of the niosome prepared from PEG 6000/Tween 80/Span 80/H2O lamellar liquid crystal. *Colloids and Surfaces A: Physicochemical and Engineering Aspects*, 295(1-3), 130-134.
http://dx.doi.org/10.1016/j.colsurfa.2006.08.041

Liu, W., Ye, A., Liu, C., Liu, W., & Singh, H. (2012). Structure and integrity of liposomes prepared from milk- or soybean-derived phospholipids during *in vitro* digestion. *Food Research International*, 48(2), 499-506.
http://dx.doi.org/10.1016/j.foodres.2012.04.017

Luzardo, M., Martínez, Y., Calderón, L., Álvarez, C., Alonso, E., Disalvo, A. et al. (2002). Caracteristicas de la encapsulación de EGG, P64k y el conjugado de ambas proteínas en liposomas obtenidos mediante congelación-descongelación. *Biotecnología Aplicada*, 19(3), 149-152.

Macías, C., Schweigert, F., Serrano, G., Pita, G., Hurtienne, A., Reyes, D. et al. (2002). Carotenoides séricos y su relación con la dieta en un grupo de adultos cubanos. *Rev Cubana Aliment Nutr*, 16(2), 105-113.

Malheiros, P., Daroit, D.J., & Brandelli, A. (2010). Food aplications of liposome encapsulated antimicrobial peptides. *Trends in Food Science & Technology*, 21, 284-292.

Mangematin, V., & Walsh, S. (2012). The future of nanotechnologies. *Technovation*, *32(3-4), 157-160*.

http://dx.doi.org/10.1016/j.technovation.2012.01.003

Mazza, G., Kay, C.D., Cottrell, T., & Holub, B.J. (2002). Absorption of Anthocyanins from Blueberries and Serum Antioxidant Status in Human Subjects. *Journal of Agricultural and Food Chemistry*, 50(26), 7731-7737.

http://dx.doi.org/10.1021/jf0206901

McDougall, G.J., Fyffe, S., Dobson, P., & Stewart, D. (2007). Anthocyanins from red cabbage stability to simulated gastrointestinal digestion. *Phytochemistry*, 68(9), 1285-1294.

http://dx.doi.org/10.1016/j.phytochem.2007.02.004

Miyazawa, T., Nakagawa, K., Kudo, M., Muraishi, K., & Someya, K. (1999). Direct Intestinal Absorption of Red Fruit Anthocyanins, Cyanidin-3-glucoside and Cyanidin-3,5-diglucoside, into Rats and Humans. *Journal of Agricultural and Food Chemistry*, 47(3), 1083-1091.

http://dx.doi.org/10.1021/jf9809582

Molins, R. (2008). *Opportunities and Threats From Nanotechnology in Health, Food, Agriculture and the Environment.* Disponible en:

http://repiica.iica.int/DOCS/B0688I/B0688I.PDF

Murillo, M., Espuelas, S., Prior, S., Vitas, A.I., Renedo, M.J., Goñi-Leza, M.d.M. et al. (2001). Liberación controlada de principios activos mediante el empleo de formulaciones galénicas. *Revista Medica de Universidad de Navarra*, 45(4), 1934.

Navarro, G., Cabral, P., Malanga, A., & Savio, E. (2008). Diseño de liposomas para el transporte de diclofenac sódico. *Revista Colombiana de Ciencias Químico Farmacéuticas*, 37, 212-223.

Olives, A., Cámara, M., Sánchez, M., Fernández, V., & López, M. (2006). Application of a UV-vis detection-HPLC method for a rapid determination of lycopene and β-carotene in vegetables. *Analytical Nutritional and Clinical Méthods*, 95(2), 328-336.

Pantelidis, G.E., Vasilakakis, M., Manganaris, G.A., & Diamantidis, G. (2007). Antioxidant capacity, phenol, anthocyanin and ascorbic acid contents in raspberries, blackberries, red currants, gooseberries and Cornelian cherries. *Food Chemistry*, 102(3), 777-783.

http://dx.doi.org/10.1016/j.foodchem.2006.06.021

Parra, R. (2010). Revisión: Microencapsulación de Alimentos. *Revista de la Facultad Nacional de Agricultura*, 63(2), 1631-1640.

Patras, A., Brunton, N.P., Da Pieve, S., & Butler, F. (2009). Impact of high pressure processing on total antioxidant activity, phenolic, ascorbic acid, anthocyanin content and colour of strawberry and blackberry purées. *Innovative Food Science & Emerging Technologies,* 10(3), 308-313.

http://dx.doi.org/10.1016/j.ifset.2008.12.004

Pedreschi, R., & Cisneros-Zevallos, L. (2007). Phenolic profiles of Andean purple corn (Zea mays L.). *Food Chemistry,* 100(3), 956-963.

http://dx.doi.org/10.1016/j.foodchem.2005.11.004

Picon, A. (1994). *Microencapsulación de proteinasas en liposomas: Aplicacion en la maduracion acelerada de queso manchego.* Tesis de Maestría. Universidad Complutense, Madrid, España.

Prestidge, C.A., & Simovic, S. (2006). Pharmaceutical Nanotechnology. *International Journal of Pharmaceutics,* 324(1), 92-100.

http://dx.doi.org/10.1016/j.ijpharm.2006.06.044

Rao, D.R., Chawan, C.B., & Veeramachaneni, R. (1994). Liposomal encapsulation of β-Galactosidase: Comparison of two methods of encapsulation and *in vitro* lactose digestibility. *Journal of Food Biochemistry,* 18(4), 239-251.

http://dx.doi.org/10.1111/j.1745-4514.1994.tb00500.x

Respetro, M. (2007). Sustitución de colorantes en alimentos. *Revista Lasallista de Investigación,* 4(1), 35-39.

Reza-Mozafari, M., Johnson, C., Hatziantoniou, S., & Demetzos, C. (2008). Nanoliposomes and Their Applications in Food Nanotechnology. *Journal of Liposome Research,* 18(4), 309-327.

http://dx.doi.org/10.1080/08982100802465941

Ribeiro, H.S., & Cruz, R.C.D. (2004). Hochkonzentrierte carotinoidhaltige Emulsionen. *Chemie Ingenieur Technik,* 76(4), 443-447.

http://dx.doi.org/10.1002/cite.200403367

Salinas, Y., Rubio, D., & Diaz, A. (2005). Extraction and use of pigments from maize grains (Zea mays L.) as colorants in yogur. *ALAN,* 55(3), 293-298.

Santiago, P. (2005). *Microencapsulación de fierro para fortificar téjate deshidratado.* Tesis Instituto Tecnológico de Oaxaca.

Serraino, I., Dugo, L., Dugo, P., Mondello, L., Mazzon, E., Dugo, G. et al. (2003). Protective effects of cyanidin-3-O-glucoside from blackberry extract against peroxynitrite-induced endothelial dysfunction and vascular failure. *Life Sciences,* 73(9), 1097-1114.

http://dx.doi.org/10.1016/S0024-3205(03)00356-4

Sharma-Vijay, K., Mishra, D., Sharma, A., & Srivastava, B. (2010). Liposomes: Present prospective and future challenges. *International Journal of Current Pharmaceutical Review & Research,* 1(2), 6-16.

Shimoni, E. (2009). *Nanotechnology for foods: delivery systems.* FoST World Congress Book: Global Issues in Food Science and Technology. Elsevier Inc. 411-424.

Sozer, N., & Kokini, J.L. (2009). Nanotechnology and its applications in the food sector. *Trends in Biotechnology,* 27(2), 82-89.
http://dx.doi.org/10.1016/j.tibtech.2008.10.010

Suñe, J. (2002). *Formación continua para farmacéuticos de hospital.* (Vol. 3). Barcelona, España: Edit. Fundation Promedic Ed. Ferrer Grupo.

Szoka, F., & Papahadjopoulos, D. (1978). Procedure for preparation of liposomes with large internal aqueous space and high capture by reverse-phase evaporation. *Proceedings of the National Academy of Sciences of the United States of America,* 75(9), 4194-4198.

Taylor, T.M., Weiss, J., Davidson, P.M., & Bruce, B.D. (2005). Liposomal Nanocapsules in Food Science and Agriculture. *Critical Reviews in Food Science and Nutrition,* 45(7-8), 587-605.
http://dx.doi.org/10.1080/10408390591001135

Takahashi, M., Uechi, S., Takara, K., Asikin, Y., & Wada, K. (2009). Evaluation of an Oral Carrier System in Rats: Bioavailability and Antioxidant Properties of Liposome-Encapsulated Curcumin. *Journal of Agricultural and Food Chemistry,* 57(19), 9141-9146.
http://dx.doi.org/10.1021/jf9013923

Tavares, L., Figueira, I., Macedo, D., McDougall, G.J., Leitão, M.C., Vieira, H.L.A. et al. (2012). Neuroprotective effect of blackberry (Rubus sp.) polyphenols is potentiated after simulated gastrointestinal digestion. *Food Chemistry,* 131(4), 1443-1452.
http://dx.doi.org/10.1016/j.foodchem.2011.10.025

Villa, M., Pedroza, R., & San Martin, E. (2013). *Sistemas lipidicos microestructurados como transportadores de compuestos activos.* Tesis Doctoral. CICATA Legaria Instituto Politécnico Nacional, DF, México.

Wang, P., Liu, H.-J., Mei, X.-Y., Nakajima, M., & Yin, L.-J. (2012). Preliminary study into the factors modulating β-carotene micelle formation in dispersions using an *in vitro* digestion model. *Food Hydrocolloids,* 26(2), 427-433.
http://dx.doi.org/10.1016/j.foodhyd.2010.11.018

Wang, S.Y., & Lin, H.-S. (2000). Antioxidant Activity in Fruits and Leaves of Blackberry, Raspberry, and Strawberry Varies with Cultivar and Developmental Stage. *Journal of Agricultural and Food Chemistry,* 48(2), 140-146.
http://dx.doi.org/10.1021/jf9908345

Wang, X., Ishida, T., & Kiwada, H. (2007). Anti-PEG IgM elicited by injection of liposomes is involved in the enhanced blood clearance of a subsequent dose of PEGylated liposomes. *Journal of Controlled Release,* 119(2), 236-244.
http://dx.doi.org/10.1016/j.jconrel.2007.02.010

Wu, R., Frei, B., Kennedy, J.A., & Zhao, Y. (2010). Effects of refrigerated storage and processing technologies on the bioactive compounds and antioxidant capacities of 'Marion' and 'Evergreen' blackberries. *LWT - Food Science and Technology*, 43(8), 1253-1264.

http://dx.doi.org/10.1016/j.lwt.2010.04.002

Wu, X., Cao, G., & Prior, R.L. (2002). Absorption and Metabolism of Anthocyanins in Elderly Women after Consumption of Elderberry or Blueberry. *The Journal of Nutrition*, 132(7), 1865-1871.

Xia, S., & Xu, S. (2005). Ferrous sulfate liposomes: preparation, stability and application in fluid milk. *Food Research International*, 38(3), 289-296.

http://dx.doi.org/10.1016/j.foodres.2004.04.010

Yañez, J., Salazar, J., Chaires, L., Jimenez, J., Marquez, M., & Ramos, E. (2002). Aplicaciones biotecnologicas de la microencapsulación. *Avance y Perspectiva*, 21, 313-319.

Yurdugul, S., & Mozafari, M. (2004). Recent advances in micro- and nano-encapsulation of food ingredients. *Cellular and Molecular Biology Letters*, 9(2), 64-65.

Zou, W., Sun, W., Zhang, N., & Xu, W. (2008). Enhanced Oral Bioavailability and Absorption Mechanism Study of N3-O-Toluyl-Fluorouracil-Loaded Liposomes. *Journal of Biomedical Nanotechnology*, 4(1), 90-98.

http://dx.doi.org/10.1166/jbn.2008.005

CAPÍTULO 9

Efecto de la Ingesta de Nanoestructuras en el Organismo

Juan Carlos García-Gallegos

Universidad Autónoma de Baja California, Facultad de Ingeniería-Mexicali, Bioingeniería

Juan.carlos.garcia.gallegos@uabc.edu.mx

Doi: http://dx.doi.org/10.3926/oms.290

Referenciar este capítulo

García-Gallegos, J.C. (2015). *Efecto de la ingesta de nanoestructuras en el organismo*. En Ramírez-Ortiz, M.E. (Ed.). *Tendencias de innovación en la ingeniería de alimentos*. Barcelona, España: OmniaScience. 255-287.

Resumen

A mediados del siglo XX, el físico estadounidense Richard Feynman, en su célebre conferencia "En el interior hay espacio de sobra" (There's plenty of room at the bottom), sugirió la posibilidad de manipular átomos para sintetizar materiales en una escala atómica o molecular. Más adelante, en 1974, el término "nanotecnología" fue acuñado por el científico japonés Norio Taguinuchi (1912-1999) y poco después, en forma independiente, por el científico estadounidense Kim Eric Drexler en su libro *Motores de creación: la próxima era de la nanotecnología (Engines of creation: the coming era of nanotechonology)* de 1986 (Drexler, 1986). Por esos años, con el descubrimiento y síntesis del fulereno (esferoide formado por 60 átomos de carbono) por los científicos estadounidenses Robert Curl, Richard Smalley y el británico Harry Kroto (Kroto, Heath, O'Brien, Curl & Smalley, 1985), y con la descripción de los nanotubos de carbono por el científico japonés Sumio Iijima (Iijima, 1991), la nanociencia y la nanotecnología arrancaron formalmente.

El objetivo de la nanociencia y la nanotecnología es la manipulación de la materia dentro del rango de 1 a 100 nm (por lo menos en una de las dimensiones). El avance en estas áreas ha permitido el desarrollo de nanoestructuras de dimensión 0 (nanopartículas), 1D, (nanotubos, nanoalambres), 2D (planos, como el grafeno), y 3D (una combinación de las anteriores), con aplicaciones en áreas como, la física, química, ciencia de materiales, medicina, y prácticamente en todos los campos de la ingeniería.

Precisamente en el área de la ingeniería en alimentos, la nanotecnología ha permitido el desarrollo de diversos empaques (películas poliméricas con nanoestructuras dispersas) para resguardar y aumentar la vida de anaquel de los alimentos; de bactericidas más eficientes (nanopartículas en una solución coloidal); nanoestructuras naturales –como las provenientes de ciertos cristales de almidón, o interfaces agua-aceite que determinan la estabilidad de las emulsiones– o sintéticas que actúan directamente en la digestión de los alimentos para un determinado objetivo (por ejemplo, la tasa de hidrólisis de las grasas de los alimentos).

Algunas de las nanoestructuras dispersas en un empaque de película polimérica (nylon-6, PET, por ejemplo) podrían pasar al alimento que protegen debido a que están en contacto directo, pero más aún: hay alimentos que en un proceso previo les fue añadido algún tipo de nanoestructura. Estas nanoestructuras pasan al tracto gastrointestinal cuando son ingeridos los alimentos y son sometidas al proceso natural de digestión. Algunas nanoestructuras podrían ser desechadas del cuerpo (en la actualidad, se están recuperando metales de las heces, como oro, plata o vanadio) o podrían ser acumuladas en alguna región del organismo, resultando en altos niveles de toxicidad.

La propuesta de capítulo consiste en una discusión de los estudios más actuales considerando la degradación y toxicidad de nanoestructuras metálicas, de óxidos metálicos, y poliméricas que podrían ser ingeridos. En esta revisión crítica se compararán los tipos de nanoestructuras utilizadas que son potencialmente asimilables, desechables o acumulables en el organismo, así como sus niveles de toxicidad.

Palabras clave

Nanopartículas, nanoestructuras, toxicidad, absorción, tracto gastrointestinal.

1. Introducción

La nanociencia y la nanotecnología han tenido un desarrollo vertiginoso durante las últimas dos décadas. En la actualidad, se comercializan productos con nanoestructuras que potencializan su funcionamiento, por ejemplo, plásticos reforzados con nanotubos de carbono, protectores solares con nanopartículas de óxido de titanio, bactericidas basadas en nanopartículas de plata, entre otros. A la par de estos desarrollos ha aumentado la preocupación por el efecto de estas nanoestructuras en el cuerpo humano al inhalarse, ingerirse o absorberse mediante la piel. Aunque existen muchos estudios sobre la toxicidad de nanopartículas en las vías respiratorias y en la piel, es necesario profundizar en los efectos en el tracto gastrointestinal al ser ingeridas.

La nanotecnología ha permitido el desarrollo de: materiales compuestos de polímeros y nanoestructuras para resguardar y aumentar la vida de anaquel de los alimentos; de nanopartículas bactericidas (de plata o cobre) más eficientes; nanoestructuras naturales –como las provenientes de ciertos cristales de almidón o interfaces agua-aceite que determinan la estabilidad de las emulsiones– o sintéticas que actúan directamente en la digestión de los alimentos para influir en la tasa de hidrólisis de las grasas, por ejemplo.

Es posible que determinadas nanoestructuras puedan desprenderse de la película polimérica que protege a los alimentos y emigrar directamente hacia estos o podrían estar incluidas antes desde su elaboración. Estos nanomateriales podrían ingerirse y someterse al proceso natural de digestión: si no se degradan serían desechados o en el peor de los casos, podrían absorberse y acumularse en alguna región del tracto intestinal o del organismo.

La toxicidad de las nanoestructuras se ha estado estudiando a la par de su desarrollo y aplicación; se ha observado una elevada correlación con su tamaño: en general, entre más pequeños son se incrementa la posibilidad de que el organismo los absorba y se acumulen en alguna región, resultando ser tóxicas si interfieren con la actividad metabólica.

2. Nanociencia y Nanotecnología

A mediados del siglo XX, el físico estadounidense Richard Feynman, en su célebre conferencia "En el interior hay espacio de sobra" (There's plenty of room at the bottom), sugirió la posibilidad de manipular átomos para sintetizar materiales en una escala atómica o molecular. Más adelante, en 1974, el término "nanotecnología" fue acuñado por el científico japonés Norio Taguinuchi (1912-1999) y poco después, en forma independiente, por el científico estadounidense Kim Eric Drexler en su libro *Motores de creación: la próxima era de la nanotecnología* (*Engines of creation: the coming era of nanotechonology*), de 1986 (Drexler, 1986). Por esos años, con el descubrimiento y síntesis del fulereno (esferoide formado por 60 átomos de carbono) (Figura 1) por los científicos estadounidenses Robert Curl, Richard Smalley y el británico Harry Kroto (Kroto et al., 1985), y con la descripción de los nanotubos de carbono por el científico japonés Sumio Iijima en 1991 (Iijima, 1991), la nanociencia y la nanotecnología arrancaron formalmente.

El objetivo de la nanociencia y la nanotecnología es el estudio y manipulación de la materia dentro del rango de 1 a 100 nm (10^{-9} m) por lo menos en una de las dimensiones. El avance en estas áreas ha permitido el desarrollo de nanoestructuras de dimensión 0 (nanopartículas), 1 D, (nanotubos, nanoalambres), 2 D (planos, como el grafeno), y 3 D (una combinación de las anteriores) (Terrones, Botello-Méndez, Campos-Delgado, López-Urías, Vega-Cantú, Rodríguez-Macías et al., 2010), con aplicaciones en áreas como la física, química, ciencia de materiales, medicina, y prácticamente en todos los campos de la ingeniería.

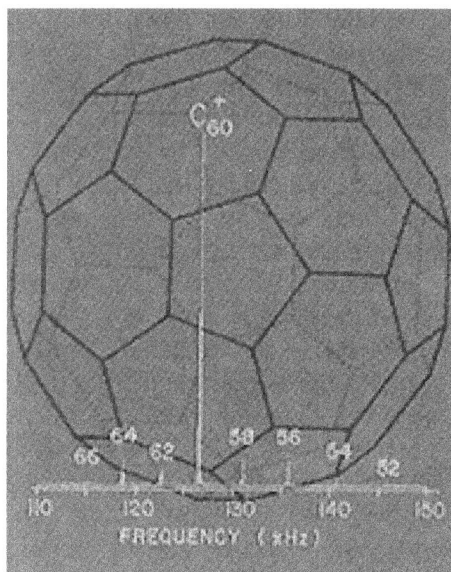

Figura 1. Estructura del fureleno (Baum, 1997)

El sentido común nos dice que si pulverizamos un pedazo de materia, bastaría solo uno de los gránulos para estudiar las propiedades fisicoquímicas totales del elemento o compuesto; no obstante, si tal gránulo se dividiera sucesivamente hasta llegar a dimensiones nanométricas, las propiedades fisicoquímicas, como: punto de fusión, potencial químico, color, densidad, ductilidad, elasticidad, resistividad (eléctrica y térmica), dureza, entre otras propiedades, cambiarían en función de su tamaño y morfología. Por ejemplo, se ha visto que las nanopartículas suspendidas en solución producen diferente color al ojo humano en función de su tamaño y forma: los efectos cuánticos ópticos (y también electrónicos) comienzan a ser más evidentes en materiales con una estructura a escala nanométrica.

A continuación, se listan algunas propiedades cualitativas y cuantitativas de materiales que cambian al estar en la escala nanométrica:

- Tamaño: las nanopartículas de plata, en suspensión, por debajo de los 5 nm de diámetro son más tóxicas (más reactivas) para las bacterias (Choi & Hu, 2008); de igual manera, las partículas de aluminio también tienden a ser más reactivas al llegar a la escala nanométrica (Sun, Pantoya & Simon, 2006).

- Morfología: los nanotubos de carbono (láminas de grafeno enrollados) tienen menor efecto en las células neuronales que el grafeno (lámina de carbono de un átomo de espesor con bordes potencialmente reactivos) a bajas concentraciones: la reactividad de los nanotubos es relativamente baja por carecer de bordes (Zhang, Ali, Dervishi, Xu, Li, Casciano et al, 2010).

- Espesor: Las propiedades electrónicas, mecánicas y térmicas del grafeno individual cambian al irse apilando hasta obtener grafito (Klintenberg, Lebegue, Ortiz, Sanyal, Fransson & Erikkson, 2009; Lee, Wei, Kysar & Hone, 2008; Alofi & Srivastava, 2013).

- Puntos de fusión/ebullición: estas temperaturas fijas para todos los materiales, bajo ciertas condiciones, varían a escala nanométrica. Por ejemplo, el punto de fusión del oro comienza a variar cuando el diámetro de la partícula es menor a los 15 nm (Koga, Ikeshoji & Sugawara, 2004).

- Propiedades ópticas, electrónicas y magnéticas: el tamaño de las nanopartículas influye en el color de la solución en la que están suspendidas. Concretamente, en partículas de óxido de titanio, el color de la solución cambia de café oscuro a negro azulado conforme el tamaño se disminuye de 300 a 20 nm; asimismo, la interacción electrónica en las moléculas cambia, lo cual repercute en las propiedades electrónicas y magnéticas de las nanoestructuras (Tsujimoto, Matsushita, Yu, Yamaura & Uchikoshi, 2015).

- Estado químico superficial: la funcionalización química de la superficie de ciertas nanoestructuras ha permitido que interactúen en ambientes compatibles: desde la síntesis de materiales compuestos (Rahmat & Hubert, 2011) (con grupos funcionales afines a la matriz polimérica) hasta nanoestructuras con compatibilidad biológica para aplicaciones médicas (Tang & Cheng, 2013). Como ejemplo, se puede mencionar el dopaje de nanotubos de carbono con nitrógeno con el objetivo de aumentar la cantidad de defectos en el cristal y permitir el anclaje de distintos grupos químicos funcionales.

Tal variedad de nanoestructuras y posibilidades morfológicas y de funcionalización química está permitiendo aplicaciones tecnológicas en prácticamente todas las áreas de la ciencia y la tecnología. Se han diseñado y desarrollado sensores, dispositivos opto-electrónicos, nanomateriales compuestos, celdas solares, actuadores, agentes antimicrobianos, vías de transporte y liberación de fármacos y nutrientes, agentes anticancerígenos, entre otros muchos (Castle, Gracia-Espino, Nieto-Delgado, Terrones, Terrones & Hussain, 2011; Wujcik & Monty, 2013; Kang, Kadia, Celli., Njuguna, Habibi & Kumar, 2013; Fathi, Mozafari & Mohebbi, 2012; Rodrigues & Emeje, 2012).

3. Tipos de Nanoestructuras

El desarrollo de la nanotecnología ha permitido un mayor análisis sobre la morfología y propiedades de cristales, agregados moleculares, dendrímeros, polímeros en general y también de moléculas (y macromoléculas) sintetizadas por los propios organismos: proteínas, ADN, celulosa, almidón, entre otros. Bajo este enfoque, algunos materiales nanoestructurados tienen un origen biológico y otros han sido sintetizados mediante la naturaleza (bajo las condiciones de un volcán, por ejemplo) o mediante la acción del hombre.

Las nanoestructuras de origen biológico, se metabolizan y aprovechan para formar otras estructuras biológicas; en cambio, las nanoestructuras no biológicas, como las nanopartículas metálicas o de óxidos metálicos, no pueden ser metabolizadas por lo que son desechadas en las heces o absorbidas y retenidas en el tracto gastrointestinal. Algunas de estas nanoestructuras son: fulerenos, nanotubos de carbono (de pared simple, doble y múltiple), nanoestructuras de óxido de zinc, de silicio o de titanio; nanopartículas metálicas (oro, plata, cobre, hierro, cobalto, entre otros); polímeros nanoestructurados (polianilina, polipirrol, poliuretano, poliestireno, entre otros) y dendrímeros (como los formados de poliamidamina, PAMMAM), y nanoarcillas (como los silicatos laminares o filosilicatos).

Por otra parte, además de las nanoestructuras biológicas que conforman órganos y sistemas hay algunas otras que se han armado a partir de estas: como los nanotubos de α-lactoalbúmina, desarrollados por Graveland-Bikker y de Kruif (2006) mediante una proteasa de Bacillus licheniformis (Figura 2). Asimismo, se ha aprovechado la estructura del ADN, constituida de nucleótidos y aminoácidos, para desarrollar elaboradas nanoestructuras 2D y 3D que podrían servir para generar una amplia gama de proteínas (Gradisar & Jerala, 2014).

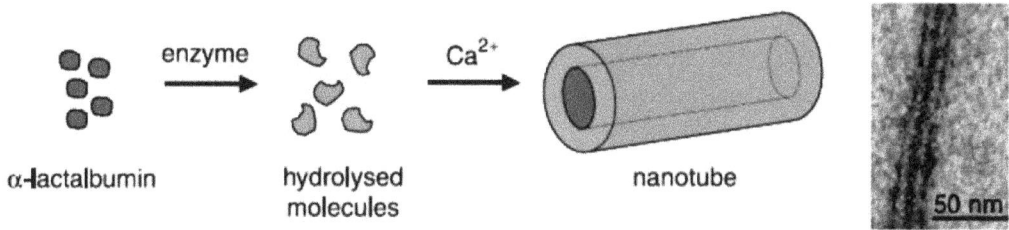

Figura 2. Representación esquemática del autoensamblado de la α-lactoalbúmina en nanotubos en presencia de Ca^{2+} (izquierda). Micrografía de transmisión electrónica de nanotubos de α-lactoalbúmina (derecha) (Graveland-Bikker & de Kruif, 2006)

También se han desarrollado sistemas de nanopartículas metálicas ancladas en biomoléculas (ARN, ADN, polisacáridos, entre otras) para: generar reacciones químicas en cascada; obtener biomoléculas multienzimáticas; ensamblar estructuras híbridas entre biomoléculas y catalizadores ionorgánicos, entre otras aplicaciones (Filice & Palomo, 2014). En el caso de nanoestructuras de origen no biológico, e híbridos, podrían ser biocompatibles solo si se funcionaliza su superficie con grupos funcionales adecuados.

Algunas de las nanoestructuras utilizadas como refuerzo en materiales plásticos, por ejemplo, los empaques de alimentos, podrían emigrar hacia los alimentos mismos y ser ingeridas. Más aún, existe el riesgo de ingerir nanopartículas que intervinieron en cierto proceso de elaboración de alimentos, por ejemplo, nanopartículas de plata proveniente de plata coloidal utilizada como bactericida o nanopartículas de óxido de titanio, utilizadas como aditivos en colorantes de alimentos (Trouiller, Reliene, Westbrook, Solaimani & Schiestl, 2009; Weir, Westerhoff, Fabricius, Hristovski & von Goetz, 2012).

4. Nanoestructuras Potencialmente Ingeribles

Diferentes tipos de nanoestructuras en la actualidad están presentes en pigmentos, pinturas, colorantes de alimentos, cosméticos, cremas corporales y protectores solares (Trouiller et al., 2009, Weir et al., 2012), también en bactericidas (coloides de plata, oro), en termoplásticos de diversa aplicación, y empaques de alimentos (Chaudry, Scotter, Blackburn, Ross, Boxall, Castle et al., 2008).

Estas nanopartículas pueden ser inhaladas, absorbidas por la piel o ingeridas (Bergin & Witzmann, 2013). Para los fines de este capítulo, solamente se revisarán algunos estudios de toxicidad que tienen que ver con la ingesta de nanoestructuras.

Como se ha visto, es posible que muchos de los alimentos procesados y empacados que se ofrecen al consumidor en los anaqueles de mercados posiblemente contengan nanopartículas que se incorporaron en su proceso de elaboración o porque emigraron hacia ellos de los empaques que los protegen.

Como ejemplo del primer caso, se han utilizado nanopartículas de óxido de titanio (TiO_2) como aditivo de colorantes para la cubierta dura de gomas de mascar y dulces (Weir et al., 2012). Sin duda, las nanopartículas que se emplearon para dar color a estos alimentos fueron a dar al tracto gastrointestinal de quienes los consumieron.

El segundo caso ocurre porque se ha buscado reforzar las películas poliméricas que sirven de empaque a ciertos alimentos con nanopartículas. Por ejemplo, las nanoarcillas permiten que las películas poliméricas sean más impermeables al flujo de ciertos gases no deseados (como el oxígeno del aire o el vapor de agua) que podrían estropear la textura, color y sabor de los alimentos. Además de las nanoarcillas, las propiedades bactericidas de las nanopartículas de plata, las hacen idóneas para recubrir las caras internas de los empaques al combatir el crecimiento de microorganismos. Por lo tanto, existe la posibilidad de que algunas nanoarcillas o nanopartículas emigren a los alimentos (Metak, Nabhani & Connolly, 2015).

Los polímeros que se han empleado para el mejoramiento de las propiedades de barrera, mediante materiales compuestos, han sido el tereftalato de polietileno (PET, por sus siglas en inglés) y el poliestireno. También se han empleado biopolímeros (aunque sus propiedades de barrera aún son bajas). Los refuerzos más utilizados han sido nanoarcillas, nanocristales de celulosa y nanopartículas de plata (Mihindukulasuriya & Lim, 2014).

Así como la aplicación de sistemas nanoestructurados en la industria alimentaria está en aumento en la actualidad, así se ha elevado el temor de la sociedad sobre estas tecnologías: el solo hecho de pensar que se está introduciendo dentro del organismo material nanoestructurado con una nomenclatura técnica y rebuscada podría ser una genuina causa de alarma. Como veremos en la siguiente sección, no hay por qué preocuparse tanto aunque sí es fundamental realizar más estudios toxicológicos y sobre todo, es necesario divulgar los resultados hacia la sociedad.

5. Tracto Gastrointestinal

El tracto gastrointestinal humano es una barrera selectiva mucosa con un área superficial de unos 200 m^2 en un adulto, capaz de interactuar con nanoestructuras ingeridas. Cada zona del tracto gastrointestinal lleva a cabo funciones digestivas, de absorción, secreción y protección. Las nanopartículas dentro del tracto gastrointestinal podrían ser absorbidas en algunas zonas y migrar así al torrente sanguíneo, y en consecuencia, a otros órganos, o también interactuar localmente con la capa mucosa y el microbioma. Esta interacción podría acarrear problemas fisiológicos, metabólicos e inmunológicos (Hansson, 2012; Young, 2012).

Todas las zonas del tracto gastrointestinal están protegidas por el tejido epitelial y por una capa mucosa de espesor y composición variables, que es producida por las células epiteliales.

En el estómago, la digestión de proteínas comienza por la actividad de la proteasa pepsina. Su activación depende de la secreción de ácido clorhídrico de las células parietales junto con el epitelio mucoso. El pH gástrico en el estómago humano varía de 1.2-2.0 en el estado de ayuno a 5.0 con el bolo alimenticio, luego, se produce una reacidificación gradual (McConnell, Basit & Murdan, 2008).

En el intestino delgado ocurre una elevada digestión y absorción de nutrientes: carbohidratos, péptidos y grasas; también tiene funciones inmunológicas de protección. El pH del duodeno se ubica entre 6-7 en humanos (Evans, Pye, Bramley, Clark, Dyson & Hardcastle, 1988). La cavidad intestinal es muy compleja: la absorción es facilitada por el incremento del área superficial (pliegues elongados) ocasionada por los enterocitos (o células absorbentes). Cada uno tiene bordes en forma de cepillo, lo cual incrementa el área superficial total.

La capa de mucosa es producida por células caliciformes especializadas en secreción de mucosa. Esta contiene mucopolisacáridos y glicoproteínas que generan una barrera física a las bacterias laminales, previniendo que alcancen la superficie de los enterocitos.

En el intestino delgado, la membrana mucosa también contiene enzimas para la digestión de carbohidratos y emulsión de grasas que permiten la absorción de nutrientes. Mientras que en el intestino delgado superior se absorbe una mayor cantidad de nutrientes, en el intestino delgado distal y colon se favorece la absorción de agua, vitamina B y ácidos grasos (Kararli, 1995).

Además de las funciones innatas, el tracto gastrointestinal posee regiones del sistema inmune en forma de tejido linfático. En el intestino delgado, estas regiones reciben el nombre de placas de Peyer (folículos linfáticos agregados) y son más numerosos en el íleo, la porción terminal del intestino delgado (Mason, Huffnagle, Noverr & Kao, 2008). También la región del ciego (unión entre los intestinos grueso y delgado) tiene sitios inmunológicos activos.

Las funciones del tracto gastrointestinal se facilitan por la actividad simbiótica de microbios la cual es muy alta en el ciego y colon. El microbioma en humanos adultos se ha estimado en 1 kg y consiste de más de 5000 especies de bacterias (Manson, Rauch & Gilmore, 2008; Hansson, 2012; Zoetendal, Collier, Koike, Mackie & Gaskins, 2004); la mayoría de las especies pertenecen a la categoría Bacteroidetes y Firmicutes. Más del 50% de las bacterias intestinales no pueden cultivarse. Estos organismos juegan un rol crítico en la digestión normal y en las funciones inmunológicas del tracto. Esto incluye la conjugación de ácidos de la bilis, regulación de la salud de los enterocitos mediante la producción de ácido butírico graso de corta cadena, producción de vitaminas B_{12} y K, y la maduración del sistema inmune (Manson et al., 2008; Young, 2012; Mason et al., 2008).

Asimismo, el microbioma ocupa un lugar que en otras condiciones, sería ocupado por especies patógenas (Walk & Young, 2008). Si llegara a alterarse el microbioma, el riesgo de cáncer podría incrementarse (Canani, Costanzo, Leone, Pedata, Meli & Calignano, 2011) con un consiguiente desequilibrio xenometabólico (Clayton, Baker, Lindon, Everett & Nicholson, 2009).

6. Toxicidad de las Nanoestructuras en el Organismo

Cuando ciertas nanopartículas rebasan cierto umbral de concentración dentro del organismo, comienzan a ser tóxicas. Además, se debe tomar en cuenta sus características como, tipo de nanoestructura, tamaño, funcionalización química, entre otras.

6.1. Nanoestructuras en el Tracto Gastrointestinal

Para estudiar el impacto y toxicidad de las nanoestructuras al ser ingeridas se deben tomar en cuenta todas sus características fisicoquímicas: tamaño, área superficial, número de partículas, estado de aglomeración/agregación, carga eléctrica, funcionalización química y recubrimiento, ya que estas podrían tener un impacto biológico (Oberdörster, Oberdörster & Oberdörster, 2005; Abbott & Maynard, 2010).

Aún no se cuenta con un consenso sobre la toxicidad de nanopartículas estudiadas *in vivo*; sin embargo, las guías Animal Research: Reporting *In Vivo* Experiments (ARRIVE) y la sección correspondiente de Metabolomics Standards Initiative han recopilado y estandarizado los metadatos disponibles.

La migración de ciertas nanopartículas a través de la barrera intestinal consiste de varios pasos: difusión en la capa mucosa, el contacto con los enterocitos o las células M (enterocitos especializados en la captación de antígenos luminales) y un posible transporte celular (o paracelular). El camino más común de las nanopartículas mediante las células epiteliales parece ser la endocitosis (proceso en el cual la célula engulle moléculas grandes o partículas) (Frohlich & Roblegg, 2012). Esto último se ha demostrado con nanopartículas de poliestireno, las cuales han sido transportadas mediante células M (des Rieux, Fievez, Théate, Mast, Préat & Schneider, 2007). El tamaño de la nanoestructura influencia la absorción: se han obtenido mayores absorciones con nanopartículas pequeñas de aproximadamente 50 nm (Jani, Halbert, Langridge & Florence, 1990).

La estabilidad de las nanopartículas en cuando a su dilución y consiguiente liberación de iones potencialmente tóxicos depende del pH del fluido donde están inmersas, la duración de su permanencia en el fluido y su composición (Xie, Williams, Tolic, Chrisler, Teeguarden, Maddux et al., 2012). El nivel de pH depende de las regiones gastrointestinales. Este podría alterar la agregación o aglomeración de las nanoestructuras y alterar se superficie química (Peters, Kramer, Oomen, Herrera-Rivera, Oegema, Tromp et al., 2012). El conocimiento sobre los parámetros de disolución en los fluidos gastrointestinales podría ayudar a predecir el transporte de nanopartículas y su consiguiente concentración en la sangre.

El grupo de Walczak, Fokkink, Peters, Tromp, Herrera-Rivera, Rietjens, et al. (2013) utilizó un modelo digestivo humano *in vitro* para demostrar que después de la digestión gástrica, el número de nanopartículas de plata de 60 nm decrece debido a que se aglomeran por la interacción con iones Cl⁻; sin embargo, el número se incrementó otra vez cuando estuvieron bajo condiciones intestinales. Por otra parte, el grupo de Peters et al. (2012) encontró hallazgos similares con nanopartículas de óxido de silicio (SiO_2) en alimentos utilizando un modelo de disolución *in vitro*. El estudio se comenzó en condiciones que emulan la cavidad oral, después, cuando el pH disminuyó y el número de electrolitos aumentó (como sucede en el compartimento gástrico) se aglomeraron. Al final, bajo un pH intestinal, las nanopartículas reaparecieron de nuevo. Por lo tanto, es probable que en el epitelio de absorción intestinal se puedan encontrar nanopartículas.

6.1.1. Interacción de la Mucosa Intestinal con Ciertas Nanoestructuras

La mucosa intestinal es una compleja red de glicoproteínas, lípidos, células y macromoléculas de suero (anticuerpos); es la primera barrera que las nanopartículas se encuentran (Crater & Carrier, 2010). La carga eléctrica superficial puede ser crucial para que sea atravesada (Frohlich & Roblegg, 2012). Una red neutral o con carga eléctrica superficial positiva podría prevenir la mucoadhesión: favorece así la penetración; en tanto que el paso de compuestos hidrofílicos (o lipofílicos) cargados negativamente, es impedido. Se ha evidenciado además que las nanopartículas pequeñas penetran la capa mucosa con mayor facilidad que las grandes.

Por otra parte, Jachak, Lai, Hida, Suk, Markovic, Biswal et al. (2012) encontraron que las partículas de óxido metálico y dos tipos de nanotubos de carbono de capa simple se adherían en la capa de mucosa humana por interacciones no estéricas (es decir, no por la interacción química con grupos funcionales). En contraste, nanopartículas de óxido de Zinc lograron penetrar rápidamente la capa, lo cual podría explicar la toxicidad general del ZnO.

6.1.2. Corona Proteínica en las Nanopartículas

Si las nanopartículas permanecen en el tracto intestinal, es usual que desarrollen una "corona" de: proteínas adsorbidas, pequeñas moléculas e iones en su superficie (Figura 3) (Cedervall, Lynch, Lindman, Berggård, Thulin, Nilsson, et al., 2007; Faunce, White & Matthaei, 2008; Lundqvist, Stigler, Elia, Lynch, Cedervall & Dawson, 2008). La formación de esta estructura podría "secuestrar" nutrientes y generar una entidad biológica activa que podría interferir en los estudios *in vivo* (Lynch, Cedervall, Lundqvist, Cabaleiro-Lago, Linse & Dawson, 2007; Monopoli, Walczyk, Campbell, Elia, Lynch, Baldelli-Bombelli et al., 2011). En algunos casos la corona disminuye la toxicidad de las nanopartículas al impedir que se trasladen a otras regiones

(Jiang, Weise, Hafner, Röcker, Zhang, Parak et al., 2010; Casals, Pfaller, Duschl, Oostingh & Puntes, 2011). En un estudio de nanopartículas de poliestireno, Zhang, Burnum, Luna, Petritis, Kim, Qian et al. (2011) fueron capaces de clasificarlas con respecto a su corona proteínica basados en el tamaño y propiedades de la superficie.

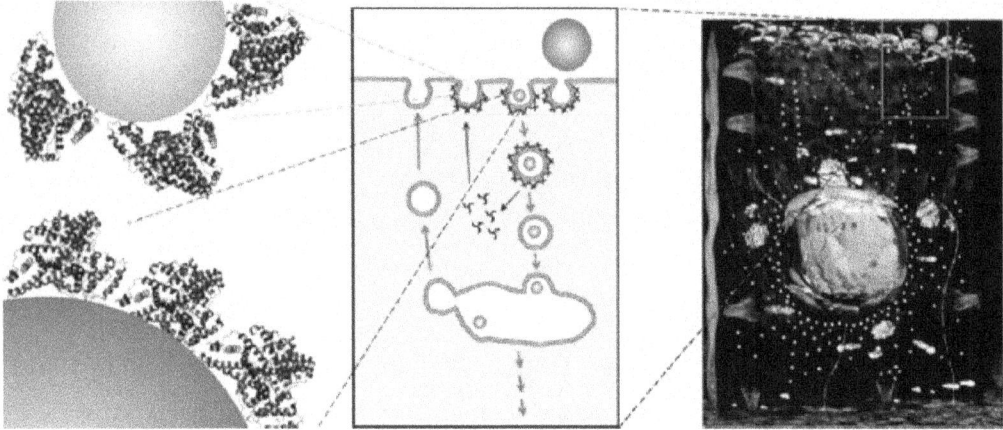

Figura 3. Endocitosis mediada por receptor: nanopartículas recubiertas por una corona de proteína (Cedervall et al., 2007)

6.1.3. Efectos Genéticos de las Nanopartículas en el Tracto Gastrointestinal

Bouwmeester, Poortman, Peters,, Wijma, Kramer, Makama et al. (2011) investigaron el efecto de nanopartículas de plata (Ag) en la expresión del genoma. Utilizaron un cocultivo único de células Caco-2 (células adenocarcinoides colorectales heterogéneas humanas) y células M. No observaron citotoxicidad; sin embargo, 97 genes resultaron con sobre-regulación (incremento de los componentes celulares) en un solo tratamiento debido al estrés oxidativo, a la apoptosis, al no desdoblamiento en la respuesta proteínica y al estrés del retículo endoplasmático. Ningún gen mostró infra-regulación. Los autores concluyeron que la exposición a nanopartículas de Ag resultó en un estrés generalizado debido más a los iones Ag^+ que a las nanopartículas.

En otro estudio, Moos, Chung, Woessner, Honeggar, Shane-Cutler y Veranth (2010), estudiaron nanopartículas de SiO_2, Fe_2O_3, ZnO y TiO_2 en RKO (línea de células de cáncer de colon) y células Caco-2 en monocapa utilizando microarreglos de oligonucleótidos del genoma humano completo. Sólo el ZnO fue significativamente citotóxico generando una supra-regulación de genes relacionados con el desdoblamiento proteínico y respuestas de estrés.

6.2. Efectos Particulares de algunas Nanoestructuras en el Organismo

Aunque el número de nanopartículas potencialmente ingeribles es alto, solo se han realizado estudios de toxicidad con algunas de las más comunes: plata, cobre, óxido de silicio, óxido de titanio, nanotubos de carbono, dendrímeros poliméricos, entre otras. Se espera que pronto se profundice en los efectos de estas nanoestructuras en el organismo humano y se incluyan otras nanoestructuras.

6.2.1. Nanopartículas de Plata

Las sales de Ag y las suspensiones coloidales fueron utilizadas para combatir infecciones antes del desarrollo de los modernos antibióticos (Varner, El-Badawy, Feldhake & Venkatapathy, 2010). Con la resistencia a los antibióticos que ahora muestran las bacterias, el interés ha resurgido (Drake & Hazelwood, 2005). La plata coloidal generalmente consiste de partículas de tamaño que oscila entre los 250-300 nm, pero que están conformados de partículas más pequeñas (<100 nm) (Varner et al., 2010). La biodisponibilidad de la plata coloidal se ha estimado en un 10 %, con retención de <2-3% en los tejidos del cuerpo. La eliminación de la mayoría del material es por defecación (Armitage, White & Wilson, 1996; Drake & Hazelwood, 2005).

Los efectos de una ingesta alta de Ag se observan en un padecimiento denominado argiria, que ocasiona una pigmentación azul grisácea en la piel; se asocia con la absorción de Ag soluble y su reducción y por tanto, precipitación en la piel y tejido conectivo. La argiriosis es similar pero ocurre en los tejidos oculares. La argiria se ha asociado con una dosis de retención entre 1-8 g de Ag en los tejidos (Varner et al., 2010). La más baja dosis asociada con la argiria es de 0.014 mg/kg/día (CASRN 1988). Al parecer, este problema es más estético que de salud, ya que no ocasiona daños importantes.

Aún no hay estudios de toxicidad *in vivo* en humanos, por lo que se han realizado investigaciones sobre la distribución de nanopartículas de Ag en tejidos de ratas y cerdos (Kim, Kim, Cho, Rha, Kim, Park et al., 2008; Park, Bae, Yi, Kim, Choi, Lee et al., 2010; Loeschner, Hadrup, Klaus-Qvortrup, Larsen, Gao, Vogel et al., 2011). No se ha podido distinguir la diferencia entre la Ag y nanopartículas de Ag en los tejidos.

Con respecto a la distribución de la Ag en el organismo de la rata, Jeong, Kim y Loeschner encontraron Ag en la lámina propia de la mucosa intestinal y a lo largo de la superficie del intestino delgado (Jeong, Jo, Ryu, Kim, Song & Yu, 2010; Kim, Song, Park, Song, Ryu, Chung et al., 2010; Loechsner et al., 2011). Así, una parte de Ag absorbida por los enterocitos permaneció en el tejido submucoso del intestino y nunca alcanzó la circulación sistémica ni los órganos viscerales. La distribución de nanopartículas de Ag fue muy baja en todos los tejidos fuera del tracto intestinal: la distribución y biodisponibilidad de nanopartículas de Ag ingeridas fue baja, por lo tanto, las nanopartículas son menos biodisponibles que la Ag iónica. Efectos adversos debido a las dosis orales de las nanopartículas de Ag fueron bajos. Solo fueron evidentes arriba de los 125 mg/kg.

6.2.2. Nanopartículas de Oro

En la actualidad, las nanopartículas de oro (Au) se utilizan en aplicaciones médicas: terapias antiinflamatorias y también en el transporte y liberación de fármacos (Khlebtsov & Dykman, 2011).

Los estudios de toxicidad *in vivo* de las nanopartículas de Au también se han llevado a cabo en animales. El grupo de Hillyer y Albrecht (2001) evaluó la distribución e identificación de nanopartículas de Au en el cuerpo de ratas, quienes ingirieron 200 µg/mL en el agua de beber por siete días. Las partículas fueron visualizadas por microscopía electrónica de transmisión (TEM, por sus siglas en inglés) y se cuantificaron por espectroscopía de masas con plasma acoplado inductivamente (ICP-MS, por sus siglas en inglés) para determinar su distribución. Las más pequeñas (4 nm) fueron retenidas en mayor cantidad que las grandes (58 nm) que ni siquiera fueron detectadas. Las nanopartículas de 4 nm se encontraron en mayor cantidad en los riñones, las de 10 nm en el estómago y las de 28 nm en el estómago e intestino delgado. Esto sugiere que las partículas más pequeñas fueron capaces de atravesar la capa mucosa mientras que las mayores quedaron atrapadas en la mucosa o en las paredes intestinales.

6.2.3. Nanopartículas de Óxido de Titanio

Las nanopartículas de óxido de titanio (TiO_2) son componentes de pigmentos en cosméticos, protectores solares, pinturas, plásticos y colorantes de alimentos (Trouiller et al., 2009; Weir et al., 2012). Con excepción de los alimentos, estos productos podrían liberar nanopartículas y ser ingeridas. La evidencia experimental de carcinogenicidad en ratas han colocado al TiO_2 en la categoría 2B (posible carcinógeno para humanos) aunque aún falta obtener evidencia epidemiológica (Trouiller et al., 2009; Weir et al., 2012).

El TiO_2 puede estar en tres estructuras cristalinas: rutilo (forma tetragonal distorsionada), anatasa (forma tetragonal) y brookita (forma ortorrómbica). La anatasa ha resultado ser mucho más tóxico que el rutilo (Weir et al., 2012).

Algunas estimaciones de exposición al TiO_2 están por debajo de 0.035 mg/kg/día (Fröhlich & Roblegg, 2012). Otros han obtenido estimaciones más altas, como el grupo de Weir el cual estimó 1-2 mg/kg/día (niños) y 0.2-0.7 mg/kg/día (adultos) debido a la presencia del TiO_2 en las cubiertas rígidas de gomas de mascar y dulces en Estados Unidos (Weir et al., 2012). En cuanto a los estudios de toxicidad por la ingesta de nanopartículas de TiO_2, solo pocos han considerado la contribución de la forma anatasa del TiO_2 en las dosis suministradas.

El grupo de Gui, Zhang, Zheng, Cui, Liu, Li et al. (2011) suministró en forma oral bajas dosis de nanopartículas de TiO_2 (2.5-50 mg/kg) a ratones durante 60-90 días, los cuales al transcurrir el estudio sufrieron acumulación de nanopartículas en los riñones. El grupo de Cui, Liu, Zhou, Duan, Li, Gong et al. (2011), ante un estudio similar observaron acumulación en el hígado y una elevación de citoquinas (proteínas que regulan interacciones de las células con el sistema inmune) pro-inflamatorias. En otro estudio, se evaluó alteraciones metabólicas urinarias y de suero en ratas tratadas con dosis de nanopartículas de <50 nm a 1000 mg/kg (Bu, Yan, Deng, Peng, Lin, Xu et al., 2010). Se detectaron alteraciones metabólicas serias así como daños en el microbioma.

6.2.4. Nanopartículas de Óxido de Silicio

El óxido de silicio es un compuesto de silicio y oxígeno llamado comúnmente sílice. La sílice grado alimento es amorfa (pirogénica, gel, sol, precipitado) y es utilizada como aditivo para aclarar bebidas alcohólicas o como agente antiapelmazante ("anticaking") (Dekkers, Bouwmeester, Bos, Peters, Rietveld & Oomen, 2012). Asimismo, las nanopartículas de SiO_2 han sido propuestas como conjugados de drogas para mejorar la eficiencia en la liberación de sustancias activas, particularmente, enfocado hacia la inflamación intestinal (Moulari, Pertuit, Pellequer & Lamprecht, 2008).

En general, la síntesis de la sílice u óxido de silicio (SiO_2) comienza con partículas (10-100 nm) que se agregan o aglomeran para desarrollar partículas de mayor tamaño.

Hasta el momento no se han realizado los suficientes estudios *in vivo* sobre la toxicidad de la ingesta de nanopartículas de SiO_2. Dekkers et al. (2012) han utilizado información de estudios previos y han extrapolado la información de los estudios de la sílice amorfa para sugerir que menos del 1% de la sílice suministrada se recupera de los tejidos.

6.2.5. Nanopartículas de Cobre

De manera similar a las nanopartículas de Ag, las nanopartículas de cobre (Cu) han mostrado eficacia como agente antimicrobial *in vivo*, y ha sido propuesto como alternativa antibiótica. Las nanopartículas de Cu son producidas como aditivos industriales para lubricantes, plásticos y cubiertas metálicas, tintas y partes de ánodos de baterías de litio (Chen, Meng, Xing, Chen, Zhao, Jia et al., 2006).

Sobre los estudios de toxicidad de nanopartículas de Cu, Chen et al. (2006) realizaron estudios con ratas a las que se les suministró de forma oral nanopartículas de 23.5 nm. La dosis media letal (LD_{50}) de las nanopartículas de Cu fue de 413 mg/kg; también utilizaron micropartículas de Cu (17 µm) con una dos dosis de 5610 mg/kg, y 110 mg/kg de Cu iónico (proveniente del compuesto $CuCl_2$). Los resultados asociados a las nanopartículas de cobre fueron similares a aquellos provocados por intoxicación convencional de Cu en mamíferos, esto es, necrosis renal tubular acompañada por una pigmentación de café oscuro a negro. Estos resultados indican que el Cu iónico y las nanopartículas de Cu son más biodisponibles y tienen los mismos efectos adversos.

6.2.6. Puntos Cuánticos

Los puntos cuánticos (QD, quantum dots en inglés) consisten de un núcleo cristalino de metales o complejos metálicos rodeados por una capa protectora que puede ser biocompatible. Actualmente están siendo utilizados con fines de investigación para la generación de bioimágenes y desarrollo de transportadores liberadores de fármacos (Mohs, Duan, Kairdolf, Smith & Nie, 2009).

6.2.7. Nanoestructuras de Carbono

En cuanto a los materiales basados en carbono, los nanotubos han tenido múltiples aplicaciones en áreas como: electrónica, tecnología aeroespacial, computación, ciencia de materiales. También se están desarrollando acarreadores y liberadores de drogas (Bianco, Kostarelos & Prato, 2005; Lam, James, McCluskey, Arepalli & Hunter, 2006). Asimismo, los nanotubos de carbono han sido propuestos para el desarrollo de terapias antimicrobianas y antiparasitarias mediante ingesta oral (Prajapi, Awasthi, Yadav, Rai, Srivastava & Sundar, 2011). La funcionalización química de los nanotubos de carbono incrementa su solubilidad, decreciendo las manifestaciones citotóxicas (Lam et al., 2006). Cabe mencionar un estudio en el que se anclaron nanopartículas de plata en la superficie de nanotubos de carbono multicapa dopados con nitrógeno, lo cual permitió reducir significativamente la toxicidad de los nanotubos al interactuar con queratinocitos humanos, línea celular HaCat (Castle et al., 2011).

En estudios de inhalación y cultivo de células, los nanotubos de carbono han sido asociados a problemas de inflamación granulomatosa, daño oxidativo y mutagenicidad. Con respecto a la ingesta de estos materiales, se han realizado evaluaciones en ratas. Particularmente, en la investigación de Lim, Kim, Lee, Moon, Kim, Shin y Kim (2011) se suministró dosis de nanotubos de carbono de pared múltiple (MWCNTs, 10-15 nm de diámetro por 20 μm de longitud) a ratas en gestación (días 6-19). Se determinó el índice de toxicidad NOAEL (por sus siglas en inglés no-observed adversed effect level) en 200 mg/kg/día. No se observaron anomalías en los parámetros reproductivos (malformaciones, resorción fetal, entre otras) y no se encontraron marcadores reproductivos alterados en la orina.

En contraste, al suministrar oralmente nanotubos de carbono de pared simple (SWCNTs, 1-2 nm de diámetro por 5-30 μm de longitud) funcionalizados con grupos hidroxilo a ratas en el noveno día de gestación se hallaron marcadores reproductivos alterados: la resorción fetal se incrementó y se observaron anomalías oculares y en el esqueleto (Philbrook, Walker, Nabiul-Afrooz, Saleh & Winn, 2011). En este mismo estudio, no se encontraron efectos adversos en los parámetros reproductivos al incrementar la dosis de SWCNTs 100 mg/kg. La posible respuesta a esta anomalía es que a mayores concentraciones los nanotubos se agregan o aglomeran más en el intestino, impidiendo así su absorción.

Por otra parte, en otro estudio no se encontró mutagenicidad en ratas con dosis de 50 mg/kg de SWCNTs o MWCNTs (Szendi & Varga, 2008). Tampoco se encontró toxicidad al suministrar dosis muy altas de 1000 mg/kg de SWCNTs ratas (Kolosnjaj-Tabi, Hartman, Boudjemaa, Ananta, Morgant, Szwarc et al., 2010). Estos estudios sugieren que la absorción oral de nanopartículas de carbono es facilitada a bajas dosis; con una longitud corta de nanotubos, y con una funcionalización química superficial.

La agregación o aglomeración de las nanoestructuras de carbono depende de la funcionalización química, transporte de nanopartículas, tipo de nanomaterial y concentración, así como de las condiciones del tracto gastrointestinal: pH, ingesta, microbiota, entre otras.

6.2.8. Nanoestructuras de Polímeros y Dendrímeros

En cuanto a las nanopartículas de polímeros y dendrímeros, estos últimos tienen el potencial de poder acarrear y liberar fármacos en distintas zonas del tracto gastrointestinal (Patri,, Majoros & Baker, 2002; Malik, Goyal, Zakir & Vyas, 2011). Últimamente ha habido numerosos estudios acerca de la factibilidad de los dendrímeros para transportar y liberar fármacos (Malik et al., 2011; El-Ansary & Al-Daihan, 2009). El problema es que se han enfocado más en la eficacia de estos sistemas que en su toxicidad intrínseca. De cualquier manera, la toxicidad de estas nanoestructuras es relativamente baja puesto que gran parte de ellas se diseñaron para aplicaciones médicas. Aún así es necesario hacer más estudios (DeJong & Borm, 2008).

Hace algunos años, en un estudio llevado a cabo por Wiwattanapatapee, Carreño-Gomez, Malik y Duncan (2000) se extrajo el intestino de una rata para estudiar el efecto de dendrímeros PAMAM (poliamidamina) aniónicos: estos tuvieron una rápida absorción. Se encontró una correlación entre un mayor diámetro molecular del dendrímero y la facilidad de absorción. En contraste, los dendrímeros PAMAM catiónicos tuvieron una baja absorción debido a que se adhirieron a las membranas celulares cargadas negativamente del epitelio (Wiwattanapatapee et al., 2000).

No está de más mencionar que se está realizando investigación para desarrollar nanosistemas lipídicos: nanoemulsiones, nanopartículas de lípido sólido, micelas; y no lipídicos: micelas de proteína y nanoemulsiones, que podrían proteger nutrientes como vitaminas, curcumina y ácidos grasos encapsulándolos y aislándolos del ambiente desfavorable en el tracto digestivo para un posterior y mejor aprovechamiento (Yao, McElements & Xiao, 2015).

7. Conclusiones

La nanociencia y la nanotecnología son campos fascinantes que están impactando en forma notable la vida diaria. Conocer con relativa profundidad sobre nanoestructuras que interactúan con nosotros en productos como, protectores solares, plásticos, talcos, y alimentos, es imperativo conocer su nivel de toxicidad.

Particularmente en la ingesta de nanoestructuras, aún falta que se realice más investigación en las estructuras que se han estudiado hasta el momento y es necesario incluir algunas otras con potencialidad de ser absorbidas y acumuladas en el organismo. Asimismo, es importante que se realice una mayor divulgación científica sobre los resultados que se han obtenido: solo así, se tendrá la confianza suficiente en los productos comerciales que actualmente utilizan la nanotecnología.

Referencias

Abbott, L.C., & Maynard, A.D. (2010). Exposure assessment approaches for engineered nanomateriales. Risk *Analysis*, 30(11), 1634-1644.

http://dx.doi.org/10.1111/j.1539-6924.2010.01446.x

Alofi, A., & Srivastava G.P. (2013). Thermal conductivity of graphene and graphite. *Phys. Rev. B*, 87, 115421.

http://dx.doi.org/10.1103/physrevb.87.115421

Armitage, S.A., White, M.A., & Wilson, H.K. (1996). The determination of silver in whole blood and its application to biological monitoring of occupationally exposed groups. *Annals of Occupational Hygiene*, 40(3), 331-338.

http://dx.doi.org/10.1093/annhyg/40.3.331

Baum, R. (1997). Fullerenes gain nobel stature. Discovery of c_{60} and its relatives in 1985 reshaped chemists' understanding of the fundamental properties of carbon. *Chemical & Engineering News*. 6 de Enero. Disponible en:

http://pubs.acs.org/cen/hotarticles/cenear/970106/full.html (Fecha último acceso: Septiembre 2015)

http://dx.doi.org/10.1021/cen-v075n001.p029

Bergin, I.L., & Witzmann, F.A. (2013). Nanoparticle toxicity by the gastrointestinal route: evidence and knowledge gaps. *Int. J. Biomedical Nanoscience and Nanotechnology*, 3(1-2), 163-210.

http://dx.doi.org/10.1504/IJBNN.2013.054515

Bianco, A., Kostarelos, K., & Prato, M. (2005). Applications of carbon nanotubes in drug delivery. *Current Opinion in Chemical Biology*, 9(6), 674–679.

http://dx.doi.org/10.1016/j.cbpa.2005.10.005

Bouwmeester, H., Poortman, J., Peters, R.J., Wijma, E., Kramer, E., Makama, S. et al. (2011). Characterization of translocation of silver nanoparticles and effects on whole-genome gene expression using an *in vitro* intestinal epithelium coculture model. *ACS Nano*, 5(5), 4091-4103.

http://dx.doi.org/10.1021/nn2007145

Bu, Q., Yan, G., Deng, P., Peng, F., Lin, H., Xu, Y. et al. (2010). NMR-based metabonomic study of the sub-acute toxicity of titanium dioxide nanoparticles in rats after oral administration. *Nanotechnology*, 21(12), 125105.

http://dx.doi.org/10.1088/0957-4484/21/12/125105

Canani, R.B., Costanzo, M.D., Leone, L., Pedata, M., Meli, R., & Calignano, A. (2011). Potential beneficial effects of butyrate in intestinal and extraintestinal diseases. *World J Gastroenterol*, 17(12), 1519-1528.

http://dx.doi.org/10.3748/wjg.v17.i12.1519

Casals, E., Pfaller, T., Duschl, A., Oostingh, G.J., & Puntes, V.F. (2011) Hardening of the nanoparticle-protein corona in metal (Au, Ag) and oxide (Fe_3O_4, CoO, and CeO_2) nanoparticles. *Small*, 7(24), 3479-3486.

http://dx.doi.org/10.1002/smll.201101511

Castle, A.B., Gracia-Espino, E., Nieto-Delgado, E., Terrones, H., Terrones, M., & Hussain, S.(2011) Hydroxyl-functionalized and N-doped multiwalled carbon nanotubes decorated with silver nanoparticles preserve cellular function. *ACS Nano*, 5(4), 2458-2466.

http://dx.doi.org/10.1021/nn200178c

Cedervall, T., Lynch, I., Lindman, S., Berggård, T., Thulin, E., Nilsson, H. et al. (2007) Understanding the nanoparticle-protein corona using methods to quantify exchange rates and affinities of proteins for nanoparticles. *Proceedings of the National Academy of Sciences*, 104(7), 2050-2055.

http://dx.doi.org/10.1073/pnas.0608582104

Chaudry, Q., Scotter, M., Blackburn, J., Ross, B., Boxall, A., Castle, L. et al. (2008). Applications and implications of nanotechnologies for the food sector. *Food Additives & Contaminants: Part A*, 25(3), 241-258.

http://dx.doi.org/10.1080/02652030701744538

Chen, Z., Meng, H., Xing, G., Chen, C., Zhao, Y., Jia, G. et al. (2006). Acute toxicological effects of copper nanoparticles *in vivo*. *Toxicology Letters*, 163(2), 109-120.

http://dx.doi.org/10.1016/j.toxlet.2005.10.003

Choi, O., & Hu, Z. (2008). Size dependent and reactive oxygen species related nanosilver toxicity to nitrifying bacteria. *Environ. Sci. Technol.*, 42(12), 4583-4588.

http://dx.doi.org/10.1021/es703238h

Clayton, T.A., Baker, D., Lindon, J.C., Everett, J.R., & Nicholson, J.K. (2009). Pharmacometabonomic identification of a significant host-microbiome metabolic interaction affecting human drug metabolism. *Proc. Natl. Acad.Sci. USA*, 106(34), 14728-14733.

http://dx.doi.org/10.1073/pnas.0904489106

Crater, J.S., & Carrier, R.L. (2010). Barrier properties of gastrointestinal mucus to nanoparticle transport. *Macromol. Biosci.*, 10(12), 1473-1483.

http://dx.doi.org/10.1002/mabi.201000137

Cui, Y., Liu, H., Zhou, M., Duan, Y., Li, N., Gong, X. et al. (2011). Signaling pathway of inflammatory responses in the mouse liver caused by TiO2 nanoparticles. *Journal of Biomedical Materials Research Part A*, 96(1), 221-229.

http://dx.doi.org/10.1002/jbm.a.32976

DeJong, W.H., & Borm, P.J.A. (2008). Drug delivery and nanoparticles: applications and hazards. *International Journal of Nanomedicine*, 3(2), 133-149.

http://dx.doi.org/10.2147/IJN.S596

Dekkers, S., Bouwmeester, H., Bos, P.M., Peters, R.J., Rietveld, A.G., & Oomen, A.G. (2012). Knowledge gaps in risk assessment of nanosilica in food: evaluation of the dissolution and toxicity of different forms of silica. *Nanotoxicology Early Online*.

des Rieux, A., Fievez, V., Théate, I., Mast, J., Préat, V., & Schneider, Y.-J. (2007). An improved *in vitro* model of human intestinal follicle associated epithelium to study nanoparticle transport by M cells. *European Journal of Pharmaceutical Sciences*, 30(5), 380-391.

http://dx.doi.org/10.1016/j.ejps.2006.12.006

Drake, P.L., & Hazelwood, K.J. (2005). Exposure-related health effects of silver and silver compounds: a review. *Annals of Occupational Hygiene*, 49(7), 575-585.

http://dx.doi.org/10.1093/annhyg/mei019

Drexler, K.E. (1986). *Engines of creation: the coming era of nanotechonology.* Anchor Books.

El-Ansary, A., & Al-Daihan, S. (2009). On the toxicity of therapeutically used nanoparticles: an overview. *J. Toxicol.*, 754810.

http://dx.doi.org/10.1155/2009/754810

Evans, D.F., Pye, G., Bramley, R., Clark, A.G., Dyson, T.J., & Hardcastle, J.D. (1988). Measurement of gastrointestinal pH profiles in normal ambulant human subjects. *Gut.*, 29(8), 1035-1041.

http://dx.doi.org/10.1136/gut.29.8.1035

Fathi, M., Mozafari, M.R., & Mohebbi, M. (2012). Nanoencapsulation of food ingredients using lipid-based delivery systems. *Trends in Food Science & Technology*, 23, 13-27.

http://dx.doi.org/10.1016/j.tifs.2011.08.003

Faunce, T.A., White, J., & Matthaei, K.I. (2008). Integrated research into the nanoparticle-protein corona: a new focus for safe, sustainable and equitable development of nanomedicines. *Nanomedicine (Lond)*, 3(6), 859-866.

http://dx.doi.org/10.2217/17435889.3.6.859

Filice, M., & Palomo, J.M. (2014). Cascade reactions catalyzed by bionanostructures. *ACS Catalysis*, 4, 1588-1598.

http://dx.doi.org/10.1021/cs401005y

Frohlich, E., & Roblegg, E. (2012). Models for oral uptake of nanoparticles in consumer products. *Toxicology*, 291(1-3), 10-17.

http://dx.doi.org/10.1016/j.tox.2011.11.004

Gradisar, H., & Jerala, R. (2014). Self-assembled bionanostructures: proteins followings the lead of DNA nanostructures. *J. of Nanobiotechnology*, 12(4).

http://dx.doi.org/10.1186/1477-3155-12-4

Graveland-Bikker, J.F., & de Kruif, C.G. (2006). Unique milk protein based nanotubes: Food and nanotechnology meet. *Trends in Food Science & Technology*, 17, 196-203.

http://dx.doi.org/10.1016/j.tifs.2005.12.009

Gui, S., Zhang, Z., Zheng, L., Cui, Y., Liu, X., Li, N. et al. (2011). Molecular mechanism of kidney injury of mice caused by exposure to titanium dioxide nanoparticle. *J. Hazard Mater.*, 195, 365-370.

http://dx.doi.org/10.1016/j.jhazmat.2011.08.055

Hansson, G.C. (2012). Role of mucus layers in gut infection and inflammation. *Curr. Opin Microbiol.*, 15(1), 57-62.

http://dx.doi.org/10.1016/j.mib.2011.11.002

Hillyer, J.F., & Albrecht, R.M. (2001). Gastrointestinal persorption and tissue distribution of differently sized colloidal gold nanoparticles. *Journal of Pharmaceutical Sciences*, 90(12), 1927-1936.

http://dx.doi.org/10.1002/jps.1143

Iijima, S. (1991). Helical microtubules of graphitic carbon. *Nature*, 354, 56-58.

http://dx.doi.org/10.1038/354056a0

Jachak, A., Lai, S.K., Hida, K., Suk, J.S., Markovic, N., Biswal, S. et al. (2012). Transport of metal oxide nanoparticles and single-walled carbon nanotubes in human mucus. *Nanotoxicology Early Online.*

http://dx.doi.org/10.3109/17435390.2011.598244

Jani, P., Halbert, G.W., Langridge, J., & Florence, A.T. (1990). Nanoparticle uptake by the rat gastrointestinal mucosa-quantitation and particle-size dependency. *Journal of Pharmacy and Pharmacology*, 42(12), 821-826.

http://dx.doi.org/10.1111/j.2042-7158.1990.tb07033.x

Jeong, G.N., Jo, U.B. Ryu H.Y., Kim Y.S., Song K.S., & Yu I.J. (2010). Histochemical study of intestinal mucins after administration of silver nanoparticles in Sprague-Dawley rats. *Archives of Toxicology*, 84(1), 63–69.

http://dx.doi.org/10.1007/s00204-009-0469-0

Jiang, X., Weise, S., Hafner, M., Röcker, C., Zhang, F., Parak, W.J. et al. (2010). Quantitative analysis of the protein corona on FePt nanoparticles formed by transferrin binding. *Journal of The Royal Society Interface*, 7(1), 5-13.

http://dx.doi.org/10.1098/rsif.2009.0272.focus

Kang, S., Kadia, S., Celli, A., Njuguna, J., Habibi, Y., & Kumar, R. (2013). Surface modification of inorganic nanoparticles for development of organic-inorganic nanocomposioetes – A review. *Progress Polym. Sci.*, 38, 1232-1261.

http://dx.doi.org/10.1016/j.progpolymsci.2013.02.003

Kararli, T. (1995). Comparison of the gastrointestinal anatomy, physiology, and biochemistry of humans and commonly used laboratory animals. *Biopharmaceutics & Drug Disposition*, 16(5), 351–380.

http://dx.doi.org/10.1002/bdd.2510160502

Khlebtsov, N., & Dykman, L. (2011). Biodistribution and toxicity of engineered gold nanoparticles: a review of *in vitro* and *in vivo* studies. *Chemical Society Reviews*, 40(3), 1647-1671.

http://dx.doi.org/10.1039/C0CS00018C

Kim, Y.S., Kim, J.S., Cho, H.S., Rha, D.S., Kim, J.M., Park, J.D. et al. (2008). Twenty-eight-day oral toxicity, genotoxicity, and gender-related tissue distribution of silver nanoparticles in Sprague-Dawley rats. *Inhalation Toxicology*, 20(6), 575-583.

http://dx.doi.org/10.1080/08958370701874663

Kim, Y.S., Song, M.Y., Park, J.D., Song, K.S., Ryu, H.R., Chung, Y.H. et al. (2010). Subchronic oral toxicity of silver nanoparticles. *Particle and Fibre Toxicology*, 7(20).
http://dx.doi.org/10.1186/1743-8977-7-20

Klintenberg, M., Lebegue, S., Ortiz, C., Sanyal, B., Fransson, J., & Erikkson, O. (2009). Envolving properties of two-dimensional materials: from graphene to graphite. *J. Phys.: Condens. Matter*, 21, 335502.
http://dx.doi.org/10.1088/0953-8984/21/33/335502

Koga, K., Ikeshoji, T., & Sugawara, K. (2004). Size- and temperature –dependent structural transitions in gold nanoparticles. *Phys. Rev. Lett.*, 92(11), 115507, 1-4.
http://dx.doi.org/10.1103/physrevlett.92.115507

Kolosnjaj-Tabi, J., Hartman, K.B., Boudjemaa, S., Ananta, J.S., Morgant, G., Szwarc, H. et al. (2010). *In vivo* behavior of large doses of ultrashort and full-length single-walled carbon nanotubes after oral and intraperitoneal administration to Swiss mice. *ACS Nano*, 4(3), 1481-1492.
http://dx.doi.org/10.1021/nn901573w

Kroto, H.W., Heath, J.R., O'Brien, S.C., Curl, R.F., & Smalley, R.E. (1985). C 60: buckminsterfullerene. *Nature*, 318, 162.
http://dx.doi.org/10.1038/318162a0

Lam, C.W., James, J.T., McCluskey R., Arepalli S., & Hunter, R.L. (2006). A review of carbon nanotube toxicity and assessment of potential occupational and environmental health risks. *Crit. Rev. Toxicol.*, 36(3), 189–217.
http://dx.doi.org/10.1080/10408440600570233

Lee, C., Wei, X., Kysar, J.W., & Hone, J. (2008). Measurement of the elastic properties and intrinsic strength of monolayer grapheme. *Science*, 321, 385-388.
http://dx.doi.org/10.1126/science.1157996

Lim, J.H., Kim, S.H., Lee, I.C., Moon, C., Kim, S.H., Shin, D.H., & Kim, J.C. (2011). Evaluation of maternal toxicity in rats exposed to multi-wall carbon nanotubes during pregnancy. *Environ. Health Toxicol.*, 26, 2011006.
http://dx.doi.org/10.5620/eht.2011.26.e2011006

Loeschner, K., Hadrup, N., Klaus-Qvortrup, K., Larsen, A., Gao, X., Vogel, U. et al. (2011). Distribution of silver in rats following 28 days of repeated oral exposure to silver nanoparticles or silver acetate. *Particle and Fibre Toxicology*, 8(18).
http://dx.doi.org/10.1186/1743-8977-8-18

Lundqvist, M., Stigler, J., Elia, G., Lynch, I., Cedervall, T., & Dawson, K.A. (2008). Nanoparticle size and surface properties determine the protein corona with possible implications for biological impacts. *Proceedings of the National Academy of Sciences*. 105(38), 14265-14270.
http://dx.doi.org/10.1073/pnas.0805135105

Lynch, I., Cedervall, T., Lundqvist, M., Cabaleiro-Lago, C., Linse, S., & Dawson, K.A. (2007). The nanoparticle-protein complex as a biological entity; a complex fluids and surface science challenge for the 21st century. *Adv. Colloid Interface Sci.*, 134-135, 167-174.

http://dx.doi.org/10.1016/j.cis.2007.04.021

Malik, B., Goyal, A.K., Zakir, F., & Vyas, S.P. (2011). Surface engineered nanoparticles for oral immunization. *J. Biomed. Nanotechnol,* 7(1), 132-134.

http://dx.doi.org/10.1166/jbn.2011.1236

Manson, J.M., Rauch, M., & Gilmore, M.S. (2008b). The commensal microbiology of the gastrointestinal tract. En Huffnagle, G.B., & Noverr, M.C. (Eds.). *GI Microbiota and Regulations of the Immune System,* 15-28. *Advances in Experimental Medicine and Biology (series),* 635, New York: Springer.

http://dx.doi.org/10.1007/978-0-387-09550-9_2

Mason, K.L., Huffnagle, G.B., Noverr, M.C., & Kao, J.Y. (2008). Overview of gut immunology. En Huffnagle, G.B., & Noverr, M.C. (Eds.). *GI Microbiota and Regulations of the Immune System,* 1-14. *Advances in Experimental Medicine and Biology (series),* 635. New York: Springer.

http://dx.doi.org/10.1007/978-0-387-09550-9_1

McConnell, E.L., Basit, A.W., & Murdan, S., (2008). Measurements of rat and mouse gastrointestinal pH, fluid, and lymphoid tissue, and implications for *in vivo* experiments. *Journal of Pharmacy and Pharmacology,* 60(1), 63-70.

http://dx.doi.org/10.1211/jpp.60.1.0008

Metak, A.M., Nabhani, F., & Connolly, S.N. (2015). Migration of Engineered Nanoparticles from packaging into food products. *LWT-Food Science and Technology,* 64(2), 781-787.

http://dx.doi.org/10.1016/j.lwt.2015.06.001

Mihindukulasuriya, S.D.F., & Lim, L-T. (2014). Nanotechnology development in food packaging: A review. *Trends in Food Science & Technology,* 40, 149-167.

http://dx.doi.org/10.1016/j.tifs.2014.09.009

Mohs, A.M., Duan, H., Kairdolf, B.A., Smith, A.M., & Nie, S. (2009). Proton-resistant quantum dots: stabililty in gastrointestinal fluids and implications for oral delivery of nanoparticle agents. *Nano Res.,* 2(6), 500-508.

http://dx.doi.org/10.1007/s12274-009-9046-3

Monopoli, M.P., Walczyk, D., Campbell, A., Elia, G., Lynch, I., Baldelli-Bombelli, F. et al. (2011). Physical-chemical aspects of protein corona: relevance to *in vitro* and *in vivo* biological impacts of nanoparticles. *J. Am. Chem. Soc.,* 133(8), 2525-2534.

http://dx.doi.org/10.1021/ja107583h

Moos, P.J., Chung, K., Woessner, D., Honeggar, M., Shane-Cutler, N., & Veranth, J.M. (2010). ZnO particulate matter requires cell contact for toxicity in human colon cancer cells. *Chemical Research in Toxicology,* 23(4), 733-739.

http://dx.doi.org/10.1021/tx900203v

Moulari, B., Pertuit, D., Pellequer, Y., & Lamprecht, A. (2008). The targeting of surface modified silica nanoparticles to inflamed tissue in experimental colitis. *Biomaterials*, 29(34), 4554-4560.

http://dx.doi.org/10.1016/j.biomaterials.2008.08.009

Oberdörster, G., Oberdörster, E., & Oberdörster, J. (2005). Nanotoxicology: an emerging discipline evolving from studies of ultrafine particles. *Environmental Health Perspectives*, 113(7), 823-839.

http://dx.doi.org/10.1289/ehp.7339

Park, E. J., Bae, E., Yi, J., Kim, Y., Choi, K., Lee, S. H. et al (2010). Repeated-dose toxicity and inflammatory responses in mice by oral administration of silver nanoparticles. *Environmental toxicology and pharmacology*, 30(2), 162-168.

http://dx.doi.org/10.1016/j.etap.2010.05.004

Patri, A.K., Majoros, I.J., & Baker Jr, J.R. (2002). Dendritic polymer macromolecular carriers for drug delivery. *Curr. Opin. Chem. Biol.*, 6(4), 466-471.

http://dx.doi.org/10.1016/S1367-5931(02)00347-2

Peters, R., Kramer, E., Oomen, A.G., Herrera-Rivera, Z.E., Oegema, G., Tromp, P.C. et al. (2012). Presence of nano-sized silica during *in vitro* digestion of foods containing silica as a food additive. *ACS Nano*, 6(3), 2441-2451.

http://dx.doi.org/10.1021/nn204728k

Philbrook, N.A., Walker, V.K., Nabiul-Afrooz, A.R.M., Saleh, N.B., & Winn, L.M. (2011). Investigating the effects of functionalized carbon nanotubes on reproduction and development in Drosophila melanogaster and CD-1 mice. *Reprod. Toxicol.* 32(4), 442-448.

http://dx.doi.org/10.1016/j.reprotox.2011.09.002

Prajapati, V.K., Awasthi, K., Yadav, T.P., Rai, M., Srivastava, O.N., & Sundar, S. (2011). An oral formulation of amphotericin B attached to functionalized carbon nanotubes is an effective treatment for experimental visceral leishmaniasis. *Journal of Infectious Diseases*, jir735.

Rahmat, M., & Hubert, P. (2011). Carbon nanotube-polymer interactions in nanocomposites: A review. *Comp. Sci. Technol.*, 72, 72-84.

http://dx.doi.org/10.1016/j.compscitech.2011.10.002

Rodrigues A., & Emeje, M. (2012). Recent applications of starch derivatives in nanodrug delivery. *Carbohydrate Polymers*, 87, 987-994.

http://dx.doi.org/10.1016/j.carbpol.2011.09.044

Sun, J., Pantoya, L.M., & Simon, S.L. (2006). Dependence of size and size distribution on reactivity of aluminium nanoparticles in reactions with oxygen and MoO_3. *Thermochim. Acta*, 444(2), 117-127.

http://dx.doi.org/10.1016/j.tca.2006.03.001

Szendi, K., & Varga, C. (2008). Lack of genotoxicity of carbon nanotubes in a pilot study. *Anticancer Res.*, 28(1A), 349-352.

Tang, L., & Cheng, J. (2013). Nonporous silica nanoparticles for nanomedicine application. *Nano Today*, 8, 290-312.

http://dx.doi.org/10.1016/j.nantod.2013.04.007

Terrones, M., Botello-Méndez, A.R., Campos-Delgado, J., López-Urías, F., Vega-Cantú, Y.I., Rodríguez-Macías F.J. et al. (2010). Graphene and graphite nanoribbons: morphology, properties, synthesis, defects and applications. *Nano today* 5(4), 351-372.

http://dx.doi.org/10.1016/j.nantod.2010.06.010

Trouiller, B., Reliene, R., Westbrook, A., Solaimani, P., & Schiestl, R.H. (2009). Titanium dioxide nanoparticles induce DNA damage and genetic instability *in vivo* in mice. *Cancer Res.*, 69(22), 8784-8789.

http://dx.doi.org/10.1158/0008-5472.CAN-09-2496

Tsujimoto, Y., Matsushita, Y., Yu, S., Yamaura, K., & Uchikoshi, T. (2015). Size dependence of structural, magnetic, and electrical properties in corundum-type Ti_2O_3 nanoparticles showing insulator-metal transition. *J. of Asian Ceramic Soc.*, 3(3), 325-333.

http://dx.doi.org/10.1016/j.jascer.2015.06.007

Varner, K.E., El-Badawy, A., Feldhake, D., & Venkatapathy, R. (2010). Varner, US Environmental Protection Agency, Washington, D.C., EPA/600/R-10/084. Disponible en:

http://cfpub.epa.gov/si/si_public_record_report.cfm?
dirEntryId=226785&fed_org_id=770&SIType=PR&TIMSType=Published+Report&showCrite
ria=0&address=nerl/pubs.html&view=citation&sortBy=pubDateYear&count=100&dateBeginP
ublishedPresented=01/01/2010

Walczak, A.P., Fokkink, R., Peters, R., Tromp, P., Herrera-Rivera, Z.E., Rietjens, I.M.C.M. et al. (2013). Behavior of silver nanoparticles and silver ions in an *in vitro* human gastrointestinal digestion model. *Nanotoxicology*, 7(7), 1198-1210.

http://dx.doi.org/10.3109/17435390.2012.726382

Walk, S.T., & Young, V.B. (2008). Emerging insights into antibiotic-associated diarrhea and clostridium difficile infection through the lens of microbial ecology. *Interdiscip. Perspect.Infect. Dis.*, 125081, PMCID: PMC2649424.

http://dx.doi.org/10.1155/2008/125081

Weir, A., Westerhoff, P., Fabricius, L., Hristovski, K., & von Goetz, N. (2012). Titanium dioxide nanoparticles in food and personal care products. *Environ. Sci. Technol.*, 46(4), 2242-2250.

http://dx.doi.org/10.1021/es204168d

Wiwattanapatapee, R., Carreño-Gomez, B., Malik, N., & Duncan, R. (2000). Anionic PAMAM dendrimers rapidly cross adult rat intestine *in vitro:* a potential oral delivery system? *Pharm. Res.*, 17(8), 991-998.

http://dx.doi.org/10.1023/A:1007587523543

Wujcik, E.K, & Monty, C.N. (2013). Nanotechnology for implantable sensors: carbon nanotubes and graphene in medicine. *WIREs Nanomed Nanobiotechnol.*, 5, 233-249.

http://dx.doi.org/10.1002/wnan.1213

Xie, Y., Williams, N.G., Tolic, A., Chrisler, W.B., Teeguarden, J.G., Maddux, B. L.S. et al. (2012). Aerosolized ZnO nanoparticles induce toxicity in alveolar type II epithelial cells at the air-liquid interface. *Toxicol. Sci.*, 125(2), 450-461.
http://dx.doi.org/10.1093/toxsci/kfr251

Yao, M., McClements, D.J., & Xiao, H. (2015). Improving oral bioavailability of nutraceuticals by engineered nanoparticle-based delivery systems. *Current Opinion in Food Science*, 2, 14–19.
http://dx.doi.org/10.1016/j.cofs.2014.12.005

Young, V.B. (2012). The intestinal microbiota in health and disease. *Current Opinions in Gastroenterology*, 28(1), 63-69.
http://dx.doi.org/10.1097/MOG.0b013e32834d61e9

Zhang, H., Burnum, K.E., Luna, M.L., Petritis, B.O., Kim, J.-S., Qian, W.-J. et al. (2011). Quantitative proteomics analysis of adsorbed plasma proteins classifies nanoparticles with different surface properties and size. *Proteomics*, 11(23), 4569-4577.
http://dx.doi.org/10.1002/pmic.201100037

Zhang, Y., Ali, S.F., Dervishi, E., Xu, Y., Li, Z., Casciano, D. et al. (2010). Cytotoxicity effects of graphene and single wall carbon nanotubes in neural Phaeochromocytona-derived PC12 cells. *ACS Nano*, 6(4), 3181-3186.
http://dx.doi.org/10.1021/nn1007176

Zoetendal, E.G., Collier, C.T., Koike, S., Mackie, R.I., & Gaskins, H.R. (2004). Molecular ecological analysis of the gastrointestinal microbiota: a review. *Journal of Nutrition*, 134(2), 465-472.